Construction Management Past and Future

CM의 미래! 이렇게 준비하면 성공한다

Construction Management Past and Future

CM의 미래! 이렇게 준비하면 성공한다.

1판 1쇄 발행 2007년 6월 5일
1판 2쇄 인쇄 2010년 9월 5일
1판 2쇄 발행 2010년 9월 10일

엮은이 | 한미파슨스
발행인 | 김병계
발행처 | 도서출판 보문당
등 록 | 1990년 6월 15일(제1-1066호)
주 소 | 서울시 마포구 신수동 448-6 우)121-110
전 화 | 704-7025 / 704-0635
팩 스 | 704-2324
이메일 | bmdpub@empal.com

값 17,000원

ISBN 978-89-8413-129-3 93530

Construction Management Past and Future

CM의 미래!
이렇게 준비하면 성공한다

한미파슨스 엮음

普文堂

우리나라에 건설사업관리(CM :Construction Management)제도가 도입된 지 어언 10년이 지났습니다. 도입 당시에는 같은 업종 종사자들에게도 생소했던 '건설사업관리' 라는 용어는 이제 건설시장에서 자연스럽게 통용되고 있고, 아직은 다소 부족한 면이 많긴 하지만 법제화를 통하여 제도권에 편입되기도 하였습니다. 시장 규모 또한 매년 괄목할만한 성장세를 유지하고 있으며, 진입하는 업체들이 늘어나면서 CM협회에 실적을 공시한 업체도 100여 개에 달하고 있습니다.

지난 10년 동안 CM이 우리나라 건설산업의 선진화에 기여한 바는 실로 크다고 할 수 있을 것입니다.

먼저, 건설사업을 '시공' 이 아닌 '매니지먼트' 관점에서 바라 보아야 한다는 인식 변화를 주창하였을 뿐만 아니라, 사업참여자 간의 역할 구도에 있어서는 기존의 '대립 관계' 를 '파트너링(Partnering)개념' 으로 전환시키는데도 일조를 하였습니다.

또한, 건설생산과정에서의 투명성 확보와 건설기술의 고도화를 통하여 국내 건설시장을 선도하는 역할을 충실히 수행함과 동시에, 매니지먼트 기술을 접목하여 프로젝트 원가절감이나 공기단축, 품질향상 등에도 크게 이바지해 왔습니다.

하지만, 우리나라의 CM제도가 본래의 모습과 기능을 찾고자 한다면 아직도 극복해야 할 문제점들이 많이 산적해 있습니다.

그 중 가장 심각한 것은, 관련 법과 제도의 미비로 인해 글로벌 스탠더드와는 판이한 왜곡된 형태의 "한국형 CM"이 적용되고 있다는 사실일 것입니다.

또한, 정부가 CM을 『책임감리+α』로 규정하여 CM 용역비 책정에 책임감리용역 대가 기준을 준용토록 함으로써, CM의 활성화에 필요한 토양을 제대로 제공하지 못하고 있거나, 관련 업체들마저도 CM의 기능과 효과에 대한 정확한 이해와 인식을 토대로 새로운 시장 창출에 나서기 보다는, CM을 기득권 유지를 위한 수단으로 이용하고 있다는 점도 하루 속히 시정해야 할 과제에 해당될 것입니다.

한미파슨스는 지난 10년 동안 그래왔던 것처럼, 앞으로도 건설산업 선진화에 대한 사명감을 갖고 CM의 전파와 정착을 위해 필요한 모든 노력을 기울여 갈 것입니다.

한미파슨스가 지난 해에 CM관련 실무 지식과 프로젝트 수행사례를 정리하여 「Construction Management A to Z」와 「Construction Management Best Practice」라는 2권의 책을 발간한 데 이어, 이번에 여러 교수님들과의 공동연구를 통하여 「Construction Management Past and Future」라는 책을 발간하게 된 것도 『CM의 정착을 통한 우리 건설산업의 선진화』라는 한미파슨스의 의지와 맥을 같이 하는 것이라 할 수 있습니다.

이 책에서는 먼저, 건설 선진국에서의 CM 발전 과정과 동인을 분석한 다음, 제도적 측면에서 우리나라의 CM 제도가 어떻게 구현이 되어왔으며, 도입 이후 국내 CM시장이 어떤 변화 과정을 거쳐 왔는지를 기술하였습니다.

또한, 지난 10년간 CM이 적용된 주요 프로젝트 사례, 관련 교육 및 연구 활동, 유관기관 현황 등에 대한 체계적이면서도 깊이 있는 분석을 바탕으로, 향후 CM 제도의 활성화를 위한 개선점과 발전방안을 도출, 제시함으로써, CM제도 활성화를 위한 견인차 역할을 담당하여야 할 정부 관계자나 발주자, 건설관련 업체는 물론, 이미 CM시장에 진출하였거나 혹은 향후 진출 계획을 가진 기업들에게도 좋은 참고서가 될 수 있을 것으로 믿습니다.

영국의 역사학자 에드워드 카(Edward H. Carr)는 그의 명저 『역사란 무엇인가?』에서

『역사란 현재와 과거의 대화이며, 과거의 모습을 통해 우리의 현재를 알 수 있고, 그것을 디딤돌로 삼아 더 나은 미래를 만들어 갈 수 있다.』라고 주장한 바 있습니다. 같은 맥락에서,「Construction Management Past and Future」가 지난 10년 동안 CM이 걸어온 궤적에 대한 반추를 통해 현재 건설산업 내에서 CM이 차지하고 있는 위상을 정확히 파악하고, 또한 이를 디딤돌 삼아 보다 진일보된 CM의 미래상을 찾아 구현하는데 실질적인 보탬이 되었으면 하는 마음 간절합니다.

2007년 5월

한미파슨스 사장 김 종 훈

사업관리 기술은 새로운 유형의 사업 출현과 경영환경의 변화에 따른 새로운 관리방식의 필요성으로부터 발전해 왔다. 건설분야의 사업관리도 요구되는 시설물의 규모가 급격히 대형화하고 복잡해짐에 따라, 그리고 제약조건과 위험요소가 증가함에 따라 필요한 기술로 발전해 왔으며 더 나아가 또 이를 건설사업관리(CM 방식)라는 발주자에 대한 새로운 서비스로 정착되었다. 국내의 건설산업에서도 늦은 감은 있으나 1996년 12월 '건설산업기본법' 이 전면 개정되면서 처음으로 '건설사업관리(CM)' 의 정의와 발주체계가 제도적으로 도입되어 현재까지 10년이 흘렀다.

따라서 지금 시점에서 국내 건설사업관리의 현황과 부족한 점을 짚어보고 앞으로의 발전방향을 모색해 보는 것은 당연히 의미가 있는 일이다. 물론 그 동안 건설사업관리의 활성화를 위한 수많은 모임이 개최되었고 자료가 발간되었으나 건설사업관리와 관련된 여러 이슈들을 종합적으로 다루어 CM의 현황과 미래를 토론해 본 적은 많지 않았다. 특히 국내 CM의 제도화 10년을 CM 시장과 기업의 입장에서 보고 토론한 책자는 별로 없었다고 생각한다.

발간의 목적과 구성

따라서 이 책의 목적은 지나 온 국내 CM 제도화 10년을 시장과 기업의 입장에서 돌아보고 향후 CM의 활로를 모색해 보는 것이다. 이를 위해 국내외 CM 제도의 도입과 정착과정(김예상 집필), CM 시장의 동향(박찬식 집필), 시장 활성화를 저해하는 제도적인 문제점(이찬식/김옥규/이태원 집필)을 고찰해 이를 근거로 각각 향후 CM의 발전방향을 토론하였다. 또 CM이 산업으로 성장하기 위해서는 CM 산업을 둘러 싼 시장 환경의 변화에 대응하는 문제는 매우 중요하며, 이러한 관점에서 전문인력의 육성 문제(이현수 집필)와 기술 환경의 변화(진상윤/김영석 집필)에 기초한 CM의 미래를 전망하고자 하였다. 마지막으로 국내 CM 산업이 자생력을 갖기 위해서는 기업의 성장이 중요하다는 점에서 전문 CM 기업의 현황과 문제점(김선국 집필)을 살펴보고 CM 기업의 발전 전략을 제시해 보고자 하였다. 이와 함께 지난 10년간 수행되었던 건설사업관리 프로젝트의 수행 사례를 소개함으로써 그 동안의 실적과 경험을 독자들과 함께 공유할 수 있는 기반을 제공하였다.

국내 CM 도입 10년의 의미와 과제

책의 집필과정에서부터 건설사업관리의 도입 10년의 의미와 과제라는 주제에 대한 집필자의 견해도 개인과 분야에 따라 매우 다양함을 알 수 있었다. 김예상 교수는 지난 10년을 CM의 발전속도와 필요성에 대한 인식이 어느 정도 확산되었다는 측면에서 긍정적으로 평가하면서도 발주자가 기대하는 CM 발주방식의 적용효과를 담보하기 위한 기술기반의 구축이 산업적인 차원에서 필요함을 지적하고 있다.

박찬식 교수는 10년 전 국내 CM 제도의 도입이 외국의 경우와는 달리 낙후된 건설실무의 선진화를 위한 방편으로 도입이 추진되었다는 한계점을 지적하고 있으며 향후 CM의 발전을 위해서는 증가되는 대형 복합프로젝트의 CM 사업 참여를 위한 Program Management 능력 확보, CM at Risk 방식의 도입을 통한 건설사의 CM 시장 참여 등의 필요성을 제기하고 있다.

이현수 교수는 CM의 발전을 위해 CM 전문인력의 기술수준이 중요함을 지적하고 CM 전문인력 육성 방안을 교육 측면에서 살펴보고 단계적인 추진전략을 제시하고 있다. 그러나 전문 CM 인력의 육성은 산업의 인력수요와 연관된 중요한 이슈로서 기존 문제점에 대한 지속적인 토론이 필요하다고 생각된다. 진상윤 교수는 정보기술이 최근의 급격한 발전으로 인해 이제 기업의 경쟁력에 절대적 영향을 미치는 전략도구로 자리잡고 건설사업관리 방식을 지속적으로 변화시키고 있음을 지적하였다. 그러나 건설기업의 정보화 수준은 아직도 타 산업에 비해 최하위 수준임을 지적하고 정보화 기술을 활용한 CM 기술기반의 구축과 역량강화가 필요함을 제기하고 있다. 또 김영석 교수도 국내 건설기술의 발전 및 국제 건설시장에서의 경쟁력 확보를 위해 시공자뿐만 아니라 건설사업관리자도 건설자동화 기술의 적극적인 활용이 필요함을 강조하고 있다. 특히 건설사업 조직을 총괄하는 CM 전문기업에게도 건설자동화 연구개발과 첨단 시공기술을 건설현장에 접목하고 적용함에 있어 보다 적극적인 참여를 요구하고 있다.

이찬식 교수/김옥규 교수/이태원 팀장은 제도적인 측면에서의 문제점과 개선방향을 제시하고 있으며 이 부분은 그 동안 가장 많은 토론의 대상이 되어 왔다. 그 주요 내용을 보면 역시 근본적인 업역구조의 개선을 전제로 하는 건설생산체계의 개편, 발주제도의 개선 등 쉽지 않은 과제들의 필요성을 제기하고 있다. 따라서 이 부분에 대해서는 현실적인 방안에 대한 계속적인 토론이 요구된다고 할 수 있다.

김선국 교수는 선진 외국과 비교하여 국내 CM 산업이 시장규모, 사업영역, 용역방식, 용역대가, 전문인력 배출 등의 측면에서 활성화되지 못한 현황을 국내에서 아직도 CM의 효용성이 인식이 부족하고 선진국 수준의 제도가 갖추어 지지 못한데 기인하는 것으로 보았다. 그럼에도 그는 현재의 CM 시장의 열악한 상황을 기회로 볼 수 있다는 점을 강조하고 같은 맥락에서 CM 시장의 미래와 기업의 전략을 제시하고 있다.

건설산업과 CM 활성화의 의미

CM의 활성화를 통한 CM의 발전은 그 자체가 목적이라고 하기에는 적합하지 않다. 대부분의 저자들이 동의하듯이 계약방식 측면에서 CM은 건설공사의 다양한 발주방식 중의 하나에 불과하기 때문이다. 그러나 관리의 효율성은 어느 건설공사에서도 추구되는 본질적인 이슈로서 이를 더욱 시스템적으로 추구하는 것이 또한 CM이라고 한다면 CM의 활성화는 우리 건설산업의 선진화에 기여할 수 있다는 데 많은 사람들이 공감하고 있다.

그럼에도 불구하고 국내 건설시장에서 CM이 제대로 활성화 되지 못하는 이유 중의 하나는 CM 방식발주에 대한 발주자와 CM 업계의 시각 차이에 있다고 생각된다. 즉 이태원 팀장이 지적하고 있듯이 정부와 공공발주자들은 제도의 미비 때문이라고 주장하고 있는 반면, 업계는 CM에 대한 발주기관의 인식 부족과 CM의 적용을 발주자의 권한 이양에 따른 기득권 상실로 인식하는 오해에서 기인되었다고 주장이다. 여기에 CM 방식의 적용효과에 의문을 가진 발주자들이 기존 발주방식을 고수하는 것도 하나의 이유라고 할 수 있다.

더욱 중요한 것은 CM의 활성화가 기대했던 만큼에 미치지 못하는 것이 우리 건설산업의 보다 근본적인 문제에 기인하고 있다는 것이다. 즉, 제도개선 부분에서 지적된 바와 같이 CM의 활성화는 궁극적으로 건설산업의 업역구조 자체가 효율적인 생산체계로 개편이 되어 발주방식의 유연성이 제도적으로 보장되어야 가능함에도 건설생산체계의 제도적인 개편이 말과 같이 쉬운 일이 아니라는 것이다.

현행 건설생산체계의 문제점은 CM의 활성화를 위한 여러 측면에서 제약사항으로 작용하게 된다. 가장 크게는 CM 방식의 다양화를 가로막아 CM 시장 성장을 제약할 것이고 CM 시장의 성장 없이 인력의 육성이나 기술개발을 기대하기는 어려울 것이다. 특히 CM의 기반이라고 할 수 있는 전문건설업체가 정규 기술인력의 공급을 받지 못하는 업역구조에서 진정한 CM 방식의 활성화는 아무리 보아도 낙관적일 수 없다고 생각한다. 따라서 CM이 다양한 형태로 활성화되기 위해서는 건설산업 구조의 선진화가 먼저 수반되어야 한다는 생각을 떨칠 수 없다. 이렇게 볼 때 이 책이 앞으로 CM의 활성화와 건설산업의 생산체계 개편으로 이어지는 과정에서 기여하게 되기를 진심으로 바란다.

현행 생산체계 속에서 CM은 그 효과에 대한 인식부족-시장형성 취약-업체전문화 지연-전문인력의 수요부족-전문교육의 부실-산업 활성화 지연의 악순환이 이어지고 있으며 이 과정에 참여하는 주체마다 서로 다른 문제점을 제기하고 있다. 따라서 근본적인 CM의 활성화는 효과입증-시장확대-CM 전문기업 증가-전문인력 수요의 확대-전문교육 투자확대-산업의 활성화라는 선순환 구조로 정착시킬 수 있는가에 달려 있다고 생각한다.

책의 한계와 사사

건설실무에서 CM이 여러 가지를 의미하듯이 CM의 활성화에 대한 전문가들의 의견도 다양하다. 따라서 이 책에서 CM 활성화를 위한 종합적인 결론을 내린다는 것은 부적절하며 집필 내용도 기본적으로 집필자 개인의 의견으로 볼 수 있다. 그러나 이 책에서 볼 수 있듯이 CM에 대한 전문가들의 견해에서도 중복되는 부분은 발견된다. 우리는 중복되는 내용 속에서 전문가 의견의 공통점을 발견하고 토론을 계속해 나갈 수 있을 것이다. 물론 이 책의 집필진 의견 외에도 분명히 더 많은 건설적인 의견이 있을 것이다. 이 책이 그 분들로 하여금 더욱 깊이 있는 토론을 유도하는데 기여하기를 바란다.

끝으로 바쁜 가운데서도 이 책의 발간 취지에 호응해 주시고 집필에 응해 주신 저자 한분 한분께 감사를 드린다. 또 이 책의 발간을 지원해 주신 한미파슨스(주) 김종훈 대표와 임직원들께도 깊은 감사를 드린다. 마지막으로 이 책의 편집을 위한 실무작업을 수행한 아주대학교 공학연구소 한주연 박사께도 감사를 드린다.

2007. 5.

아주대학교 건축학부

교수 신 동 우

차 례

1

우리나라 건설사업관리의 역사와 현황

성균관대학교 교수 김예상

1.1 서언

10여년 전만해도 국내 건설업계에서 생소했던 '건설사업관리' 또는 'Construction Management(이하 CM)' 는 제도 도입 이후 실무적으로나 제도적으로 많은 발전을 이룩해왔다.[1] CM을 전문적으로 수행하는 업체들도 많이 생겨났고 제도적인 기반도 갖추어가고 있으며 CM 방식을 근간으로 한 여러 대형 건설프로젝트들이 이미 성공적으로 수행되었거나 앞으로도 발주될 예정이다. 그러나 국내 건설시장의 규모와 CM의 기능과 효과에 비추어본다면, CM은 앞으로도 무한히 성장할 수 있는 잠재적 가능성을 가지고 있으며, 동시에 본격적으로 CM을 활성화시키기 위한 다각적인 노력이 요구되고 있는 실정이다.

이러한 관점에서 본 서는 우리나라 CM의 과거와 미래에 대한 분석, 그리고 기존의 CM 사례로부터 얻어진 교훈들을 제시하고 있으며, 그 중에서 본 장은 우리나라에 CM이 도입되게 된 배경과 역사를 다루고 있다. 그 내용은 크게 다섯 가지 주제로 구성되어 있는데, 먼저 어떤 관점에서 CM을 바라보아야 하는가를 명확하게 설정하기 위해 CM에 대한 정의를 설명하고, 두 번째로는 CM이 애당초 미국을 비롯한 해외 선진국에서 도입된 체제이므로 CM의 태동과 발전과정을 기능적인 측면과 제도적인 측면에서 소개하고 있다. 이어 세 번째 주제로, 국내에 CM이 도입되게 된 과정 역시 같은 맥락에서 설명하고 있는데, 특히 국내의 제도적 측면과 관련해서는 CM 관련 규정들이 어떠한 배경에서 현재의 형태로 만들어지게 되었는지에 초점을 두었다. 네 번째 주제에서는 국내 CM 제도 도입 이후 현재에 이르기까지 주요 CM 프로젝트 사례와 시장 현황, 그리고 CM 교육 및 연구, 유관기관의 현황 등, 국내 CM 시장의 환경을 전반적으로 다루었다. 마지막 주제는 CM 제도 활성화를 위한 기본 요건들을 설명하고 있는데, 우선 CM의 도입에 있어 외국과 우리나라의 차이점을 살펴 본 후, 우리가 개선해야 할 문제들과 발전 방향을 제시하였다.

---

1) 본 장에서는 '건설사업관리' 와 '건설사업관리자' 를 국내 건설업계에서 가장 보편적으로 사용되고 있는 바와 같이 각각 'CM' 및 'CMr' 로 용어를 통일하기로 한다. 단, 제도와 관련된 내용을 설명할 때는 제도에서 규정하고 있는 대로 '건설사업관리', '건설사업관리자' 라는 용어를 유지하였다.

1.2 「CM」의 정의

CM은 더 이상 우리 건설업계에서 낯선 용어가 아니지만, '90년대 중후반, 국내에 그 개념이 본격적으로 도입될 당시에는 CM의 기능적인 측면과 공사수행체계로서의 개념이 혼동되거나, 그 범위에 대해 사람마다 해석을 달리하는 경우를 종종 볼 수 있었다. 이러한 혼란의 원인은 우선 CM의 의미가 'construction' 과 'management' 라는 영어 단어를 어떻게 해석하는가에 따라 달라질 수 있다는 데에서 찾아볼 수 있다. 즉, 'construction' 이란 단어의 우리말은 '건설', '공사', '시공' 등으로 번역이 가능하고 'management' 는 '경영' 또는 '관리' 라는 의미로 해석할 수 있으므로, 이 두 단어의 조합은 결국, '건설경영', '건설관리', '공사관리' 그리고 '시공관리' 로 표현된다. 이중 '건설경영' 이나 '건설관리' 는 비교적 생소한 용어였지만, '공사관리' 나 '시공관리' 는 이미 우리에게 익숙한 단어들이었으므로, CM이 기존의 공사관리 활동과 별 다를 것이 없다거나 이미 우리도 CM을 수행해왔다는 견해도 있었으며, 'CM = 공정관리' 로 인식되는 경향도 없지 않았다.

사실상 이러한 의견도 CM의 협의의 개념에서 바라본다면 결코 틀린 것은 아니다. 건설프로젝트는 규모나 유형을 막론하고 모든 단계에서 일련의 관리활동을 필요로 하며, 그러한 관리활동을 포괄적인 의미의 CM 기능이라 할 때, 시공단계에서는 '공사관리' 나 '시공관리' 가 CM이 될 수 있기 때문이다. 그러나 기능적인 측면이든지, 아니면 공사수행체계로서의 개념이든지, CM의 태동과 발전은 건설프로젝트 전반에 걸친 효율성 제고를 최고의 목표로 하고 있으며, 따라서 이렇게 협의의 개념으로 CM을 이해하는 데에는 한계가 있다.

그러므로 우리나라 CM의 발전사를 살펴보기 위해서는 먼저 CM의 정의를 명확하게 하고 시작하는 것이 좋을 듯하다. 이미 위에서 CM과 관련해 '기능적인 측면' 과 '공사수행체계' 라는 표현을 사용하였는데, CM은 바로 이 두 가지 관점에서 정의할 수 있다.

1.2.1 기능 또는 기술로서의 CM

우선 CM은 기존의 공사관리 또는 시공관리보다 좀 더 효율적이고 체계적이며 과학적인 도구를 활용해 시공단계뿐만 아니라 프로젝트 전 단계에 걸쳐 이루어지는 고도의 '기능'이자 '기술'로 정의할 수 있다. 예를 들어, 기존의 '공정관리'는 바 챠트(bar chart)나 CPM(Critical Path Method)을 활용해 공사가 정해진 기간 내에 완수될 수 있도록 관리하는 활동이지만, 이것을 한 단계 업그레이드된 CM 기능의 하나로 보려면, 공기에 대한 단순한 '제어(control)'가 아닌 통합된 정보관리 시스템의 일부분으로서 비용이나 품질과 연계된 문제점을 분석하고 해결하는 과학적이고 체계적인 활동이 되어야 한다. 또 '공정관리'는 일반적으로 시공자의 몫이지만, CM의 개념에서는 시공단계뿐만 아니라 프로젝트의 전 단계를 대상으로 각 단계에 효율적인 시간배분을 계획하고 기간 단축을 목표로 하는 활동이어야 한다. 이런 관점에서 CM 도입 당시(현재도 그러하지만) 일부 건설사들이 '우리도 CM을 하여야 한다'는 목표를 내세우는 경우가 종종 있었는데, 이것은 그들이 CM 용역을 수행하는 주체가 되겠다는 의미보다 건설사로서 가지고 있는 관리기능을 보다 체계화하고 과학적으로 운영하겠다는 의미로 받아들일 수 있다.

1.2.2 공사수행체계로서의 CM

위에서 설명한 '기능' 또는 '기술'로서의 CM은 그 수행주체가 발주자일수도, 또는 건설회사일수도, 그리고 관련된 서비스를 전문적으로 제공하는 'CM 회사(건설사업관리 전문회사, construction management company 또는 construction manager, 이하 CMr)'일 수도 있다. 수행주체가 누구이던지 CM 능력과 기술력을 확보하고 있는가가 관건인 것이다. 그러나 발주자가 그러한 능력을 갖추고 있지 못하거나 사업의 성격상 전문적인 관리가 요구되어 기존의 설계자나 시공자 외에 별개의 계약자를 요구하게 된다면, 이때의 CM은 설계·시공분리발주방식이나 턴키(turnkey) 또는 디자인빌드(design-build)와 같이 건설프로젝트를 수행하는 계약방식, 즉, '공사수행체계(project delivery system)'의 하나로 정의할 수 있다.

우리나라의 '건설산업기본법'이나 '건설기술관리법'에서 규정하고 있는 '건설사업관리 제도' 가 바로 이러한 공사수행체계로서의 CM을 의미한다. 여기서 CM 방식은 다시 CMr이 용역자의 입장에서 발주자에게 전문적인 서비스를 제공하는, 이른바 'CM-for-Fee' 방식과 시공 이전 단계에서는 용역에 해당하는 서비스를 제공하지만 시공단계에서는 시공자의 역할을 겸하는 'CM at Risk' 의 형태로 크게 구분된다. 또 이 두 가지 계약방식은 타 계약자와의 구도가 어떻게 설정되는가에 따라 여러 가지 변형된 형태로 활용되기도 한다. 다만, 국내 공공부문에서는 CMr이 프로젝트에 참여할 수 있는 조건을 '용역자' 의 자격으로만 제한하고 있으며, 시공자를 겸하는 'CM at Risk' 방식은 아직 도입되지 못하고 있다.

1.2.3 학문 또는 연구영역으로서의 CM

위에서 설명한 내용들이 주로 실무적 차원이라면, CM을 정의할 때 학문 또는 연구영역으로서의 CM을 빼놓을 수 없다. 전래적으로 대학의 건설관련 학과에서 다루어왔던 설계나 수리적인 엔지니어링 분야 외에 건설프로젝트의 주요 관리활동에 대한 중요성이 증대되고 이와 관련된 제반 연구가 활성화 되면서, CM은 학문 및 연구영역의 하나로 자리잡게 되었다. 이러한 CM은 '80년대 초반부터 몇몇 미국 대학들을 중심으로 체계화되기 시작하였고 국내에도 이미 많은 전문가들이 학계와 연구계에서 활동하고 있다.

학문적 바탕 위에 수행되고 있는 CM 연구의 영역은 실로 그 범위가 매우 광범위하다. 시공법, 자재, 장비 등과 같은 하드웨어적 분야는 물론, 각종 관리활동의 효율성 제고와 현장 생산성 향상, 컴퓨터와 IT기술을 활용한 건설정보화와 자동화, 조직 및 회사 차원의 경영전략, 건설정책 및 제도 등, 건설과 관련된 소프트웨어 분야 모두가 대상이 된다. 이와 같은 학문직 배경을 갖추고 있는 사람이나 동 분야에서 연구 활동을 수행하는 사람들을 우리는 'CM을 하는 사람' 으로 표현하며 이때의 CM은 '건설관리' 또는 '건설경영' 등의 의미로 해석할 수 있다.

1.2.4 CM과 Project Management, Program Management

CM에 대한 논의가 있을 때마다 또 다른 차원에서 혼돈을 가져오는 것이 바로 '프로젝트 매니지먼트(Project Management; 이하 PM)' 와 CM에 대한 관계로서, 특히 이 중 어떤 것이 더 큰 범위에 해당되는지에 대한 관심이 모아지곤 한다. 이러한 논란은 전문가마다 조금씩 견해가 다르기 때문에 무엇이 정답이라고 단언하기 어렵지만, CM을 광의의 의미로 보느냐 또는 협의의 의미로 보느냐에 따라 두 개념의 범위를 구분할 수 있다. 즉, 특정 프로젝트의 초기 계획단계에서부터 완공에 이르기까지 전 과정에 걸쳐 모든 활동들을 일괄 관리하는 행위를 PM이라 정의하고, CM을 시공단계에 국한된 관리활동이라 본다면, PM이 CM보다 더 넓은 활동범위를 갖게 된다. 반면, CM의 'C' 를 '프로젝트' 보다 상위 개념의 '건설' 이라는 의미로 본다면, PM은 CM의 한 부분으로 이해될 수 있다.

한편, 선진국에서는 초대형 건설프로젝트와 관련하여 프로그램 매니지먼트(Program Management)란 용어를 사용하기도 한다. 사실상 프로젝트 매니지먼트와 프로그램 매니지먼트의 한계를 명확히 구분하는 것 역시 애매하다. 두 가지 개념에 본질적인 차이가 있다기보다는 단순히 용어의 차이로 보는 견해도 있기 때문이다. 그러나 일반적으로 공사규모나 복잡도 측면에서 프로그램 매니지먼트가 상위의 개념으로 인식되고 있다. 즉, 이때 '프로그램' 이란 '프로젝트 초기단계에서 수립되는 포괄적인 계획' 으로서 프로젝트의 목표수립에서부터 그 목표를 달성하기 위한 분야별 전략과 방법 등을 망라하며, 이를 달성하기 위해 일련의 업무들을 프로젝트 전단계에 걸쳐 관리하는 활동을 '프로그램 매니지먼트' 라 한다. 예를 들어, 공항 프로젝트와 같이 다수의 소단위 프로젝트(터미널, 관제탑, 활주로, 격납고, 접근도로, 주차시설 등)로 구성된 대형 프로젝트의 경우를 생각해면, 여기서 관리 주체의 주된 관심은 특정 시설물의 디테일한 관리보다 그 프로젝트에 포함된 모든 시설물들이 유기적으로 관리되어 계획대로 완공되고 운영될 수 있는 여부에 대한 것이다. 따라서 이를 위한 전체적인 계획이 바로 프로그램이고, 이를 추진하는 관리활동이 프로그램 매니지먼트인 것이다.

1.3 CM의 태동과 발전 과정

이처럼 CM의 정의가 관점에 따라 달라질 수 있듯이, CM의 역사 역시 서로 다른 관점에서 설명할 수 있다. 따라서 이하에서는 우리나라 CM의 역사와 도입 배경에 앞서, 외국의 사례와 흐름으로부터 CM이 기능과 기술 차원, 그리고 발주방식 차원에서 어떻게 태동되고 발전하여왔는지를 살펴보기로 한다.

1.3.1 CM 기능과 기술의 발전 과정

기능적인 측면에서 본다면, CM은 건설의 역사와 함께 발전해왔다고 해도 과언이 아니다. 전문가들은 BC 2,700년경에 만들어진 이집트의 피라미드 건설과 BC 220년경부터 시작되어 수백 년에 걸쳐 완성된 중국의 만리장성에서도 어떤 형태로든 CM의 기능이 존재하였으리라 믿고 있다. 현재까지 문서화 된 기록이 남아있지 않을 뿐, 그 시대 나름대로의 프로젝트 관리 기술이 없었다면 이러한 초대형 프로젝트가 성공적일 수 없었다고 보기 때문이다.

반면, 20세기에 들어서 현대적 CM 또는 PM의 효시가 된 사례로는 엠파이어스테이트 빌딩(Empire State Building)을 꼽을 수 있다.[2] 1972년 세계무역센터(World Trade Center)가 완공될 때까지 40여 년간 세계에서 제일 높은 빌딩으로 명성을 떨쳤던 102층짜리 마천루 공사에는 토공사 2개월을 제외하고 골조공사를 완공하는 데에 불과 161일, 대략 6개월이라는 기간밖에 걸리지 않았다. 전체공기도 발주자와 설계자가 애당초 18개월의 공기를 계획했지만, 4.5개월의 공기단축을 이루어 내 13.5개월에 완료했고, 총 공사비는 약 2천5백만 달러로 예정된 공사비의 20% 가량을 절감할 수 있었다. 이와 같은 공기단축과 공사비 절감을 이루어 낼 수 있었던 데에는 당시 미국이 대공황이라는 경제적 상황에 처해있어 풍부한 노동력과 자원의 동원이 가능했다는 이유도 있지만, 가장 결정적인 것은 혁신적이고 효율적인 프로젝트 관리기법이 있었기 때문이다. 예를 들어, 시공자였던 'Starrett Brothers & Eken' 사는 자사인력 1,900명과 능력과 신용을 갖춘 60여

2) Carol Willis, Donald Friedman, 'Building the Empire State, W.W.Norton & Company, 1999.

협력업체의 1,500명의 인원을 고용해 공정과 품질에 만전을 기했는가 하면, 장비 효율의 중요성을 인식하고 이 프로젝트에 가장 적합하고 효율적인 장비를 모두 새로 구입해 공사를 수행한 다음, 그 장비들을 도로 팔아 발주자에게 비용을 상환해주는 방법을 채택했다. 현장에 자재운반은 철로를 놓아 손수레로 작업하는 것 보다 8배의 생산성을 얻을 수 있었고 도로변에 일단 적재했다가 작업장으로 운반하던 벽돌은 트럭에서 직접 호퍼에 하역했다가 필요한 작업장에 크레인으로 운반해 자재적재 장소를 줄이고 운반속도를 높였다. 이는 요즘 CM/PM에서 중요하다고 강조하는 체계적이고 효과적인 계약관리와 장비 및 자재관리, 그리고 JIT(Just in Time)의 개념이 적용된 것이다.

또 이 프로젝트에서는 상업용 건축물에 최초로 패스트 트랙(fast-track) 방식이 적용된 것으로도 유명하다. 설계가 계속 진행되는 과정에 골조공사가 착수되었으며, 외장공사가 진행되는 동안 내부에서는 내장공사, 전기 및 배관공사를 동시에 진행해 작업간 대기시간이나 지연시간을 최대한 단축했다. 비록 'Starrett Brothers & Eken' 사가 전문적인 CM 회사는 아니었지만, 발주자와 설계자, 그리고 시공자가 혼연일치가 되어 프로젝트 매니지먼트의 결정판을 이루어낸 것이다.

한편, 역사적으로 보면, 우리나라 고건축에서도 외국의 것 못지않은 프로젝트 매니지먼트 사례를 찾아볼 수 있다. 조선 정조(正祖) 시대에 건설된 화성(華城)이 바로 그것인데, 1801년에 발간된 '화성성역의궤(華城城役儀軌)' 에는 화성 축조 초기단계에서부터 완공에 이르기까지 발주자로서 정조의 의도와 설계의 기본원칙, 성역규모, 공사 관련 공문, 그리고 현대의 공사보고서와 비교해도 뒤지지 않을 공사 관련 기록들이 담겨져 있다.

이 화성은 다산 정약용이 작성한 기본설계격인 '성화주략(城華籌略, 1793)' 을 지침서로 하여, 재상을 지낸 영중추부사 채제공의 총괄아래 조심태의 지휘로 1794년 1월에 착공에 들어가 1796년 9월에 완공된 프로젝트로서, 성의 둘레는 5,744m, 면적은 130ha로 4개의 문루(門樓)를 포함해 총 48개의 시설물로 구성되어 있다. 주목할 만한 것은 애당초 10년 정도로 예상되었던 이 공사가 잠시 6개월간 중단되었던 기간을 제외하고 불과 28개월만에 완공되었다는 것이다. 이것이 가능했던 것은 체계적인 공사 시스템을 수립하고 자재수급, 공사감독에 이르기까지 상세한 공사계획과 빈틈없는 운영을 해 나갔기 때문이다. 또한 '화성성역의궤' 에는 발주자인 정조의 명(命)과 공사인력의 출력상황, 공사 진행의 시기와 진도, 자재의 운송과 공급현황, 공사의 각종 규칙과 규정들이 시설물과 공종별로 상세히 기록되어 있어, 우리나라 고건축의 프로젝트 매니지먼트 기술의 진수를 보여주고 있다.[3), 4)]

다시 서구의 사례로 돌아와 CM 관리기술이 발전해온 과정을 살펴보면, 20세기 초 Henry Gantt(1861–1919)가 개발한 '바 차트(bar chart)기법' 이 프로젝트 매니지먼트 분야에 획기적인 전환점을 마련한 계기가 되었다. 바 차트는 주먹구구식이었던 공정관리를 체계화한 최초의 도구였으며 이미 세계 1차 대전에서 물류수송 효율화에 큰 성과를 이루게 하였고, 공정관리에 대한 중요성과 개념은 1950년대와 1960년대에 미국의 방위산업과 우주산업을 위해 개발된 PERT(Program Evaluation and Review Technique) 기법과 CPM(Critical Path Method) 기법으로 발전하게 되었다. 이후 이러한 기법들은 EVM(Earned Value Management), VE(Value Engineering), WBS(Work Breakdown Structure) 등과 함께 건설프로젝트의 대표적인 관리기법으로 자리 잡게 되었다.

1969년 미국 PMI(Project Management Institute)의 창립은 CM과 PM 분야 발전에 또 다른 차원에서의 기여를 하게 된다. 1970년대 세계시장을 강타한 석유파동으로 인해 세계의 기업들은 프로젝트의 효율적 관리가 얼마나 중요한 가를 인식하게 되었는데, PMI는 이러한 업계에 프로젝트 매니지먼트에 필요한 전문지식영역(PMBOK; Project Management Body of Knowledge)을 정의하고 교육하였으며, 이 분야가 하나의 전문직종(PMP; Project Management Professional)으로 인식될 수 있도록 해주었다. 물론 PMI가 건설산업만을 대상으로 하는 기관은 아니지만, 건설산업이 PMI에서 차지하는 비

3) 이태열 외, '조선시대 화성성역의궤에 나타난 건설관리 적용에 관한 연구', 한국건설관리학회학술발표대회논문집, 2001, pp.341-346.

4) 이호락, '18세기 화성의 건축구성원리에 관한 연구', 성균관대학교 석사논문, 1996, pp.5-13.

중측면에서나, 건설산업에서 프로젝트 매니지먼트의 중요성 측면에서나 PMI의 활동은 CM/PM 분야의 발전에 지대한 영향을 미쳤다고 할 수 있다.

1.3.2 CM 발주방식의 태동

(1) 미국의 사례

CM 발주방식이 적용된 최초의 프로젝트가 어느 것인지에 대해서는 문헌마다 다소 차이가 있다. 그러나 그 발원지가 미국이라는 데에는 별다른 이의가 없는 것으로 보이며 뉴욕의 '메디슨 스퀘어 가든(Madison Square Garden,1968)' 과 시카고의 '존 행콕 센터(John Hancock Center, 1969)', 덴버의 '존 맨 빌 본부 건물(John Manville World Headquarters, 1972)' 그리고 역시 뉴욕의 '세계무역센터(World Trade Center, 1973)' 등이 초기 도입시기의 대표적인 사례로 알려지고 있다.

이렇게 CM 방식은 1960년대 말 또는 1970년대 초를 기점으로 하여 대형 프로젝트를 중심으로 도입되기 시작하였는데, CM 방식 도입의 계기가 된 것은 약 40여년을 더 거슬러 올라가 1921년 뉴욕주에서 제정된 'Wicks 법안' 이라고 한다.[5] 이 법안은 당시 뉴욕주 내에서 발주되는 5만 달러 이상의 모든 공공공사에서 냉난방 및 공기조화(HVAC), 전기, 배관, 그리고 일반시공 등의 4개 공종을 각기 다른 시공자(prime contractor)에게 발주하도록 규정하고 있는데(multiple prime contracting), 이는 단일 원도급자를 배제하고 분리발주에 따른 비용절감 효과를 기대했던 것이다. 그러나 단일 원도급자에 의해 운영되는 일반적인 공사수행방식(general contracting)과는 달리, 공사를 총괄해 책임질 주체가 없어짐으로써 오히려 비용 증가와 많은 분쟁이 발생하게 되었고, 결국 이러한 문제를 보완하기 위해 초기적인 CM 형태의 관리계층이 필요하게 된 것이다.

CM 방식의 단초가 Wicks 법안이었다고는 하나, 그 후 CM은 민간부문을 중심으로 공사수행 전반에 걸쳐 발주자의 대리인(agent)으로서 종합적이고 전문적인 사업관리 서비

5) Levy, Sidney M., "Project Management in Construction", McGraw-Hill, Inc., 1994, p.17.

스를 제공하는 계약방식으로 발전하였다. 당시 미국의 경제성장에 따른 대형 프로젝트의 출현과 건설프로젝트에서의 효과적인 매니지먼트가 사업의 성패를 좌우한다는 발주자들의 인식이 맞물려 새로운 공사수행방식으로 정착된 것이다.

공공부문에서는 미국의 GSA(General Services Administration)가 CM 발주방식을 최초로 도입한 대표적인 발주기관으로 알려져 있다. 물론 CM 방식이 정착되는 초기단계에서는 공공 발주자에 의한 몇몇 성공적인 CM 프로젝트를 찾아볼 수 있다. '세계무역센터' 가 그러한 예 중에 하나인데, 애초의 계획은 체이스 맨해튼 은행(Chase Manhattan Bank)의 회장이었던 David Rockfeller에 의해서 발의되었지만, 프로젝트 규모의 방대함 때문에 결국 뉴욕·뉴저지주의 항무청(Port Authority)을 발주자로 하여 수행되었다. 그러나 이러한 사례는 프로젝트의 상황과 특성에 의해 단발성으로 CM 방식이 도입된 것이고, 여기서 GSA가 CM 방식을 최초로 도입한 발주기관이라는 것은 기관의 공식적인 방침으로써 이 제도를 도입하였음을 의미한다.

GSA는 연방정부기관의 업무와 관련된 각종 구매활동을 관리하는 우리의 조달청과 같은 성격의 기관으로 산하부서인 PBS(Public Building Service)가 연방정부 직원들을 위한 시설물의 설계, 엔지니어링, 시공 등을 구매, 관리하고 있다. 이 기관은 건설프로젝트를 발주함에 있어 전래적으로 설계·시공분리방식에 의존해 왔으나, 이 방식이 민간부문에서 활용되고 있는 발주방식에 비해 극히 비효율적이란 것을 인식하게 되었고, 마침내 패스트랙(fast-track)과 함께 '용역형 CM(CM for Fee)' 을 도입하게 된 것이다.

그 결과 1970년대 초반 시카고, 필라델피아, 리치몬드의 사회보장지급센터(Social Security Payment Center) 건물과 워싱턴의 국립우주항공 박물관(National Air and Space Museum) 등의 프로젝트에 CM 방식을 적용하게 되었고, 몇몇 다른 공공기관들도 CM 방식을 도입하기에 이르렀다. 그러나 민간부문과 다르게 공공부문이 가지고 있는 엄격함과 경직성 때문에 효과적인 제도 운용이 이루어지지 못하였고, 이윽고 1979년 이후 GSA는 다중시공계약(multiple prime contracting) 기반의 용역형 CM 체계를

포기하게 된다. GSA가 일시적으로 CM 활용을 중단하게 된 이유를 정리해 보면 다음과 같다.[6)]

- 파급효과를 충분히 고려할 시간적인 여유 없이 급진적으로 CM 방식을 도입.
- 민간부문에서와 같이 CMr에게 충분한 권한을 부여하지 않음.
- 까다롭고 경직된 연방정부 공사의 계약절차로 인해 CMr의 역할에 제약.
- 다수의 시공계약자들(trade contractors, prime contractors)과 관련된 조정과정에서 수많은 클레임과 예기치 못했던 지연이 발생.
- 최저가 낙찰자 선정원칙에 의하여 CMr을 선정함에 따라 CMr의 자질시비가 초래되었고, 발주자와 CMr간 대립 발생.

이러한 실패사례를 교훈삼아 GSA는 1986년 'Construction Quality Management Contract' 라는 명칭 하에 원·하도급 계약(general contracting)에 기반을 둔 용역형 CM 체계를 새롭게 채택하였으며, 그 명칭을 다시 'Construction Management Contract' 라 바꾸어 현재까지 활용하고 있다.[7)]

한편, GSA 외에 보건 교육성(HEW; Department of Health, Education and Welfare) 역시 1970년대 초 내부 전문인력의 부족을 해결하기 위해 CM 방식을 도입하였는데 그 당시에는 '위험분담형 CM(CM at Risk, GMP CM)' 형태가 채택되었으며, 그 외에도 재향군인원호국(Veterans Administration)이 병원 신축공사에 용역형 CM을 도입했던 것으로 알려져 있다.

(2) 영국의 사례

유럽을 대표하는 영국에서도 1980년대 말 CM과 유사한 발주방식이 전통적인 계약방식의 문제점을 해결할 수 있는 새로운 대안으로 주목받기 시작하였다. 미국의 CM을 나름대로 변형하여 도입한 'Management Contracting(이하 MC)' 이 바로 그것으로, 주로

---

6) 한국건설기술연구원, '건설사업관리 발주체계 및 조달시스템개발 연구보고서' 건설교통부, 2002, pp.6-7.
7) CMAA, 'CM Certification Program Capstone Course', CMAA, 1995, pp.5-7.

장기간의 사업기간이 필요한 건설사업을 대상으로 적용되었으며, 런던의 대영도서관(British Library) 프로젝트가 MC를 채택한 대표적인 사례로 알려지고 있다. MC 방식의 체계적인 틀은 1987년 JCT(Joint Contracts Tribunal)가 표준계약서식인 'MC 87'을 제시하면서 갖추어지게 되었는데, 발주자는 관리시공사(MCr; Management Contractor)를 설계단계에서부터 고용하여 시공에 관한 전문지식을 반영토록 하고, MCr는 전문시공업체들(Work Contractors)과 계약을 체결하여 시공 프로세스를 관리하도록 하였다. 이러한 체계는 건설사업 참여자의 구조와 계약관계만을 놓고 볼 때 미국의 'CM at Risk' 방식과 크게 다를 바 없지만, MCr이 직접 시공업무를 수행하지 않고 단지 관리업무만을 수행한다는 점에서 차이점을 발견할 수 있다. 그러나 미국에서 'CM at Risk' 시장이 확대되어 가고 있는 추세와는 달리 최근 영국에서는 오히려 MC 방식보다 용역형 CM 방식이 주로 사용되고 있는 추세이며[8], 적산사(QS; Quantity Surveyor)라는 컨설팅 주체가 참여하여 주로 사업비관리에 관한 전문지식과 서비스를 제공하고 있는 것 또한 영국만이 가지고 있는 특징이다.

(3) 일본의 사례

일본에서 CM 도입에 대한 논의가 시작된 것은 시기적으로 볼 때 우리나라와 큰 차이가 없거나 오히려 늦은 것으로 보여진다. 그러나 공공 발주기관의 특성을 반영하여 CM에 대한 요구를 철저하게 분석하고 각기 다른 요구에 대응할 수 있는 CM 체계를 수립해 오고 있다는 점에서 우리의 제도 운영에 비해 일면 앞서가는 측면을 발견할 수 있다. 즉, 일본 국토교통성은 CMr의 참여단계, CM 업무내용, 업무 수행주체 등의 관점에서 CM 발주체계 및 조달시스템의 유형을 '시공매니지먼트형-I, II, III', '설계확장형', '설계매니지먼트형', '설계시공매니지먼트형-I, II', '설계시공일괄발수형', '시공확장형', '발주자 대행형' 등, 10가지로 구분하고, 그중 우선순위가 높은 3가지 유형(시공매니지먼트형-I, III, 설계시공매니지먼트형-II)을 선정하여 각 경우별로 개발된 대가체계와 함께 시범 운영하고 있다.

8) John Murdoch, Will Hughes, Construction Contract-Law and Management, E & Spon, 1996, pp.63-90.

(4) 동남아 제국

동남아 제국에는 선진 CM 회사 또는 건설회사들의 시장 접근이 자유로운 개방시장(Open Market)을 형성하였기 때문에, 이들에 의해서 CM 제도가 일찍부터 소개되었고, 현지 인력들에 의한 CM 프로젝트도 1970년대 말경부터 미국에서 CM을 공부한 선도적인 전문가들에 의해 시도되었다. 1980년대초 태국의 수도 방콕에서는 대규모 건물 프로젝트에 미국의 전형적인 CM for Fee 방식으로 주 시공자가 없이 CM 회사에 의해서 공사가 수행되었다.

대표적인 프로젝트로는 호텔, 백화점 등 대규모 복합시설을 건설하는 Central Plaza 프로젝트와 샹그리라(Shangrila)호텔 프로젝트가 있다. 이후 73,452평의 대지 위에 사무실, 호텔, 백화점, 국제회의장 등 약 20여개 대형건물을 개발하는 초대형 프로젝트인 말레이지아의 KLCC 프로젝트[9], 콘크리트(R.C)로 건물로서는 세계 최고 높이(374m)인 홍콩의 Central Plaza 프로젝트에 CM이 적용되었다. 특히 근래에는 마카오의 카지노 건설사업에 미국 기업들이 진출하면서 자연스럽게 미국식 CM이 뿌리를 내리고 있다.

이상과 같이 미국을 중심으로 발전해온 CM 방식은 1960년대 태동기에서부터 1980년대 정착기를 거쳐 현재 민간부문은 물론 공공부문에서도 효과적이고 효율적인 공사수행 체계로서 활용되고 있으며, 미국 외에도 유럽과 중동지역, 그리고 최근에는 아시아 건설시장에서도 수많은 활용 사례를 찾아볼 수 있을 정도로 발전해오고 있다.

1.4 국내 CM 제도 도입의 배경과 제도 개요

1.4.1 CM 개념의 도입과 제도 수립과정

CM에 대한 개념이 국내에 소개되기 시작한 시점을 정확하게 짚어내기는 어렵지만, 대략 '80년대 후반에서부터 '90년대 초반, 중동과 해외 건설시장에서 경험을 쌓은 대형

9) 김종훈. John Dunsford, 「말레이시아 KLCC 프로젝트 CM 적용사례 분석」, 건축학회지, 1997.10, pp. 38-42.

건설업체들이 CM에 대한 자체적인 논의를 시작하면서 부터라 생각된다. 그 당시 몇몇 건설회사에서는 동아리 형식으로 CM 연구회를 조직해 활동하던 사례도 있었는데, 시스템에 의한 효율적이고 과학적인 공사관리 체계 도입이 본격적으로 시도된 것도 이 시기부터이다. 또한, 한발 앞서 미국을 비롯한 선진국에서 CM을 공부하고 연구한 과학자들이 국내로 돌아오기 시작한 시점도 이때쯤이었으며, 이들의 역할 또한 우리나라에 CM을 소개하고 제도 도입을 실현하는데 큰 기여를 하였다.

이렇게 건설업계에서 분위기가 무르익으면서 국내에도 선진화된 발주체계의 도입이 논의되기 시작하였고, 1996년 12월 '건설산업기본법' 이 전면 개정되면서 처음으로 '건설사업관리(CM)' 의 정의와 발주체계가 제도적으로 도입되었다. 그러나 좀 더 넓은 의미에서 보면, 1994년 건설공사의 부실방지와 품질 향상을 목적으로 도입된 '책임감리' 제도 또한 CM 제도를 모델로 하여 만들어진 것이라 볼 수 있다. 즉, 책임감리 제도에서는 기존 공공부문의 감독관이나 설계자가 담당하였던 공사감리자의 역할을 'CM for Fee' 방식에서와 같이 별개의 용역계약자에게 발주하고 있는가 하면, 시공단계에서 책임감리자가 수행하는 업무의 내용과 범위는 건설사업관리자의 그것과 매우 유사하다.

그러나 책임감리제도가 건설공사의 품질확보 차원에서 도입되었다면, CM 제도는 건설프로젝트의 효율성 제고라는 목표가 최우선이라는 차이점이 있다. 이러한 개념은 1999년 건설교통부가 발표한 '공공건설사업 효율화 종합대책' 에서도 잘 나타나 있는데, 이 대책에서는 '국내 건설기술분야의 국제경쟁력을 제고하고 건설공사의 효율적 추진을 위하여 선진 공사관리기법인 건설사업관리기법의 정착 및 활성화가 필요함' 을 강조하고 있으며, 이를 위한 세부적인 시행규정과 시범사업의 실시를 정책방향으로 설정하고 있다.[10)]

이후 CM 제도를 운용하기 위한 세부적인 제도는 '건설산업기본법' 의 정의 조항을 모법으로 하여 2001년 1월, '건설기술관리법' 에 규정되었고 이 제도를 바탕으로 비로소 공공부문에서 용역형 CM을 활용할 수 있는 근거가 마련되었다.

10) 건설교통부, '공공 건설사업 효율화 종합대책-26. 건설사업관리제도의 활성화' , 1999.

이 과정에서 수 차례의 공청회와 토론회, 그리고 관련 연구들이 있었는데, 제도 도입 당시 가장 큰 이슈는 CM 방식의 유형에 관한 것이었다. 즉, 'CM for Fee' 방식과 'CM at Risk' 방식 모두를 도입하여야 하는지, 아니면 둘 중에 한 가지, 특히 'CM for Fee' 방식만을 우선 도입하는 것이 좋은지에 대한 논란이었다. 사실상 당시에 건설업계의 기존 주체들, 즉, 설계자와 시공자, 감리자 등은 CM 제도를 그리 탐탁하게 생각하고 있지 않았던 것 같다. 먼저 감리회사 입장에서는 감리보다 넓은 활동 범위를 갖는 CM이 도입되게 되면, 상대적으로 감리시장에 손실이 있을 것이라 판단하고 있었고, 설계회사는 CM이 설계자보다 우위에 서게 되면, 설계자의 위상에 큰 타격을 주게 될 것으로 우려하고 있었다. 마지막으로 시공회사들은, 비록 시장 진입에 장애가 있는 것은 아니라 하더라도, 'CM at Risk' 방식이라면 몰라도 용역형 CM만으로는 CM 시장에 큰 매력을 느끼지 못하고 있었다.

결국 CM 도입에 있어 가장 첨예했던 부분은 시공회사가 요구하는 'CM at Risk' 방식의 동시 도입이었다. 그러나 그 시점으로부터 3년전, 건설사의 부실시공 방지와 공사품질 향상을 목적으로 이미 책임감리제도가 도입된 상황이었으므로 정부입장에서 시공회사의 참여를 전제로 하는 'CM at Risk' 방식을 도입한다는 데에는 무리가 따를 수밖에 없었고, 이러한 우여곡절 끝에 우리나라 공공부문의 CM 제도는 용역형태 방식으로만 운영되게 되었다.

1.4.2 국내 CM 제도의 개요와 배경

이후 제도적인 차원에서 잠시 소강상태를 보이던 CM 제도는 2002년 1월 건설산업기본법과 건설기술관리법의 일부 개정과 2003년 고시된 '건설사업관리 업무지침' 및 '건설사업관리 대가산정 기준' 등으로 구체적인 운영기반을 하나하나 갖추어가고 있다. 이하에서는 관련법에서 규정하고 있는 대략적인 제도의 개요와 각각의 법령이 어떠한 배경하에서 만들어지게 되었는지를 설명해보기로 한다.

(1) 건설사업관리의 정의

건설사업관리에 대한 세부 운영규정은 주로 '건설기술관리법'에서 다루어지고 있고 '엔지니어링기술진흥법', '국가를 당사자로 하는 계약에 관한 법률(이하 국가계약법)' 등에서도 규정하고 있다. 그러나 그 정의는 건설산업기본법을 모법으로 하거나 거의 이와 유사하므로 가장 기본이 되는 것은 '건설산업기본법 제2조 정의' 조항의 내용이라 할 수 있으며, 여기서 건설사업관리는 「건설공사에 관한 기획·타당성조사·분석·설계·조달·계약·시공관리·감리·평가·사후관리 등에 관한 관리업무의 전부 또는 일부를 수행하는 것」이라 정의되어 있다.

이 정의 조항의 특징은 크게 두 가지로 설명할 수 있는데, 첫째는 건설사업관리 업무가 '용역업무'에 해당된다는 것으로, 국내 제도에서의 CM은 정의 조항에서부터 'CM for Fee' 방식을 기반으로 하고 있음을 알 수 있다. 이는 만약, 향후 공공부문에 'CM at Risk' 제도가 도입될 경우, 정의 조항의 수정은 물론 건설사업관리자가 용역자인지, 또는 시공자인지 그 성격에 대한 해석이 새롭게 규명되어야 함을 의미하기도 한다.

두 번째 특징은 업무의 범위가 프로젝트 라이프사이클 전반을 대상으로 하고 있으면서 전부 또는 일부에 해당하는 업무를 취사 선택할 수 있도록 융통성을 부여하고 있다는 것이다. 이것은 설계, 시공, 감리 등 타 분야의 업무 범위가 비교적 제한적으로 규정되어 있는 것에 비하면 사뭇 다른 모습인데, 프로젝트의 특성과 발주자의 요구조건에 따라 건

> 건설산업기본법 제2조(정의)
>
> 6. "건설사업관리"라 함은 건설공사에 관한 기획·타당성조사·분석·설계·조달·계약·시공관리·감리·평가·사후관리 등에 관한 관리업무의 전부 또는 일부를 수행하는 것을 말한다.
>
> 건설기술관리법 제2조(정의)
>
> 12. "건설사업관리"라 함은 건설산업기본법 제2조 제6호의 규정에 의한 건설사업관리를 말한다.

설사업관리자에게 요구되는 업무가 달라질 수 있고, 또 그것 자체가 CM 방식의 장점임이 고려된 결과이다.

(2) 건설사업관리 대상 공사 및 건설사업관리자의 업무범위

건설사업관리 적용 대상 공사와 구체적인 업무범위는 건설기술관리법과 관련 시행령 및 규칙에 규정되어 있는데, 여기서 건설사업관리 적용 대상 공사의 범위는 해당 사업의 특성만을 언급하고 있을 뿐, 책임감리제도의 대상 사업과 같이 사업의 규모(금액)에 의하여 규정하고 있지 않다. 다만, 국가계약법 제91조의 2에서「'대형공사' 중 필요하다고 인정할 경우 건설사업관리계약을 체결할 수 있다」고 규정하고 있고 동법 시행령 제79조에서 '대형공사'를「총 공사비 추정가격이 100억원 이상 규모인 신규복합공종공사」로 정의하고 있으므로, 건설사업관리계약의 대상이 되는 사업의 규모는 대략 100억원 이상이라 추론할 수 있는 정도이다. 그러나 발주청이 필요하다고 인정할 경우 얼마든지 건설사업관리 방식을 적용할 수 있으므로 이것 역시 절대적인 조항이 되지 못한다.

이렇게 건설기술관리법에 나타난 건설사업관리 대상 공사의 범위가 다른 공사참여자의 업무와 비교할 때 강제적이지 못하고 일면 애매하기까지 하기 때문에 제도 도입 초기에는 이것이 CM 제도의 활성화에 걸림돌이 된다는 의견도 있었다. 즉, 책임감리 대상 공사처럼 일정규모 이상의 공사에 의무적으로 적용토록 하여야 활성화가 앞당겨질 수 있고, 적용기준의 하나인「설계·시공관리의 난이도가 높아 특별한 관리가 필요한 건설공사」등은 그 판단기준이 애매하여 웬만한 공공발주자라면 굳이 도입할 필요성을 느끼지 못할 것이라는 주장 등이 그 예이다.

그러나 CM 발주방식의 도입 여부는 무엇보다 프로젝트의 특성과 발주자 조직의 능력, 그리고 그에 상응하여 요구되는 서비스가 무엇인가에 달려있으므로 이 규정의 목적은 단기적인 파급 효과보다는 장기적인 정착에 중점을 두고 있다고 볼 수 있다. 즉, 시간은 좀 더 걸리더라도 CM 서비스 성과에 대한 차별화와 이를 기반으로 한 발주자들의 인식개선이 궁극적으로 CM 제도의 효과를 확산시키는데 필요하다는 것이다.

건설기술관리법 제22조의 2(건설사업관리의 시행)

① 발주청은 건설공사의 효율적인 수행을 위하여 필요한 경우에는 다음 각 호의 1에 해당하는 건설공사에 대한 건설사업관리를 위탁하여 시행할 수 있다.

1. 공항·철도·발전소·댐 또는 플랜트 등의 대규모 복합공종의 건설공사
2. 설계·시공관리의 난이도가 높아 특별한 관리가 필요한 건설공사
3. 발주청의 기술인력이 부족하여 원활한 공사관리가 어려운 건설공사
4. 제1호 내지 제3호 외의 건설공사로서 당해 건설공사의 원활한 수행을 위하여 발주청이 필요하다고 인정하는 건설공사

② 건설사업관리의 세부 업무내용은 대통령령으로 정한다.

한편, 건설사업관리의 업무범위를 설정하는데 있어 가장 난해했던 점은 책임감리업무 또는 설계감리업무와의 관계설정이었다. 이 두 분야는 별개의 제도로 운영될 뿐만 아니라 각각의 시장이 이미 형성되어 있는 상황이었지만, 책임감리나 설계감리 모두 외국 CM 제도를 모델로 삼고 있었기 때문에 건설사업관리 업무와의 중복은 피할 수 없는 문제였다.

우선적으로 해결하여야 할 것은 이 세 가지 업무영역을 어떻게 발주할 것인가, 즉, 이들 업무를 별개의 계약으로 볼 것인지 또는 하나의 업무에 모두 포함시킬 것인지에 대한 결정이었다. 이에 대해서 건설기술관리법은 특정 프로젝트에 건설사업관리 방식을 도입할 경우, 그 프로젝트가 설계감리 또는 책임감리 대상 공사라면 건설사업관리자가 그 업무를 모두 수행하도록 규정하고 있다. 또, 이 규정을 '하여야 한다' 로 할 것인지, '할 수 있다' 로 할 것인지에 대한 결정 역시 문제가 되었는데, 개별 발주의 가능성보다는 CM 제도 활성화 측면에서 강제성을 부여하는 방향으로 결론지어졌다. 그러나 이것은 용역의 규모가 초대형화 될 경우, 건설사업관리 계약자의 조직이 비대해지거나 대형회사만이 수주가 가능해진다는 문제를 안고 있기도 하다.

건설기술관리법 제22조의 5(건설사업관리와 다른 용역과의 관계)

발주청은 건설사업관리를 적용하는 건설공사가 설계감리 또는 책임감리 대상 공사인 경우에는 당해 건설사업관리의 업무범위에 설계감리 또는 책임감리업무를 포함하여 시행하여야 한다. [본조신설 2001.01.16]

'건설사업관리와 다른 용역과의 관계' 로부터 감리와 건설사업관리와의 관계는 어느 정도 정리가 되었지만, 가장 큰 과제는 건설사업관리 본연의 업무를 어떻게 규정할 것인가에 대한 것이었다. 역시 감리업무로부터 건설사업관리 업무를 차별화하는 것이 관건이었는데, 이것은 단순히 업무범위 설정에만 그치는 것이 아니라 용역대가와 직결되므로 매우 중요한 문제였다.

우선 세부업무의 분류는 건설기술관리법 시행령에 해외사례와 국내 실정 등을 반영하여 '계약관리' 를 포함한 총 일곱 가지 영역으로 구분하였고, '건설사업관리업무지침' 에 각 업무에 대한 설명과 공사참여자별, 공사단계별 역할 분담을 제시하였다. 이 내용들은 건설사업관리자 업무의 큰 윤곽만을 그리고 있을 뿐, 그리 구체적이지 못하였는데, 그 이유는 입찰시 '건설사업관리업무수행지침' 이나 계약조건 등에 명시될 사항들이기 때문이며, 가능한 한 각 공사단계별 감리업무와 중복되지 않는 업무로 건설사업관리 업무를 설명하고 있기 때문이다.

이상의 '건설사업관리자의 업무내용' 이나 '건설사업관리 업무수행 지침', 그리고 뒤에 설명할 '건설사업관리 대가산정 기준' 등의 상당부분은 2000년부터 3년간 '건설교통기술 혁신사업' 의 일환으로 수행된 '건설사업관리 발주체계 및 조달시스템 개발 연구' 에 기반을 두고 있다. 이 연구에서는 감리와의 업무 중복을 피하고 건설사업관리 본연의 업무를 도출하는 데에 많은 노력을 기울였는데, 그럼에도 불구하고 건설사업관리 업무범위를 기존 감리업무에 대한 '+α' 로 설명하고 있는 대목에서 일부 오해를 불러일으키기도 했다. 이 표현 때문에 건설사업관리가 감리의 부수적인 업무로 인식되고, 결과적으로 건설사업관리의 위상을 떨어뜨린다는 것이다. 그러나 이 연구에서 의도한 '+α' 의 의미는 오히려 발주자에게는 건설사업관리 업무가 감리와는 차별화된 서비스임을 인식시키고, 건설사업관리자에게는 그 차별화된 업무에 대해 정당한 대가를 받을 수 있도록 하기 위한 것이었다. 그만큼 이미 만들어진 제도와의 중복 또는 상충을 피하면서 CM 제도의 기반을 구축한다는 것이 쉽지 않은 일이었으며, 특히 이런 관점에서 건설사업관리의 업무범위와 내용은 앞으로도 많은 연구와 개선이 있어야 할 부분이기도 하다.

건설기술관리법 시행령 제39조의 4(건설사업관리의 업무내용)

① 법 제22조의 2의 규정에 의한 건설사업관리의 세부 업무내용은 다음 각 호와 같다.

1. 건설공사의 계약관리
2. 건설공사의 사업비관리
3. 건설공사의 공정관리
4. 건설공사의 품질관리
5. 건설공사의 안전관리
6. 건설공사의 사업정보관리
7. 그 밖에 당해 건설사업관리용역계약에서 정하는 사항

② 제1항 각 호의 사항에 관하여 필요한 세부사항은 건설교통부장관령으로 정한다. [본조신설 2001.07.30]

건설기술관리법, 건설사업관리 업무지침(제5조)

1. 건설사업관리와 관련된 계획의 수립, 운영 및 조정 등에 관한 사업관리 일반
2. 설계자, 시공자 등의 선정과 관련한 지원업무와 각종 설계변경, 클레임 및 분쟁에 관한 업무지원 등 계약관리
3. 건설공사 시행단계별 사업예산 및 사업비 운영의 적정성 검토, 조정 등에 관한 사업비관리
4. 건설공사 시행단계별 공정의 계획, 운영 및 조정 등에 관한 공정관리
5. 건설공사 시행단세별 품질과 환경에 관한 제반 기준 및 계획의 검토, 조정 등에 관한 품질관리
6. 건설공사 시행단계별 재해예방 및 건설안전 확보를 위한 제반기준 및 계획의 검토, 조정 등에 관한 안전관리
7. 건설공사 시행단계별 각종 문서, 도면, 기술자료 등의 체계적인 축적 및 관리 등에 관한 사업정보관리
8. 기타 당해 계약에서 정하는 사항

표 1-1 건설공사 단계별 역할 분담 - 건설사업관리 업무지침

단계	업무내용	역할분담			
		발주청	사업관리자	설계자	시공자
공통 업무	건설사업관리 수행계획서 작성 · 운영	승인	주관	–	–
	건설사업관리 절차서 작성 · 운영	승인	주관	–	–
	작업분류체계/사업번호체계관리	승인	주관	협조	협조
	사업정보 축적 · 관리 및 운영	협조	주관	협조	협조
	건설공사 참여자간 업무협의 주관	협조	주관	협조	협조
	건설사업관리 업무관련 각종 보고	검토	주관	협조	협조
	기타건설사업관리 관련 업무	협조	주관	–	–
기본 설계	설계자 선정	주관	협조	–	–
	기본설계 VE	승인	주관	협조	–
	공사비분석 및 개략공사비 검토	승인	주관	협조	–
	설계용역 진행상황 및 기성관리	승인	주관	협조	–
	기본설계 조정 및 연계성 검토	검토	주관	협조	–
	기본설계의 품질관리	승인	주관	협조	–
실시 설계	설계자 선정	주관	협조	–	–
	공사 발주계획 수립	승인	주관	협조	–
	실시설계 VE	승인	주관	협조	–
	공사비분석, 공사원가 적정성 검토	승인	주관	협조	–
	설계용역 진행상황 및 기성관리	승인	주관	협조	–
	실시설계 조정 및 연계성 검토	검토	주관	협조	–
	실시설계 품질관리	승인	주관	협조	–
	지급자재 조달 및 관리계획 수립	승인	주관	협조	–
	시공자 선정	주관	협조	–	–
시공 단계	공정 · 공사비 성과분석/대책수립	승인	주관	–	협조
	클레임 분석 및 분쟁대응	주관	협조	협조	협조
	최종 건설사업관리 보고	승인	주관	–	협조

※ 법 제2조 제6호 및 제22조 규정에 의한 설계감리, 시행령 제52조의 규정에 의한 책임감리업무와 관련한 역할분담은 관련규정에 의한다.

(3) 건설사업관리자의 선정 및 입·낙찰

건설사업관리용역 참여자에 대해서는 설계, 엔지니어링, 시공 업무와는 달리 특정 면허 또는 등록에 의한 규제를 하지 않고 있으며, 건설기술관리법에 의해 해당 사업 또는 용역업무에 대한 전문지식과 기술능력을 갖추면 되는 것으로 규정되어 있다. 이 역시 제도 입안 당시에는 논란이 많았던 부분이다. 즉, 건설사업관리를 수행하기 위한 전문회사로서 면허를 부여하거나 일련의 등록 요건을 규정하는 것이 바람직하다는 주장과 사업관리 업무는 능력과 기술의 문제이지 면허로 제한해서는 안 된다는 주장이 제기되었었다. 결론적으로는 후자의 주장대로 제도가 만들어졌는데, 외국의 사례를 보더라고 EC회사, 건설회사, 설계회사, 전문CM회사 등, 다양한 유형의 회사들이 CM 시장에서 활동하고 있고, 설계와 시공 등 타 분야에서도 업역의 구분이 오히려 기술력 발전에 저해가 된다는 견해, 그리고 면허에 의한 새로운 시장을 형성할 경우, 또 다른 제도적 장치가 마련되어야 한다는 복잡성 등을 고려해 내려진 결과였다.

다만, 건설사업관리자의 능력과 업무의 품질을 확보하기 위한 조치가 필요하였는데, 이를 위해 2003년 건설산업기본법에서 '건설사업관리자의 능력 평가 및 고시' 에 대한 제도가 수립되었다. 이와 관련된 업무는 '한국CM협회(건설사업관리협회)' 가 대행하고 있다.

> 건설산업기본법 제26조(건설사업관리업무의 위탁)
>
> ① 발주자는 필요한 경우 건설사업관리업무의 전부 또는 일부를 건설사업관리에 관한 전문지식과 기술능력을 갖춘 자에게 위탁할 수 있다.
>
> ② 건설사업관리업무의 내용이 관계법령에 의하여 신고·등록 등을 하여야 하는 업무인 경우에는 당해 법령에 의한 신고·등록 등을 하지 아니한 자는 당해 건설사업관리업무를 위탁받을 수 없다. 다만, 대규모 복합공사로서 공항·고속철도·발전소·댐 또는 플랜트공사의 건설사업관리업무를 위탁받는 자가 건축사·기술사 등 관계법령에 의한 설계 또는 감리업무를 수행할 수 있는 기술인력을 갖춘 경우에는 건축사법 제23조 제1항 또는 건설기술관리법 제28조 제1항의 규정에 불구하고 설계 또는 감리업무를 함께 위탁받아 수행할 수 있다. (③, ④항 생략)

건설산업기본법 제23조의 2(건설사업관리능력의 평가 및 공시)

① 건설교통부장관은 발주자가 적정하게 제26조 제2항의 규정에 의한 건설사업관리자를 선정할 수 있도록 하기 위하여 건설사업관리자의 신청이 있는 경우 당해 건설사업관리자의 건설사업관리실적 및 재무상태 등에 따라 건설사업관리 능력을 평가하여 공시하여야 한다.

② 제1항의 규정에 의한 평가 및 공시를 받고자 하는 건설사업관리자는 전년도 건설사업관리실적, 건설사업관리관련 인력보유현황, 재무상태, 기타 건설교통부령이 정하는 사항을 건설교통부장관에게 제출하여야 한다. (③항 생략)

한편, 건설사업관리자의 선정에는 국가계약법시행령 제42조(국고의 부담이 되는 경쟁입찰에서의 낙찰자 결정) 제2항에 의한 적격심사방식, 동법 시행령 제43조(협상에 의한 계약체결)에 의한 협상방식, 건기법시행령 제38조(용역업자의 선정기준 및 절차)에 의한 기술가격분리 입찰방식 등이 활용되고 있으며, 최근 대부분의 건설사업관리용역에는 건설교통부기준인 '용역적격심사 및 협상에 의한 낙찰자 결정 기준(건설교통부훈령제365호)', '지방자치단체 기술용역 적격심사 세부 기준(행정자치부예규)', '입찰 집행에 관한 예정가격 작성 요령(행정자치부예규)' 등에 의해 해당 건설사업의 특성에 맞는 낙찰자 선정방법이 적용되고 있다. 이에 따라 제도 도입 초기 당시 대부분의 프로젝트가 적격심사 방법을 따르던 것과는 달리 많은 변화가 일어나고 있는데, 적격심사의 경우 아무래도 입찰가격이 가장 결정적인 요인이었다면, 최근에는 건설사업관리자 선정에 있어서 기술능력이 우선시 되어야 한다는 인식이 확산되어가고 있음을 발견할 수 있다.

(4) 건설사업관리용역의 대가기준

용역업무의 형태가 무엇이든 간에 공공부문에서 규정하고 있는 대가기준은 업계입장에서 가장 민감하고 관심이 높은 부분이다. 그것이 시장가격을 형성하는 기초가 되기 때문이다. 그러므로 발주자와 업계가 모두 만족할 수 있는 대가기준을 만든다는 것이 매우 어려운 일인데, 건설산업관리 용역에 관한 제도 도입 당시 정부가 이에 대한 대가기준을 만들어야 하는 가에서부터 찬반의 의견이 있었다.

먼저 반대 입장의 근거는 건설사업관리 용역의 경우, 프로젝트의 특성에 따라 건설사업관리자의 참여시기가 다양하며, 서비스의 유형과 질에 따라 투입되는 인력과 기술력에 큰 차이가 발생할 수 있다는 데에 있었다. 특히 고도의 기술력을 요하는 사업에서는 인력의 양적 투입보다 질적인 고려가 우선되어야 하고 이에 대한 인건비와 대가는 프로젝트 특성에 따라 발주자가 판단할 일이지 대가기준이라는 일률적인 잣대로 가격이 결정되어서는 안 된다는 것이다. 또, 대가기준이라는 것이 발주자가 사용하는 기준이자 참고용이라는 단서가 있지만, 대부분의 경우 이 기준을 상회하는 가격이 만들어지기 어렵고 결국 서비스의 품질을 저하시킬 수밖에 없다는 문제도 제기되었다.

반면, 정부입장에서 대가기준의 필요성과 방침은 매우 단순했다. 어떤 형태로든 예정가격을 책정하기 위한 기준이 필요한데, 건설사업관리에 대한 경험과 사례가 부족한 상태에서 용역업무의 난이도나 투입 인력수준을 고려해 프로젝트별로, 발주자별로 가격을 산정한다는 것은 비현실적이므로 결국 현재 건설사업관리 대가 산정 기준과 같이 과거 설계, 엔지니어링, 감리 등의 대가기준과 유사한 형태의 기준이 만들어진 것이다.

그러나 대가기준을 작성하는 과정은 그 필요성만큼 쉽거나 단순하지 않았다. 대가기준이란 과거의 실적 데이터에 근거해 가장 평균적인 수치를 만들어내는 것인데, 제도도입 이후 통계적인 가치를 가질 만큼의 실적과 데이터가 쌓이지 못했기 때문이다. 또 건설사업관리용역의 특성상, 투입시기와 용역업무의 난이도 등에 대한 변수를 어떻게 반영할 것인가도 해결하기 어려운 문제였다. 단, 대가기준의 작성 방침으로서 확실했던 것은 기존 설계감리나 책임감리의 용역대가보다 차별화된 대가가 보장되어야 한다는 것이었다. 그러므로 건설사업관리자의 투입단계는 기본적으로 설계감리가 적용되는 기본설계와 실시설계단계, 그리고 책임감리가 적용되는 시공단계로 구분하고 이들 업무에 주어지는 기본적인 대가에, 앞서 언급했던 '+α' 업무의 대가를 추정함으로써 최종적인 대가기준을 수립하게 되었다. 또한 설계 및 시공단계 외에도 확장된 프로젝트 단계에서 건설사업관리자가 투입될 경우, 그리고 건설사업관리 업무범위에서 규정하고 있는 것 이외의 추가업무가 요구될 경우, 그에 대한 추가적인 대가적용이 가능하도록 하였다.

이러한 과정을 거쳐 현재 건설사업관리용역의 대가기준은 공공부문의 경우 건설기술관리법 제22조의 4 제2항의 규정에 의한 '건설사업관리 대가 산정 기준' 에 따르도록 하고 있으며, 대가의 산출은 발주청이 사업의 특성을 고려하여 '공사비 비율에 의한 방식' 또는 '실비정액가산방식' 을 적용토록 하고 있다. 단, 이 지침의 운영에 필요한 세부사항에 관하여는 발주청이 그 기준을 정할 수 있고, 공사비 비율에 의한 방식을 적용할 경우, 요율은 각 단계별로 구분하여 적용하되, 공사의 특성에 따라 ±10% 이내에서 가감할 수 있도록 했다. 또 요구되는 추가업무에 대한 비용은 다음 각 업무에 대해 별도의 실비로 계상하도록 하고 있다.

1. 기본설계 이전단계에 수행되는 기획, 예비타당성조사, 타당성조사 및 준공이후 시설물 운영 및 유지관리 등에 관한 사업관리업무
2. 사업정보관리시스템 개발
3. 특허, 노-하우 등의 사용료
4. 모형제작비, 현장계측비 등
5. 해외 및 원격지 출장여비 및 경비
6. 국내외 외부 전문기술자에 의한 자문비 또는 위탁비용
7. 당해사업의 특성상 발주청이 요구하는 기타 업무

표 1-2 건설사업관리 대가 요율(보통공종 기준)

공사비(억원)	기본설계단계	실시설계단계	시공단계	계
100	0.181%	0.561%	6.176%	6.918%
200	0.157%	0.482%	4.980%	5.619%
300	0.146%	0.455%	4.449%	5.050%
400	0.142%	0.439%	4.198%	4.779%
500	0.138%	0.425%	3.958%	4.521%
700	0.134%	0.411%	3.662%	4.207%
1000	0.129%	0.395%	3.318%	3.842%
1500	0.125%	0.382%	3.007%	3.514%
2000	0.120%	0.373%	2.791%	3.284%

1.5 국내 주요 적용 사례와 CM 시장의 개황

1.5.1 제도 도입 초기단계에서의 적용 사례

국내 공공건설부문에서 CM 방식이 적용된 건설프로젝트는 사실상 CM 제도 도입 이전부터 몇몇 사례를 찾아볼 수 있다. 그 첫 번째 사례로 꼽히는 것이 1978년부터 1986년에 걸쳐 건설된 고리 원자력발전소 3, 4호기로써, 미국의 벡텔사(Betchel)가 설계부문 사업관리를 최초로 수행하였고, 이 부분의 노하우를 전수받아 발전시킨 한국전력기술(KOPEC)은 영광원자력발전소 3, 4호기(1987-1996)에서 국내 업체로는 최초로 직접 사업관리 업무를 수행한 바 있다.

다음으로는 경부고속철도 건설사업의 '사업관리 자문용역(Project Management Contract)' 을 들 수 있다. 이 사업은 우리나라 역사상 가장 오랜 기간과 건설비가 투자된 건설사업 중 하나로서, 고속철도 건설경험이 전무한 상태에서 시작되었기 때문에 사업관리에 대한 능력과 기술이 사업성패에 가장 큰 관건이 되었다. 이에 따라 '한국고속철도건설공단' 은 1992년 6월, 경부고속철도 사업관리 시행방안을 대통령에게 보고하고 이듬해인 1993년 4월 미국 벡텔사와 협상방식에 의해 정식으로 사업관리 용역을 체결하였다. 용역의 내용에는 시스템엔지니어링, 설계 등 총 9개 분야에 대한 자문과 사업비, 공정, 품질, 설계관리 등 총 14개 분야에 대한 공동사업관리, 그리고 이에 대한 기술이전이 포함되었으며, 사업관리 업무는 공단과 벡텔이 '통합사업관리 조직' 을 구성하여 수행하였다.[10]

당시 경부고속철도 건설사업과 함께 우리나라에서 수행되고 있었던 대형 건설프로젝트로는 수도권 신국제공항 건실사업(인천국제공항)을 빼놓을 수 없는데, 이 사업에서도 역시 사업관리 방식이 적용되었다. 이 사업에서는 1991년 8월 벡텔사가 먼저 신공항건설기획단에 사업관리용역 발주를 제안하여 1993년 4월 '신공항 건설관리 기본계획 수립 기술자문 용역' 을 수행하였으며, 그 결과를 바탕으로 같은 해 6월, 한국공항공단에 의해 사업관리 용역 추진 방침이 확정되었다. 이후 1994년 11월 최종 사업관리자로 우리나라

11) 한국철도시설공사, http://www.ktx.or.kr, 2006

의 KOPEC과 파슨스(Parsons), 터너(Turner), ICT 등 외국 회사들로 구성된 컨소시엄이 선정되어 프로그램 매니지먼트 계약을 체결하였다. 이 용역은 최초 2년간의 1단계와 1996년 12월부터 2001년 4월까지의 2단계 용역으로 나뉘어 수행되었는데(2단계에서는 터너사 제외), 사업관리 주요 업무는 사업기획, 자료관리, 설계관리, 구매관리, 시공관리, 품질·안전·환경관리, 시운전관리, 종합공정관리 분야 등으로 구성되었으며, 별개의 조직으로 운영되던 사업관리 조직은 1997년 이후부터 고속철도의 경우처럼, 신공항공단과 통합사업관리조직으로 운용되었다.[12] 이 프로젝트들은 초대형 국책사업의 일환으로 건설산업기본법이나 건설기술관리법에서 CM 제도를 규정하기 이전에 착수된 사례로서, CM 제도 수립과 틀을 마련하는데 큰 영향을 미치기도 하였다.

한편, CM 제도가 도입된 직후 발주된 대표적인 CM 사업으로는 KT&G(당시 한국담배인삼공사)가 발주한 남원의 담배원료공장 현대화 사업과 서울, 전주, 광주, 서귀포 등 4개 도시의 월드컵 경기장 건설사업을 들 수 있다. 이 사업들은 공사의 규모나 기간 측면에서 앞서 언급하였던 경부고속철도 사업이나 신국제공항 사업과 비교할 수 없지만, 나름대로 대형 건설프로젝트에 해당하고 특히 공사기간이 촉박하다는 공통점을 가지고 있었다. 따라서 때마침 도입된 '건설사업관리제도'를 활용하여 CM 방식을 채택하게 된 것이다. 특히, 정부공사로는 CM이 최초로 적용된 월드컵주경기장의 성공적인 수행은 국내 건설시장의 CM 활성화를 촉발하는 계기가 되었다.

공기문제 외에도 이 사업들에서는 사업운영 방식에서 몇 가지 공통점을 찾아볼 있다. 즉, 모든 사업들이 설계·시공일괄방식(턴키방식)으로 수행되고 있었고, CM 용역의 성격에는 사업관리와 책임감리가 포함되었다는 것, 남원 담배원료공장 현대화 사업을 제외하고는 모든 월드컵 경기장 사업에서 CM의 참여시기가 실시설계 단계부터라는 것, 그리고 적격심사에 의해 CM을 선정하고 실비정액가산 방식으로 용역대가를 지급했다는 것 등이 그것이다.

---

12) 진금택, '인천국제공항건설사업 Program Management 적용사례', 2002, www.cmak.or.kr

그 중 가장 특징적인 것은 설계·시공일괄방식으로 수행되는 사업에 CM이 참여하고 있다는 사실이다. 본래 설계·시공일괄 수행방식에서는 설계와 시공을 책임지는 단일 계약자가 공사기간과 공사비를 전적으로 책임지는 방식이다. 그럼에도 불구하고 5개 사업 모두가 설계·시공일괄방식과 CM 용역을 동시에 채택하고 있는 것은, 책임감리 대상공사에 CM이 투입될 경우, 건설기술관리법에 의해 CM이 사업관리 업무와 책임감리 업무를 모두 수행하여야 하므로, 발주자 입장에서 볼 때 공기에 대한 위험부담을 덜 수 있고, 같은 계약자가 시공단계에서 책임감리를 수행하는 효과적인 구조가 되기 때문이다.

다행히 이 프로젝트들은 모두 성공적으로 수행되었지만, CM 적용과정에서 명쾌하게 해결되지 못한 부분도 있다. 즉, 제도적으로 CM의 역할이 확실히 정립되지 못한 시점에서 책임감리와 CM간의 경계선이 모호한 상태로 용역업무가 추진되었다는 것과, 일반적인 설계·시공분리 방식에서 CM이 갖는 역할, 의무, 책임 등이 설계·시공일괄방식에서 어떻게 달라져야 하는지에 대한 사전 연구가 없었다는 사실이 바로 그것이다.

표 1-3 제도 도입 초기 국내 CM 용역 적용 사례

구 분	인천국제공항 건설공사	경부고속철도 건설공사	서울월드컵 경기장 건설공사	전주월드컵 경기장 건설공사	광주월드컵 경기장 건설공사	서귀포월드컵 경기장 건설공사	N지구 담배원료 공장 건설공사
발주처	인천국제공항공사	한국고속철도 건설공단	서울시	전주시	광주시	서귀포시	담배인삼공사
용역기간	1994. 11 - 2001. 4	1993. 4 - 2001. 11	1998. 9 - 2002. 4	1998. 12 - 2002. 4	1998. 11 - 2002. 3	1999. 1 - 2002. 4	1999. 1 - 2001. 4
건설공사 발주체계	설계시공분리방식	설계시공분리방식	설계시공일괄방식	설계시공일괄방식	설계시공일괄방식	설계시공일괄방식	설계시공일괄방식
CM 채용 배경	■ 대규모 공항시설공사에 대한종합관리 능력부족 ■ 국내 원자력 발전소 CM의 효용성을 적극 반영	■ 대규모 복합공사에 대한 종합관리 능력부족 ■ 벡텔의 적극적인 권장	■ FIFA의 경기장 시설기준의 충족 및 주어진 공기 내에 사업을 완료하기 위한 전문 관리 활동 요구 ■ 대규모 철골 및 음향 등에 대한 기술관리	■ FIFA의 경기장 시설기준의 충족 및 주어진 공기 내에 사업을 완료하기 위한 전문 관리 활동 요구	■ FIFA의 경기장 시설기준의 충족 및 주어진 공기 내에 사업을 완료하기 위한 전문 관리 활동 요구	■ FIFA의 경기장 시설기준의 충족 및 주어진 공기 내에 사업을 완료하기 위한 전문 관리 활동 요구	■ 담배원료 가공공장의 현대화를 위한 고도의 플랜트 계획 및 전문 관리 활동 요구
CM 용역의 성격	사업관리(계약패키지별 책임감리 별도운영)	사업관리(계약패키지별 책임감리 별도운영)	사업관리 및 책임감리	사업관리 및 책임감리	사업관리 및 책임감리	사업관리 및 책임감리	사업관리 및 책임감리
CM 참여시점	설계, 시공	설계, 시공	실시설계, 시공	실시설계, 시공	실시설계, 시공	실시설계, 시공	기획, 설계, 시공
CM 회사	벡 텔	한국전력기술(주)/파슨스/터너/ICT	한미파슨스/유신건축/건원/유신Corp./창목	토문Eng/동일기술공사/동일건축	현대건설/POS-AC	현대건설/청화감리공단/POS-AC	현대건설/POS-AC
CM의 주요업무	■ 사업관리일반 ■ 설계관리 ■ 시공관리 ■ 종합공정관리 ■ 품질/환경/안전관리 ■ 계약클레임관리 ■ 종합시운전관리지원 ■ 특수설비감리	■ 사업관리일반 ■ 설계관리 ■ 시공관리 ■ 인터페이스관리 ■ 품질관리 ■ 사업공정/사업비관리 ■ 사업지원업무 ■ 정보시스템 ■ 가동 및 시운전 ■ 운영 및 유지 ■ 보수업무 ■ 차량/전기시설	■ 실시설계 적격자 선정 업무 지원 ■ 공기단축 및 사업비 절감 검토 ■ PMIS 운영 ■ 수익시설 계획 및 사후 운영 적정성 검토 ■ 철골 및 음향 등 전문 기술관리 ■ 사업관리자문단운영 ■ 실시설계 감리 ■ 책임감리	■ 실시설계 적격자 선정 업무 지원 ■ 공기단축 및 사업비 절감 검토 ■ PMIS 운영 ■ 수익시설 계획 및 사후 운영 적정성 검토 ■ 철골 및 음향 등 전문 기술관리 ■ FIFA/조직위 관련 지원 업무 ■ 실시설계 감리 ■ 책임감리	■ 실시설계 적격자 선정 업무 지원 ■ 공기단축 및 사업비 절감 검토 ■ PMIS 운영 ■ 수익시설 계획 및 사후 운영 적정성 검토 ■ 철골 및 음향 등 전문 기술관리 ■ 실시설계 감리 ■ 책임감리	■ 실시설계 적격자 선정 업무 지원 ■ 공기단축 및 사업비 절감 검토 ■ PMIS 운영 ■ 수익시설 계획 및 사후 운영 적정성 검토 ■ 철골 및 음향 등 전문 기술관리 ■ FIFA/조직위 ■ 관련 지원업무 ■ 실시설계 감리 ■ 책임감리	■ 기본계획 수립 ■ 실시설계 적격자 선정 업무 지원 ■ 시공관리 ■ 공정관리 ■ 품질·안전관리 ■ 시설물 인수인계 ■ 유지관리 및 하자보수 지침서 ■ 실시설계 감리 ■ 책임감리
CM 선정절차	■ 입찰공고 ■ 기술/사업성 평가 및 우선협상 대상자 선정 ■ 업무범위와 가격협상	■ 기술과 가격동시제출 ■ 계약	■ 입찰공고 ■ 기술평가 및 선정(5개업체) ■ 낙찰자결정	■ 사업수행능력 및 기술제안서 제출 ■ 적격심사 ■계약			
CM 용역대가	■ 국내사:실비정액가산방식 ■ 외국사:실비 ■ 정산가산방식	■ 실비정산가산 방식	■ 실비정액가산 방식				

1.5.2 성장기의 CM 시장 현황

앞서 사례들 대부분이 2002년에 완공되었고 그 외에도 비슷한 시기에 발주된 몇몇 CM 프로젝트들이 있었다. 그러나 CM 시장의 현황과 적용사례에 대한 보다 체계적인 통계는 2003년, '건설사업관리능력의 평가 및 고시' 제도가 도입된 이후부터 찾아볼 수 있으며, CM 시장은 이때부터 프로젝트의 발주 건수나 계약금액 차원에서 괄목할 만한 성장을 보이고 있다.

2005년 8월 발표된 '건설사업관리 수행능력 평가' 자료에 따르면, 2005년 현재 CM 용역을 수행하는 업체로 등록된 업체의 수는 총 84개로서, 2003년 대비 약 20개 업체가 줄어들었던 2004년 등록업체 수 보다 4개 업체가 다시 증가하였다. 그러나 용역비 규모를 보면, 2000년 57억원, 2001년 107억원, 2002년 575억원, 2003년 1,022억원, 그리고 2004년 659억원으로 나타나, 2003년의 '인천국제공항공사2단계사업' 의 특수실적을 제외하면 매년 꾸준한 증가추세를 보이고 있다.

표 1-4 CM 용역업체 등록 현황(자료:CM협회)

업체 구분	2005년	2004년	2003년
건설업체	14	15	17
건설용역업체	69	65	83
외국업체	1	0	1
총 계	84	80	101

표 1-5 연도별 CM 발주현황(자료:CM협회)[13]

	2005년	2004년	2003년	2002년	2001년	1996~2000년	총 계
발주건수	175	75	109	68	22	37	486
계약실적(억원)	1,786	659	1,022	575	107	322	4,471

13) 상기 CM 발주현황은 CM협회에 등록된 자료를 기준으로 작성되었으며, 신고하지 않은 민간프로젝트를 반영할 경우 발주건수 및 금액은 많은 차이가 날 수 있으므로 통계적 가치는 매우 낮다고 볼 수 있음.

2004년 실적만을 놓고 보면 공종별로는 건축부문 2,099억원(78%), 토목부문 406억원(15%), 기타 180억원(7%)으로 건축부문이 주종을 이루고 있고, 분야별로는 공공분야가 74건 1,260억원(47%), 민간분야가 227건, 1,425억원(53%)으로 발주건수로는 공공보다 민간분야에서 활용도가 높은 것으로 나타났다. 그러나 용역 건당 용역비 규모를 보면 공공은 1건당 평균 17억원에 달하고 민간에서는 1건당 6.3억원을 나타내고 있어 공공부문의 사업단위가 큰 것을 알 수 있다. 특히 2004년 이후부터 최근까지 발주된 공공부분의 CM 용역 발주 현황을 살펴보면, 8억원 규모에서부터 최고 200억원이 넘는 프로젝트에 이르기까지 그 규모가 대형화 되어가고 있는 추세에 있다.

표 1-6 2004년 이후 주요 공공부문 CM 용역 발주 현황

번호	용역명	발주처	용역기간	용역비 (예정가기준)
1	대관령 알펜시아리조트 조성사업	강원도 개발공사	2005-05/ 2009-02(45개월)	20,876백만원
2	영도구 복합문화복지시설 조성사업	부산광역시	2005-04/ 2009-01(45개월)	1,386백만원
3	열병합수산자원센터 건립공사 건설사업관리용역	부산광역시 건설본부	2005-04/ 2007-09(30개월)	9,779백만원
4	협성대학교신학관, 학생회관, 예술대 실습동 신축공사 건설사업관리용역	협성대학교	2005-01/ 2007-05(28개월)	18,050백만원 (부가세포함 공사비용)
5	역삼1동 문화복지회관 신축공사 건설사업관리용역	강남구청	2004-11/ 2006-10(23개월)	1,003백만원
6	첨단 IT콤플렉스 신축공사 건설사업관리용역	한국소프트웨어 진흥원	2004-12/ 2008-02(50개월)	9,278백만원
7	화성동탄 5년 공공임대주택건설 건설사업관리용역	경기 지방공사	2004-11/ 2008-06(42개월)	3,940백만원
8	국립과학관 신축공사	과학기술부	2004-10/ 2008-10(48개월)	4,074백만원
9	청양문화회관 신축공사	과학기술부	2004-12/ 2006-12(24개월)	812백만원
10	외국기업창업지원 센터건립을 위한 건설사업관리	대한무역투자 진흥공사	2004-11/ 2006-11(24개월)	790백만원

11	삼산시립체육관	인천광역시	2004-11/ 2006-12(25개월)	2,235백만원
12	양산부산대학교 신축공사	부산대학교	2004-08/ 2011-03(80개월)	6,000백만원
13	화성동탄 4-1블록주택 건설사업	경기지방공사	2004-06/ 2007-12(42개월)	4,686백만원
14	대치3동 문화복지회관	강남구청	2004-12/ 2006-05(17개월)	865백만원
15	관악구통합신청사 신축공사	관악구청	2004-07/ 2007-11(40개월)	2,332백만원
16	금촌택지개발지구 C3블록 공동주택 건설 건설사업관리용역	파주시	2004-01/ 2007-12(47개월)	4,610백만원

또, 공공부문 발주자의 유형을 살펴보면 2003년까지 지방자치단체의 CM 활용도가 높게 나타나고 있다. 특히, 2006년부터 '지방자치단체를 당사자로 하는 계약에 관한 법률' 이 본격적으로 시행되면 국가기관에 비해 전문성이 취약한 지방자치단체가 건설공사의 사업기획, 원가산정, 계약금액 조정, 기술능력 검토 및 감독, 하자관리 등의 업무를 CM 업체 등 전문기관에 외부 위탁할 수 있게 되고, 따라서 향후 CM 제도는 더욱 활성화될 것으로 전망된다.

표 1-7 발주기관별 건설사업관리 발주 현황(1996년~2003년)

	민간부문			공공부문				총계
	제조업	비제조업	총계	정부기관	지방자치 단체	기타	총계	
발주건수	31(13%)	142(57%)	173(70%)	3(1%)	36(15%)	34(14%)	73(30%)	246
계약금액 (백만원)	12,879 (6%)	95,904 (48%)	111,783 (54%)	7,684 (4%)	32,976 (16%)	53,203 (26%)	93,863 (46%)	202,646

한편, CM 관련 인력보유 현황은 50명 미만 21개사(25%), 50~100명 미만 14개사(17%), 100~300명 미만 32개사(39%), 300명 이상 16개사(19%)로 조사되어, 총 83개사 중 100명 이상 보유업체가 48개사(58%)로서 양질의 CM 서비스를 공급할 수 있는 고급 인력의 확보 측면도 점차 개선되어가고 있는 것으로 나타났다.

표 1-8 건설사업관리 용역 금액 규모별 발주 현황(1996년~2003년)

	5억원 미만	5~10억원 미만	10~30억원 미만	30억원 이상	총 계
발주건수	149(60%)	40(16%)	42(17%)	15(7%)	246

1.5.3 CM 제도의 운용 현황

최근 발주된 공공부문 사례를 중심으로 CM 용역발주의 절차와 입찰조건을 살펴보면, 프로젝트 특성 및 발주자의 요구조건에 따라 다소 차이점을 발견할 수 있으나, 대부분 대동소이한 내용으로 구성되어 있다. 즉, CM 용역발주의 가장 핵심이 되는 입찰안내서의 내용을 보면, 관련제도에 의해 다음과 같은 내용들이 포함되어 있다.

- 입찰유의서 – 입찰안내서 및 용역설명회 등에 대한 일반적인 유의사항과 용어의 정의, 입찰참가자격, 입찰서 작성, 공동도급계약, 낙찰자 결정 등을 규정
- 기술용역계약 일반조건 – 회계예규에 의해 용역의 범위, 계약문서, 각종 보증, 감독, 기술용역의 착수 및 보고, 계약금액의 조정, 지체상금, 계약금액의 연장, 대가, 계약의 해제 또는 해지, 분쟁 등의 조건을 규정
- 기술용역계약 특수조건 – 일반조건에서 규정하지 못하였거나 보완이 필요한 사항들을 규정
- 과업설명서 – 공사개요와 건설사업관리 과업의 내용 및 범위, 기술자 배치계획 등을 규정
- 과업내용서 – 프로젝트 단계별 건설사업관리자가 수행하여야 할 업무 내용을 규정
- 입찰서 작성지침 – 업체현황평가서, 기술제안서, 가격입찰서 등의 작성요령을 규정
- 입찰서 평가기준 – 입찰자 평가방법 및 낙찰자 결정기준 등을 규정

이 중 CM 용역업체 입장에서 낙찰자 선정에 관건이 되는 것은 입찰서 작성지침 및 평가기준으로, 최근 발주된 대부분의 사례에서는 적격심사 또는 협상방식에 의해 낙찰자를 선정하였으며 업체현황(PQ), 기술제안서 및 가격제안서 평가를 수행토록 하고 있다. 단, 표 1-9에서 보는 바와 같이 각 평가부분의 배점기준과 기술제안서의 분량 및 평가방법, 배점 등은 프로젝트의 특성에 따라 다소 차이를 보이고 있다.

표 1-9 공공부문 CM 용역 낙찰자 선정 방식(2003~2004년 발주 공사)

번호	용역명	발주처	용역기간	용역비 (예정가기준)	낙찰자 선정방식	배점기준			기술제안서 평가방법					
						PQ	TP	PP	분량 (쪽)	평가 방식	평가항목			
											과업내용 이해도	과업 수행조직	과업수행 세부계획	과업수행 지원체계
1	대치1동 문화복지회관 신축공사	강남구청	미선정	미선정	협상	30	70		30	상대	25	20	50	5
2	대관령 알펜시아리조트 조성사업	강원도 개발공사	2005-05/ 2009-02(45개월)	20,876백만원	협상	20	60	20	150	상대	24	12	50	6
3	영도구 복합문화복지시설 조성사업	부산광역시	2005-04/ 2009-01(45개월)	1,386백만원	적격심사	20.7	48.3	30	70	상대	21.4	21.4	50	7.2
4	열병합수산사원센터 건립공사 건설사업관리용역	부산광역시 건설부	2005-04/ 2007-09(30개월)	9,779백만원	적격심사	14.7	34.3	50	100	상대	21.4	21.4	50	7.2
5	협성대학교신학관, 학생회관, 예술대 실습동 신축공사 건설사업관리용역	협성대학교	2005-01/ 2007-05(28개월)	18,050백만원 (부가세포함 공사비용)	기타 (최저가)	60	40							
6	역삼1동 문화복지회관 신축공사 건설사업관리용역	강남구청	2004-11/ 2006-10(23개월)	1,003백만원	협상	30	70		30	상대	25	20	50	5
7	첨단 IT콤플렉스 신축공사 건설 사업관리용역	한국소프트웨어 진흥원	2004-12/ 2008-02(50개월)	9,278백만원	협상		90	10	150	절대	20	15	50	15
8	화성동탄 5년 공공임대주택건설 건설사업관리용역	경기 지방공사	2004-11/ 2008-06(42개월)	3,940백만원	적격심사	21	49	30	70	상대	21.4	21.4	50.0	7.2
9	국립과학관 신축공사	과학기술부	2004-10/ 2008-10(48개월)	4,074백만원	적격심사	21	49	30	100	상대	22	22	50	6
10	청양문화회관 신축공사	과학기술부	2004-12/ 2006-12(24개월)	812백만원	협상	21	49	30	50	상대	20	20	50	10
11	외국기업창업지원 센터건립을 위한 건설사업관리	대한무역투자 진흥공사	2004-11/ 2006-11(24개월)	790백만원	협상	PQ심사후 입찰참가자격부여후 기술제안서 최고득점자 우선협상대상자			제한 없음	상대	21.4	21.4	50.0	7.2
12	삼산시립체육관	인천광역시	2004-11/ 2006-12(25개월)	2,235백만원	적격심사	70		30						

표 1-9 공공부문 CM 용역 낙찰자 선정 방식 (2003~2004년 발주 공사) 〈계속〉

번호	용역명	발주처	용역기간	용역비 (예정가 기준)	낙찰자 선정방식	배점기준			기술제안서 평가방법					
						PQ	TP	PP	분량 (쪽)	평가 방식	평가항목			
											과업내용 이해도	과업 수행조직	과업수행 세부계획	과업수행 지원체계
13	양산부산대학교 신축공사	부산대학교	2004-08/ 2011-03(80개월)	6,000백만원	협상		80	20	200	상대	12	20	60	8
14	화성동탄 4-1블록주택 건설사업	경기지방공사	2004-06/ 2007-12(42개월)	4,686백만원	적격심사	21	49	30	70	상대	25	20	50	5
15	대치3동 문화복지회관	강남구청	2004-12/ 2006-05(17개월)	865백만원	협상	30	70		30	상대	25	20	50	5
16	관악구통합신청사 신축공사	관악구청	2004-07/ 2007-11(40개월)	2,332백만원	적격심사	29	41	30	70	상대	25	20	50	5
17	금촌택지개발지구 C3블록 공동주택건설 건설사업관리용역	파주시	2004-01/ 2007-12(47개월)	4,610백만원	적격심사	56	14	30						
18	광진구민체육센터등 신축공사 건설사업관리용역	광진구청	2003-12/ 2007-04(40개월)	1,233백만원	적격심사				제한 없음	상대	21.4	21.4	50.0	7.2
19	문화컨텐츠산업 복합공간 조성사업 건설사업관리용역	문화컨텐츠콤플렉스 조성사업단	2003-11/ 2007-07(44개월)	1,720백만원	적격심사	20	50	30	100	상대	18	18	58	6
20	한국교육학술정보원청사 리모델링 건설사업관리용역	한국교육 학술정보원	2003-08/ 2004-04(9개월)	243백만원	적격심사	50		50	제한 없음					
21	대전도시철도1호선 1단계 정거장시설공사 CM 용역	대전광역시 지하철 건설본부	2003-07/ 2005-08(25개월)	2,790백만원	적격심사	70		30						
22	중앙선 동명휴게소, 주유소 신축공사 건설사업관리용역	한국도로공사	2003-08/ 2004-12(16개월)	735백만원	적격심사	70		30						
23	인천공항2단계 건설사업관리 기술지원용역	인천국제 공항공사	2003-07/ 2008-12(65개월)	29,308백만원	적격심사									
24	서학레저단지 조성사업 건설사업관리용역	태백관광 개발공사	2003-05/ 2007-06(49개월)	6,505백만원	적격심사	70		30						
25	수성문화예술회관 신축공사 건설사업관리용역	대구광역시 수성구	2003-04/ 2006-04(36개월)	923백만원	적격심사		70	30	70	상대	21.4	21.4	50.0	7.2

주) 상기 낙찰자선정방식 중 '협상에 대한 방식'은 입찰참가자가 제출하는 기술 및 가격제안서를 종합적으로 참가하는 방식(국가계약법시행령 제43조)으로 기술제안서 평가에서 1위를 한 회사와 가격을 협상으로 정하는 선진국의 협상방식과는 차이가 있음.

이상의 내용들을 종합해보면, 우리나라 건설시장에서의 CM은 제도 도입 이후 꾸준한 발전 추세와 함께 점차 그 효용성에 대한 인식도 확대되어 가고 있는 것으로 보인다. 비록 기존의 발주방식과 비교했을 때, 점유율이 크게 확대된 것은 아니지만, 공공부문 대형 건축공사 중심의 CM 용역발주가 늘어나고 있고, 특히 건설사업을 관리할 수 있는 전문 인력을 확보하고 있지 못한 발주자들이 CM에 거는 기대가 확대되고 있는 것이다. 다만, 토목부문에서의 활용도가 매우 낮고, 적용 프로젝트가 몇몇 대단위 복합 시설물을 제외하고는 수도권이나 대도시 지역에 집중되어 있는 것을 볼 때, 현재의 상황은 활성화 단계라기보다는 이제야 CM의 개념이 확산되어 가는 성장기에 접어든 것으로 판단된다.

1.5.4 CM 교육 및 연구관련 환경의 변화와 유관 기관의 설립

CM은 그것이 기능적인 측면이든지, 공사수행체계의 개념이든지, 사업관리라는 기술력을 바탕으로 한다. 다시 말해 CM은 사업관리에 요구되는 전문 기술인력과 요소기술 없이는 수행될 수 없으며, 따라서 기술인력 양성과 기술개발의 필요성에 대응하기 위하여 관련 분야에서도 제도 도입 이후 많은 변화가 일어났다.

기술인력 양성의 문제는 교육과 직결되고, 교육의 문제는 대학 교육과 기술자 교육으로 나누어 생각할 수 있다. 먼저 대학 교육의 경우, CM 교육을 담당하는 대학 교수진의 수가 수년간 괄목할 만큼 증가하였고 담당 분야의 개념도 종래의 '시공' 분야에서 이제는 'CM' 이라는 독자적인 학문분야가 구축되어 가고 있다. 이렇게 학문분야로서 CM이 자리 잡게 된 것은 1990년대 초·중반, 국내외에서 CM을 전공한 과학자들이 대학에서 교편을 잡기 시작하면서 부터이다. CM 전공 교수 수를 정확히 집계하기는 어렵지만, '한국건설관리학회' 에 회원으로 가입된 대학 교수의 수는 2006년 현재 전국적으로 약 140여 명에 이르고 있다. 이 숫자는 건축이나 토목학과 등, 건설관련 학과에서 오랜 역사를 가지고 있는 타 전공분야에 비한다면 아직도 소수 그룹에 해당하지만, 비회원 교수나 좀 더 하드웨어적인 '시공' 교육을 담당하고 있는 교수까지 합할 때 그 수는 크게 증가할 것으로 보인다. 이렇듯 CM이 학문분야로 인식되기 시작했다는 것은 건설과 관련된 대학교육의 폭이 넓어졌음을 의미하며, 전공 교수 수의 증가는 그만큼 다양한 연구개발의 가능성이 커졌음을 말해준다.

교육의 또 다른 측면은, 실무 기술자들을 대상으로 한 계속교육이다. CM 제도 도입 이후 자연스럽게 산업계 CM 교육이 활성화되기 시작하였는데, 교육 형태는 기업이 자체적으로 실시하는 경우와 유관 교육기관 또는 협회 등이 실시하는 경우로 나누어 볼 수 있다. 후자의 경우 대표적인 교육기관으로는 한국기술사회, 건설기술교육원, 한국능률협회 CM센터, 한국건설감리협회, 한국건설산업연구원 등을 들 수 있고 기관마다 차이는 있지만, 장기 교육과정의 경우, 대략 150시간 정도의 교육을 3~4개월에 걸쳐 실시하고 있다. 교육 내용은 CM의 다양한 분야에 대해 전문적이고 포괄적인 지식 및 기술을 중심으로 하고 있으며, 교육기관 대부분이 CM 교육을 수료한 자들에게 서류전형, 필기시험, 면접시험 등 일련의 절차를 거쳐 CM 자격을 부여하고 있다. 그러나 아직 이러한 자격이 국가에서 공인하는 '민간자격' 으로 인정되고 있지는 않다.[14)]

이렇게 CM 교육이 확대되고 관련 기술의 요구가 증대되면서 R&D 활동 역시 활발해지고 있다. 앞서 정의한 것처럼, CM과 관련된 R&D의 범위에 하드웨어적인 부문과 소프트웨어적인 부문들이 모두 포함된다고 할 때, CM 분야의 연구활동은 기존 엔지니어링 기술 중심의 건설 R&D 분야에 많은 변화를 일으켰다. 예를 들어 민간 건설관련 업체들은 IT기술의 발전과 함께 주로 회사차원의 관리 시스템 개선에 많은 투자를 하고 있고, 건설부문의 대표적인 공공 연구소인 '한국건설기술연구원' (1983년 설립)은 1990년대 초반부터 현재의 '건설관리연구부' 를 중심으로 건설품질과 정보화, CM 관련 요소기술, 그리고 각종 제도 및 정책 연구 등을 수행해오고 있다. 민간부문에서는 1995년 설립된 '한국건설산업연구원' 이 대표적인 연구기관으로서 건설 제도 및 정책, 건설경제 및 경영전략, 건설생산성 향상 기법 등 건설산업 전 분야에 걸친 연구를 수행하고 있다. 그 외에도 학계에서 연구되고 있는 R&D 성과들은 양적인 면에서나 질적인 면에서 매우 빠른 속도로 발전해가고 있다.

---

14) 김한수, 국내 CM 자격과 교육현황, '건설관리' , 한국건설관리학회, 2001. 9, pp.4-6

한편, CM과 직접적으로 관련된 유관기관으로는 '한국CM협회' 와 '한국건설관리학회' 를 들 수 있다. 먼저 '한국CM협회' 는 1997년 3월 제도 도입과 때를 같이 하여 창립되었는데, CM 체계의 확립 및 확대, 그리고 이를 통해 건설산업 및 국민경제 발전에 기여한다는 설립 목표에 따라 2001년과 2002년에 각각 '건설사업관리 용역수행 실적확인기관' 과 '건설사업관리 능력평가 및 공시기관' 으로 지정되는 등, CM 실무 분야의 중추적 기관으로 활동해오고 있다.

'한국CM협회' 가 업체들을 대상으로 한 실무기관이라면, '한국건설관리학회' 는 학계와 연구계의 중심 역할을 하고 있는 기관으로, 종래에 건축이나 토목 전반을 다루고 있는 대형 학회와는 다르게 CM 분야만을 대상으로 한 전문학회이다. 1999년 12월에 창립된 이 학회는 불과 6~7년만에 2,000명 이상의 회원을 확보한 중견학회로 발전하였고, 2005년에는 국내 최초로 '국제건설관리학회(ICCEM; International Conference on Construction Engineering and Management)' 를 개최하여 큰 호응을 얻는 등, CM 분야의 발전을 선도하고 있다.

1.6 CM 제도 활성화를 위한 기본요건

위에서 살펴본 바와 같이 발주방식으로서의 CM이 도입된 지 약 10년 정도의 기간이 흘렀다. 미국과 비교한다면 약 30년 정도의 격차가 있는 셈이지만, 제도가 도입된 시점으로 본다면 그리 짧지 않은 기간이고, 따라서 이 제도가 더욱 활성화되기 위해 다각적인 개신이 이루어져야 한다는 목소리가 높다. 그러나 무엇을 어떻게 개선하여야 하는가에 대해서는 정부의 입장과 시장의 입장이 다를 수 있고, 또 전문가들 역시 다양한 의견들을 제시하고 있다. 따라서 본 장에서는 우리나라에서 CM 제도가 도입되고 활용되어 온 과정에 있어 CM의 종주국이라 할 수 있는 미국과의 차이점을 살펴보고 이를 바탕으로 CM 제도를 활성화하기 위한 몇 가지 기본요건들을 제시해 보기로 한다.

1.6.1 미국과 국내 CM 도입 배경의 차이점

CM 도입 배경에 있어 가장 먼저 지적할 수 있는 차이점은, 미국의 CM이 건설프로젝트의 효율적인 운영을 위해 다양한 발주방식을 활용하는 과정에서 자연스럽게 발생되어 발전해온 반면, 우리나라의 경우, 법과 제도에 의해, 어찌 보면 인위적으로 도입된 제도라는 것이다. 물론 외국에서 이미 성공한 제도와 시스템을 국내에 전격적으로 도입하여 큰 성과를 이룰 수도 있다. 그러나 미국의 GSA가 처음으로 CM 방식을 도입했을 당시 경직된 제도와 운영 체계 때문에 큰 효과를 보지 못했던 것처럼, CM 방식의 효과를 극대화시킬 수 있는 기반이 갖추어지지 못한다면, 그 효과는 기대했던 것보다 실망스럽거나 발전 속도가 더딜 수밖에 없다. 실제로 우리의 CM 제도는 도입 이후 짧지 않은 세월이 흘러가고 있지만, CM의 장점을 극대화하는데 장애요소로 지적되고 있는 타 건설관련 법제도가 아직까지 개선되지 못하고 있고, 기존 책임감리제도의 개념과 역할 등에서 일부 상충되는 문제가 남아있는 등, 여러 가지 제도적인 시행착오를 겪고 있다. 특히, 미국에서의 CM for Fee 방식은 일반적으로 종합건설업체(GC; General Contractor)가 없이 CM 업체가 사업주를 대신하여 공사를 추진하는 방식이다. 즉, 공사를 담당하는 하도업체(Sub-Contractor) 또는 전문시공업체(Trade Contractor)가 사업주와 직접 계약을 하고 CM 업체가 이들 업체를 관리하는 형태이다. CM for Fee 방식의 핵심은 설계단계 및 공사단계의 CM 활동을 하되, 공사 중에는 종합건설업체의 역할을 CM 업체가 대신함으로써 종합건설업체의 간접비와 이익금(Overhead & profit)을 상쇄하는데 있다. 그러나 국내의 경우 국가계약법에서 분할발주를 금지하고 있어 이러한 CM의 장점을 살리지 못하는 문제점을 안고 있다.

둘째, 미국과 우리와는 CM 시장에서 활동하고 있는 주체의 유형에서 큰 차이가 난다. 미국에서 CM 업체로서 선두주자에 해당되는 회사들은 대부분 EC(Engineering Constructor)회사이거나 건설회사인데 반해, 우리의 경우에는 대부분 감리전문회사, 건축설계회사, 엔지니어링 회사 등으로 등록된 건설용역업체가 CM을 수행하고 있다. 미국에서 EC회사나 건설업체가 CM 시장에서 강세를 보이는 것은, 그들이 건설공사에서 확보한 관리기술과 능력을 십분 발휘하여 CM이라는 서비스 상품을 시장에 제공하고 있음을 말해주는 것이다. 그러나 국내의 경우, CM 시장 진입에 대한 건설회사의 시각은 매우 회의적이기까지 하다. 이것은 아직 'CM at Risk' 시장이 형성되어 있지 못한 까닭도 있지만, 수주물량과 규모에 중점을 두고 있는 우리 건설업체들의 경영 스타일과 용역 서비스가 부가가치를 높일 수 있는 현실적인 기반이 갖추어져 있지 못하다는 현실에서 그 이유를 찾을 수 있다.

셋째는 관리기술의 전문성과 특화이다. 미국 ENR지(Engineering New Record)는 CM 사업에 참여하고 있는 회사의 유형을 EC회사, 건설회사, 설계회사, 환경관련전문회사, CM 전문회사 등으로 구분하고 있다. 이렇게 다양한 유형의 회사가 CM에 참여하고 있는 것은 회사별로 각기 다른 강점을 가지고 있으며, 특화된 기술력을 확보하고 있음을 의미한다. 또 기술인력 측면에서도, 외국의 경우, 종종 CM 조직의 기술자들이 Value Manager, Value Engineer, Estimator, Scheduler, Planner, Programmer 등으로 분류되어 기술자의 전문성을 강조하고 있다. 하지만 우리나라의 경우, CM 회사간에 무엇이 다른지, 또는 어떤 전문성을 가지고 있는지 차이점을 발견할 수 없으며, 기술인력의 구성이나 조직 역시 시공부문이나 감리부문과 크게 다르지 않아 CM 전문 조직으로서의 차별성을 가려내기 어렵다. 따라서 CM의 활성화를 위해서는 전문성을 가진 기술집단을 보유한 CM의 발전이 요구된다고 하겠다.

1.6.2 CM 활성화를 위한 과제

이상에서 우리나라의 CM 제도가 아직은 성장기에 머물고 있다는 언급을 하였는데, 이러한 차이점들이 바로 활성화 단계에 접어들지 못하고 있는 원인이 아닌가 생각된다. 즉, 이를 나시 성리해보면, CM 활성화를 위해 시급히 풀어야 할 과제들은 'CM에 대한 발주자 인식의 개선', 'CMr의 기술력 확보', 그리고 'CM 관련 제도의 정비' 등으로 귀결된다.

먼저 '발주자의 인식' 문제는 CM의 성공요인에 대한 한국건설기술연구원의 연구결과에서도 맥을 같이 하고 있다.[15] 이 연구에서는 발주자 측면에서 CM 프로젝트를 성공으로

15) 한국건설기술연구원, '건설사업관리 발주체계 및 조달시스템 개발 연구보고서', 건설교통부, 2002. 9, pp.188-228.

이끌기 위해 가장 시급히 해결하여야 할 문제가 'CM 제도에 대한 발주자의 인식 및 이해도 향상'과 'CMr에 대한 발주자의 신뢰', 그리고 '발주자와 CMr의 역할, 책임, 권한 설정의 적정성' 등이라고 지적하고 있다. 즉, 아직 민간 및 공공의 많은 발주자들이 CM의 효과나 제도운용에 대해 충분히 이해하고 있지 못하며, CMr을 믿고 이 방식을 운영할 만한 능력을 갖추지 못하고 있다는 것이다.

이러한 문제의 해결은 우선적으로 발주자(특히 공공발주자)가 프로젝트의 목적이 단순히 비용절감에 있지 않으며, 장기적인 가치를 확보하는데 있다는, 즉, 'Value for Money'의 개념과 중요성을 인식하는 데에서부터 시작하여야 한다. 이것은 반드시 CM 방식을 채택하여야만 프로젝트의 가치가 향상된다는 의미는 아니며, 어떠한 형태이던 프로젝트의 특성에 적합한 최적의 발주방식을 결정하고 운영하는 능력을 의미한다.

다음은 CMr의 몫으로서, 'Value for Money'를 추구하는 발주자들로 하여금 CM이 그 목적을 달성할 수 있는 가장 효과적인 방법임을 입증하여야 하고, 그 성과를 바탕으로 보다 많은 발주자들이 CM 방식을 채택하도록 하여야 한다. 다시 말해, CM 발주량을 확대하여야 한다는 요구나 얼마나 많은 CM 용역을 수주하였는가 하는 물량적 과시에 그치지 말고 발주자가 요구하는 사항들을 얼마나 효과적으로 달성하였는지를 철저히 분석하고 정리하여 CM 방식의 상품가치를 높여야 한다.

한편, 발주자들이 효과적으로 CM 방식을 운용하기 위해서는 시스템적인 접근이 필요하다. 즉, 발주자는 주어진 프로젝트의 목적과 요구조건을 자신의 입장에서 분석하고 내부 조직의 역량과 업무범위를 판단하여, CMr에게 부여할 업무의 최적의 범위와 책임, 권한 등을 결정할 수 있어야 하는데, 문제는 대다수의 발주자가 그러한 능력조차 갖추지 못하고 있다는 것이다. 그러므로 이것은 제도개선의 문제가 아니라, '발주자용 CM 발주 프로세스 매뉴얼' 등, CM 운용을 위한 발주자 업무 지원 시스템의 개발이 필요하다.

CMr의 기술력 향상과 관련해서는 먼저 어떤 부문의 기술력 향상이 시급한지를 분석하여야 할 것이다. 다시 한국건설기술연구원의 연구결과를 살펴보면, CMr이 수행하는 업무 중 특히 계약관리, 사업비관리, 공정관리 측면의 기술력 강화가 요구되고, 세부적으로는 리스크 예측 및 관리능력, 클레임 및 분쟁관리 능력, 사업비 경향분석 및 예측능력, VE 수행능력, 공정 및 진도 연계 운영능력, 공정 접점관리 능력 등이 가장 시급한 기술요소인 것으로 조사되었다. 이 요소들이야말로 시공자나 일반 감리자와는 차별화되는 CM의 전문기술분야로써, 단순한 기술만의 문제가 아니라 전문성을 강화할 수 있는 기술인력의 조직 운영과 경력관리, 그리고 교육 및 연구개발 등을 통해 보완되어야 할 부분이다.

마지막으로 CM 관련 제도의 정비는 CM 도입 이후 항상 논의되고 있는 문제일 뿐만 아니라 시장과 업계의 요구도 매우 높다. 그러나 이것은 매우 민감한 문제이며 그리 간단해 보이지도 않는다. 주요 제도개선 대상의 예를 보면, CM 제도 내부적으로는, 다양한 유형의 CM 프로젝트에 대해 융통성 있는 CM 업무범위의 설정, 그에 대한 합리적인 대가 산정 방법, 그리고 발주자를 포함해 타 계약자와의 책임, 권한, 의무 관계 등을 들 수 있다. 또 타 제도와의 관계에 있어서는, 예산제도와 관련된 패스트 트랙 적용, 시공부문과 관련된 'CM at Risk' 도입 등이 시급한 현안에 해당된다. 특히, CM의 발생지인 미국과 같이 일반 건설업체(GC)의 기능을 CM이 대신하고, 프로젝트를 수십개로 분할 발주하여 관리하는 미국형 CM for Fee의 도입도 서둘러야 할 것이다. 사실상 이러한 제도 개선의 요구는 전혀 새삼스러운 것이 아니다. 지난 10년 동안 계속 필요성이 제기되고 이슈화되어 왔지만, 문제는 관련제도들이 서로 복잡하게 얽혀있고 경직되어 있으며 이를 해결하기 위한 정부의 확고한 방침과 이와 관련된 구체적인 분석이 미흡하다는 것이다. 결국 제도개선의 문제는 정부의 적극적인 관심과 장기간에 걸친 지속적이고 체계적인 연구로 풀어가야 할 것이다.

1.7 결 언

이상에서는 CM의 정의에서부터 시작하여 CM 종주국이라 할 수 있는 미국 내에서의 발전 과정과 국내 도입 배경, 그리고 제도적인 측면과 국내 CM 시장 및 관련 분야의 현황을 시대적인 흐름에 따라 살펴보았다.

그 내용을 종합해보면, CM이 국내에 알려지기 시작한지 10여년 정도의 세월이 흐른 지금, 이 분야의 발전은 비교적 빠른 속도로 전개되고 있음을 알 수 있다. 더구나 해외 선진국에서 조차 CM 개념이 알려지기 시작한 것이 길게 잡아도 불과 30~40년밖에 안 되었다는 점을 고려할 때, 우리나라 CM의 발전속도는 매우 긍정적이라 사료된다. 구체적으로 살펴보면, 먼저 발주방식으로서의 CM은 아직 활성화 단계에 접어들지 못하여 기대에 미치지 못한다는 평가가 있기도 하지만, 매년 발주 물량이 꾸준히 증가하고 있고 그 효과에 대한 발주자들의 인식 역시 점차 확대되어 가고 있다. 또, CM이 건설공사의 효율성과 생산성 향상에 없어서는 안 될 핵심 기술요소라는 인식이 깊어지면서 기능적인 측면에서의 CM 또한 건설프로젝트를 운영하는 시스템 차원에서, 그리고 대학의 교육과 연구개발 차원에서 괄목할 만한 변화를 가져오고 있다.

다만, 이러한 변화와 발전이 일시적인 유행으로 그치지 않게 하기 위해서는 CM과 관련된 전문가들의 부단한 노력이 또 다른 차원에서 필요하다. 즉, 실무분야에서는 CM 사업을 수주하고 실적을 올리는 것도 중요하지만, 다른 발주방식과 비교했을 때 어떠한 차별화가 가능한지 그 적용 효과를 검증하고 발주자들을 설득하기 위한 노력이 필요하다. 학계와 연구계에서는 CM 고유 영역의 교육과 연구도 중요하지만 건설과 관련된 기존 엔지니어링 영역과 CM이 어떻게 융합될 수 있는지를 연구하고 저변을 넓혀가야 한다. 다시 말해 이제 CM을 건설산업의 새로운 분야로 알리는 데에서 벗어나 건설의 필수불가결한 일부분임을 인지시키고 그 바탕 위에서 기술력과 활동영역을 넓혀가야 한다는 것이다.

우리나라에서 CM은 이제 출발점을 겨우 벗어난 단계이다. 그러나 이렇게 짧은 역사는 오히려 CM이 앞으로 건설산업에 새로운 변화와 발전을 가져올 수 있는 무궁무진한 잠재력을 가지고 있음을 말해준다.

2

건설관리, 계약실무의 동향
(CM, Trends of its Contracting Practices)

중앙대학교 교수/前 (사)한국건설관리학회장
박찬식

2.1 서 언

국가 경제가 위기에 처했던 IMF 외환 위기 즈음에 한국건설산업에서 제기된 이슈 중에 하나가 건설교통부의 건설산업 선진화 방안의 일환으로 추진된 건설사업관리제도(CM; Construction Management)의 도입이다. 아마도 당시 CM이란 발주방식이 도입되면 산업에 내재한 불합리한 문제점들이 상당부분 해소될 수 있을 것이라는 기대심리가 컸었고, CM을 실질적으로 도입하기 위해 관련제도의 법제화 및 건설기술자를 대상으로 한 많은 교육들이 꾸준히 이루어져 왔다. 또한 (사)한국건설관리학회, (사)한국건설사업관리협회(CM 협회)를 포함한 여러 관련 단체가 발족하게 되었다. 이러한 노력들을 바탕으로 결국, 민간과 공공부문에 걸쳐 CM을 적용한 건설 프로젝트가 다수 발주되게 되었다.

이는 지난 10여년 동안 건설사업을 추진함에 있어 CM의 필요성을 제기하고 실무적용을 위한 관·산·학·연 전문가들의 지속적인 노력의 결과이며, 우리 건설산업의 선진화를 향한 변신의 시도라 할 수 있다. 우리 건설산업의 반세기 역사에서 특히 시장형성의 측면에서 보면, 아직까지는 민간에 의한 시장의 창출보다는 정부가 산업을 이끌어 왔다고 할 수 있다. 하지만 생동력이 넘치는 미래의 주력산업으로 건설산업이 생존하기를 기대한다면 이제 우리 건설주체들이 스스로 시장을 창출해 나가는 새로운 도전이 필요한 시기가 되었다고 생각한다.

이에 본 장에서는 CM이 국내 건설산업에서 효과적 건설발주방식(Effective Construction Delivery System)으로 자리 잡기 위해서는 어떠한 변화가 필요한가? 라는 주제를 다루어 보고자 한다. 이를 위해 건설 프로세스 제 단계에서 CM이 내포하고 있는 의미와 실무적 차원에서의 CM 서비스의 계약적 유형을 고찰할 것이다. 그리고 미국 ENR(Engineering News Records)에서 제공하는 각종 데이터 분석을 통해 미국 건설산업 및 CM 시장의 동향을 종합적으로 파악하였다. 또한, 국내 건설산업에서 적용된 CM 사례 및 시장 상황을 조사하였으며, 이에 따라 예상되는 국내 CM의 향후 전개방향 및 제언을 제시하였다.

2.2 건설관리와 건설프로세스

건설이란 용어의 사전적 의미는 "건물이나 시설물을 새로 만들어 가는 행위 또는 과정"이라 정의된다. 이러한 행위(Act) 또는 과정(Process)에서 관리는 필연적으로 요구되는 것이고, 건설과정에 참여하는 주체들이 목표하는 건설생산물을 획득하기 위하여 수행하는 중요한 업무의 하나인 것이다. "여기에서 수행하는 관리업무(Management Task or Service)는 언제, 누가, 어떻게 제공하고 획득하는 것인가?"라는 질문에 대한 하나의 해답이 실무에서 활용되는 계약적인 측면에서의 CM의 모습이 아닐까 한다.

기획-설계-시공-사용-해체라는 과정으로 대별되는 건설 라이프사이클 상의 제반 단계에서 관리 서비스는 필수적 요구사항이다. 주지하는 바와 같이 계약형태로의 CM 서비스의 출현은 발주기관의 내부 엔지니어링 및 관리 기능의 아웃소싱에서 출발하여, 내부조직의 사업관리 역량이 부족한 발주기관의 업무를 지원 또는 대행하여 주는 방식으로 발전되어 왔다. 이러한 서비스의 제공은 다양한 방식으로 전개되어 지금의 CM 계약의 형태로 정착된 것이다.

2.3 CM 발주방식

CM이라 명명된 사업관리방식은 건설업체가 수행하는 건설공사의 시공단계 공사관리 업무의 효율성 증진을 위하여 개발되어진 것이다. 이러한 CM의 업무성격이 점차적으로 설계단계 그리고 기획단계의 관리업무로 확장되었고, 이것이 기획, 설계 그리고 시공과정의 종합관리의 성격으로 발전하여, 발주자의 사업관리업무를 지원 및 수행하는 지금의 CM for Fee와 CM at Risk라는 계약의 형태를 갖추게 된 것이다.

CM for Fee에서 제공되는 서비스는 사업초기 단계에서 중점적으로 수행되는 발주자 지원 사업관리서비스(Project Management 또는 Program Management)의 확장형으로써 엔지니어링 전문지식이나 경험을 기본으로 한 종합적인 경영관리 기술력을 보유한 집단에 의해 제공될 수 있는 것이다. 따라서 이러한 유형의 CM 서비스는 A/E, EC, Engineering and Management Consulting Firms 등에 의해 시장이 창출되고 주도해 나가고 있다.

미국 건설산업에서 정형화된 CM for Fee 발주방식에서의 CM 업무의 특징은 기획단계의 전통적인 PM의 역할과 설계단계에서 후속되는 시공단계의 경제성과 시공성을 반영한 설계관리 업무, 그리고 시공단계에서 분할발주(Multiple Prime Contract)를 통한 우수시공업체의 선정과 관리라 하겠다. CM의 조직과 제공되는 관리서비스의 유형은 사업발주방식(Project Delivery System)과 CM의 참여시기에 따라 그 업무의 폭과 깊이가 다르다. 그림 2-1은 CM 발주방식과 DBB(Design-Bid-Build, 설계시공분리)와 DB(Design-Build, 설계시공일괄) 발주방식에서 CM의 참여를 도식화한 것이다.

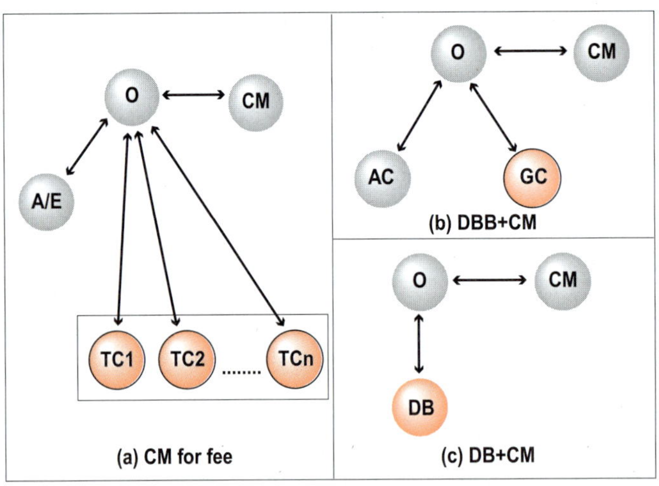

(약어표시)
1. O → Owner
2. CM → Construction Management
3. A/E → Architect/Engineer
4. TC1......TCn → Trade Contractors
5. GC → General Contract
6. DB → Design Builder

그림 2-1 CM과 DBB DB에서 CM의 참여

국내에서 CM 발주라고 이해되고 있는 DBB, DB 발주방식에서의 CM의 참여는 GC가 참여하지 않는 전형적인 CM 발주방식이라 할 수 없다. 즉, 기 존재하는 발주자 지원 사업관리 지원시스템일 뿐이다. 따라서 CM의 활성화를 위해서는 프로젝트의 분할발주가 가능한 미국식 CM for Fee의 적용이 가능하도록 법·제도의 개선이 절대적이다.

또 하나의 대표적인 CM 발주방식은 CM at Risk형이다. 공사의 리스크를 가지고 CM 업무를 수행하는 방식으로 이해할 수 있고, 이 유형에서 CM의 기획-설계단계에서의 사업관리업무의 성격은 CM for Fee에서의 성격과 매우 흡사하다. 특이한 사항은 설계과정에서 발주자와 협의에 의한 GMP(Guaranteed Maximum Price) 설정을 통한 시공권 확보가 결정되어진다. 미국 건설 산업에서 CM at Risk 시장은 대부분 시공능력을 보유한 건설사(EC, GC)에 의해 창출되고 리드된다. 우리가 분명히 인지하여야 하는 한 가지는 CM at Risk 시장은 건설사의 기술경쟁력 제고를 통한 영업활동의 확대 노력이란 사실이다. 미국 건설시장의 경우 민간부문에서 CM at Risk 발주방식의 성과가 검증되어 최근 공공부문에서도 DB와 함께 적용이 증대되는 추세이다. 그림 2-2는 CM at Risk 발주방식을 도식화 한 것이다.

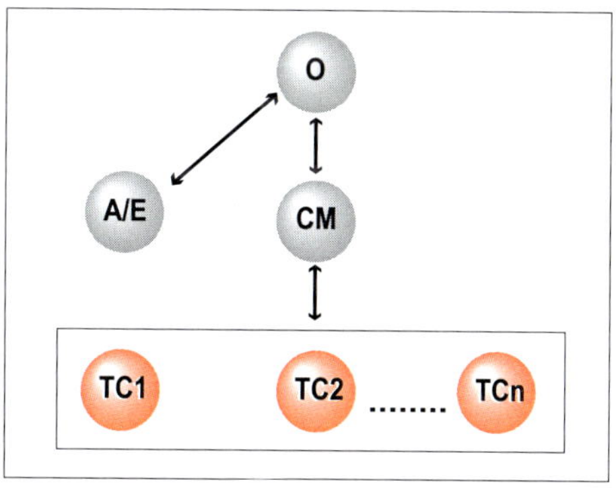

그림 2-2 CM at Risk 발주방식

2.4 미국 건설시장과 CM 동향

미국 ENR지에서 매년 특별기고 형식으로 발간되는 "Top 400 Contractors", "Top 100 Firms", "Top 225 International Contractors"를 분석하여 미국 건설산업의 건설수주규모를 살펴보고 여기서 CM 및 DB 시장의 규모와 동향을 종합적으로 파악하고자 한다. 최근 10년간 ENR지에 나타난 각 업체의 동향을 General Contractor, CM for Fee, CM at Risk, DB로 구분하여 분석을 수행하였다.

2.4.1 CM for Fee

최근 10년간 미국 400대 건설업체의 수주금액동향을 살펴보면, 미 건설경기의 호황으로 인하여 매년 증가추세에 있으며, 공사 유형별 분포에서는 건축(Building)부문의 증가가 두드러진다. 미국의 400대 건설업체의 수주규모는 CM 시장의 규모를 상대적으로 파악할 수 있는 하나의 잣대로 활용할 수가 있다(그림 2-3 참조).

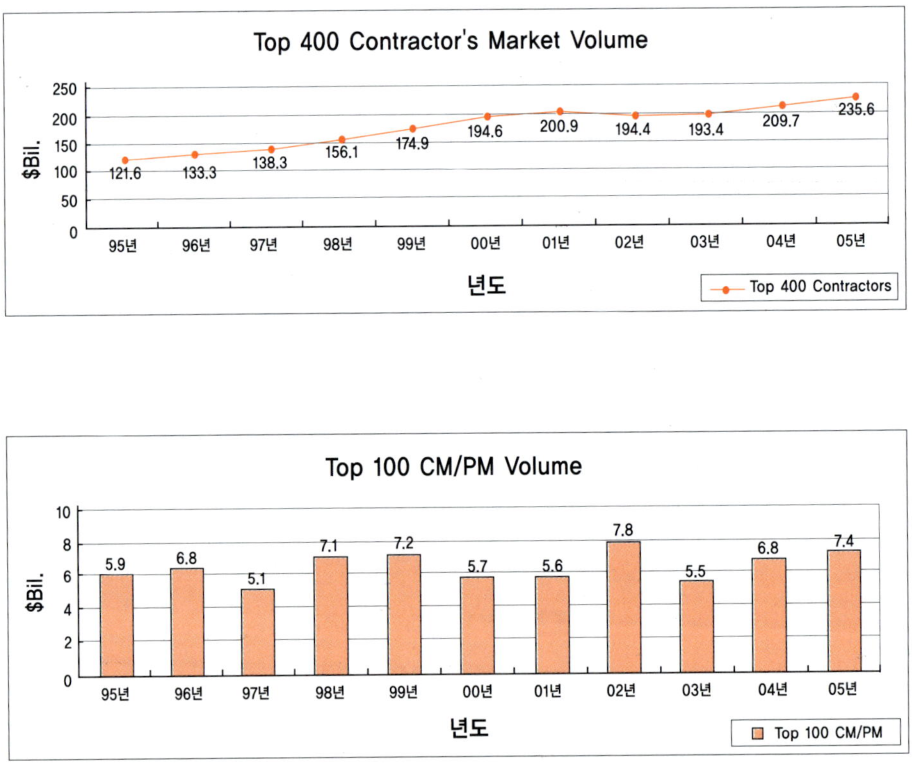

그림 2-3 Top 400 Contractor와 Top 100 CM/PM의 Market Volume

CM for Fee 시장은 전체 건설경기에 따라 다소 변동은 있으나, 1994년 이후부터는 매년 약 50억 달러 이상의 시장 규모를 보이고 있는 것으로 조사되었다. 그리고 국내외 매출비중을 개괄적으로 살펴보면, 미국의 경우는 CM 시장의 70% 이상을 자국시장에서 소화하고 있는 것으로 나타났다. CM for Fee 방식의 경우 해당 사업의 시설물 건설에 직접적으로 관여하지 않는 용역서비스이기 때문에 CM at Risk 시장보다 금액 측면에서 작은 비중을 차지하고 있어 상대적으로 시장에서의 선호도가 낮다는 선입관이 있을 수 있다. 실제로 미국 건설시장에서 CM at Risk 및 DB 시장의 성장추세와 비교한다면 그 규모나 성장추세가 미약하다고도 할 수 있다. 하지만, 여기서 각 기업의 매출액은 용역서비스에 대한 대가이며, 미국의 CM 용역비가 4~5%임을 감안할 때 CM at Risk 시장보다 3배이상 해당 사업의 규모와 비교하였을 경우, 큰것으로 보아야 한다.

그림 2-4에 나타난 바와 같이 CM for Fee 시장은 EC 기업의 활동이 가장 활발한 것으로 조사되었다. 그리고 순수 CM 회사의 매출은 경미하지만, 꾸준히 증가하고 있는 것으로 나타났다. EC는 기술과 경험을 갖춘 인력을 풍부하게 보유하고 있으며 기존의 시공경험이나 기술력으로 다른 전문그룹에 비해 우세한 설계관리능력과 CM 전문컨설턴트를 보유하고 있기 때문에 상대적으로 많은 수주가 가능한 것으로 분석된다. GC의 경우는 96년부터 경기회복으로 인한 일반공사의 수주와 CM at Risk의 수주 증대로 CM for Fee 용역분야의 수주활동은 적었음을 알 수 있다. 한편, Design Firm이나 Pure CM 회사는 거의 현상유지 추세를 보이고 있다. 미국의 CM for Fee(CM/PM) 시장은 서비스 영역 즉, 용역이 중심인 시장이지만, 그 시장의 수주구도(market share)는 EC, GC, 설계회사, 순수 CM 회사 모두가 나름의 시장 영역을 가지고 활동하고 있다는 점을 강조하고 싶다. 이러한 점은 설계업체 및 순수 CM 업체 중심인 국내의 시장과 차이가 있는 부분이다. 특히 대형업체인 EC와 GC도 CM for Fee 시장에서 주도적으로 영업활동하고 있다는 것은 국내 대형건설업체에게 주는 중요한 시사점이라 할 수 있다.

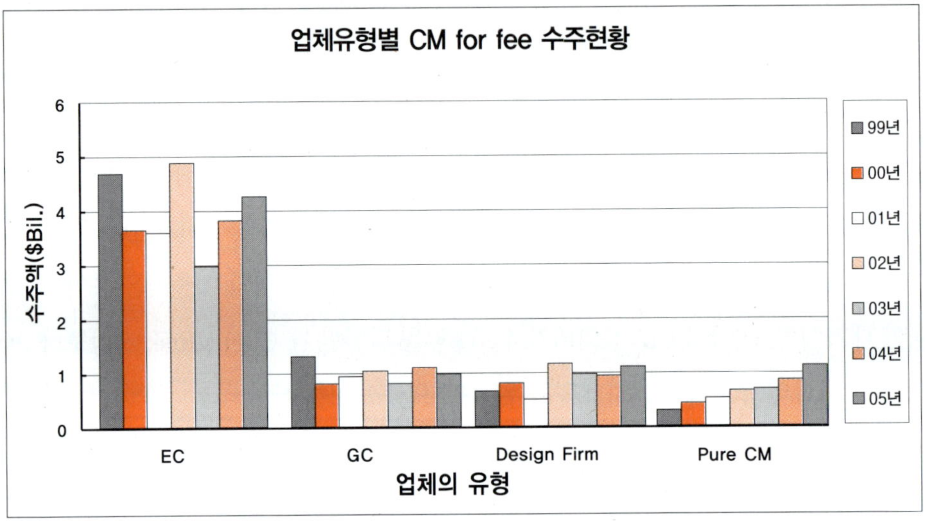

그림 2-4 업체유형별 CM/PM Market Share

CM for Fee 분야의 최근 경향을 종합하면 미국 건설시장의 서비스 영역에서 중요한 위치를 차지하고 있으나, 공사계약도 포함되어 있는 CM at Risk 및 DB 시장에 비해 규모나 성장세 측면에서 약세에 있는 것은 사실이다. 하지만, CM for Fee에 대한 수요는 계속적으로 발생하고 있으며, 수요의 형태도 다중 복합시설을 관리하는 Program Management에서부터 특정 사업관리부문(예, 공정관리, 원가관리 등)의 서비스를 제공하는 유형 등 다양한 것으로 조사되고 있다.

2.4.2 CM at Risk

CM at Risk는 프로젝트의 수행에 있어서 재무와 법적인 책임을 지기 때문에 발주자들에게 점점 더 선호되고 있는 추세이다. 그림 2-5에 나타난 바와 같이, 최근 10년 동안 Top 400 Contractors의 전체 수주액에서 CM at Risk의 비중이 25%를 달하고 있으며, 이와 같은 경향은 앞으로도 지속될 것으로 예상된다. 구체적으로 주거용, 학교 시설물에의 적용이 꾸준히 상승하고 있으며, 최근에는 병원시설을 중심으로 큰 수요가 있는 것으로 파악된다. 또한, 최근에는 공공부문에 있어서도 수요가 증가하고 있는 것으로 나타났지만 아직까지 기존의 GC Contracting System과의 구분에 혼란을 느끼는 발주자도 존재하고 있어, 미국 CM 협회(CMAA; Construction Management Association of America)에서는 발주자 교육에 많은 관심과 노력을 기울이고 있다.

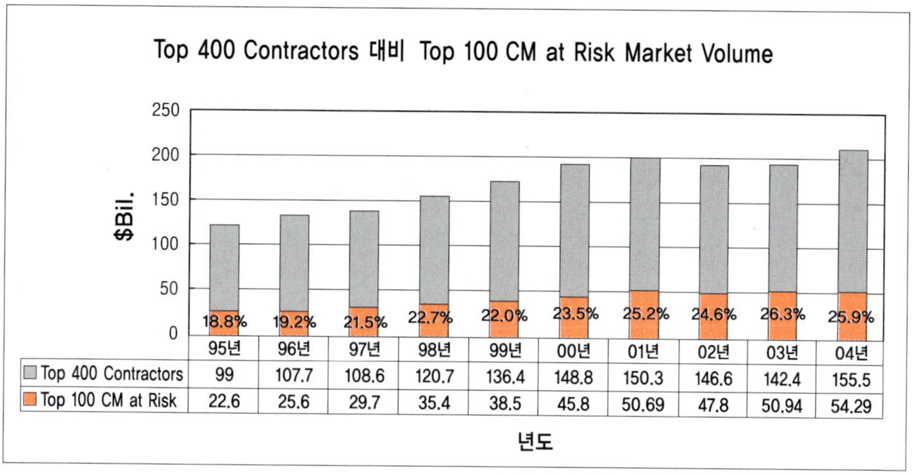

	95년	96년	97년	98년	99년	00년	01년	02년	03년	04년
Top 400 Contractors	99	107.7	108.6	120.7	136.4	148.8	150.3	146.6	142.4	155.5
Top 100 CM at Risk	22.6	25.6	29.7	35.4	38.5	45.8	50.69	47.8	50.94	54.29

그림 2-5 CM at Risk의 Market Volume

그림 2-6은 CM at Risk의 업체별 분포현황을 제시한 것으로, GC업체(평균 80개사)와 EC업체(평균 20개사)가 대부분의 시장을 주도하고 있으며, Pure CM 업체가 극소수 참여하고 있는 실정이다. GC 업체의 수주액은 점차 증가하고 있으나, EC 업체의 수주액은 보합추세를 유지하고 있다.

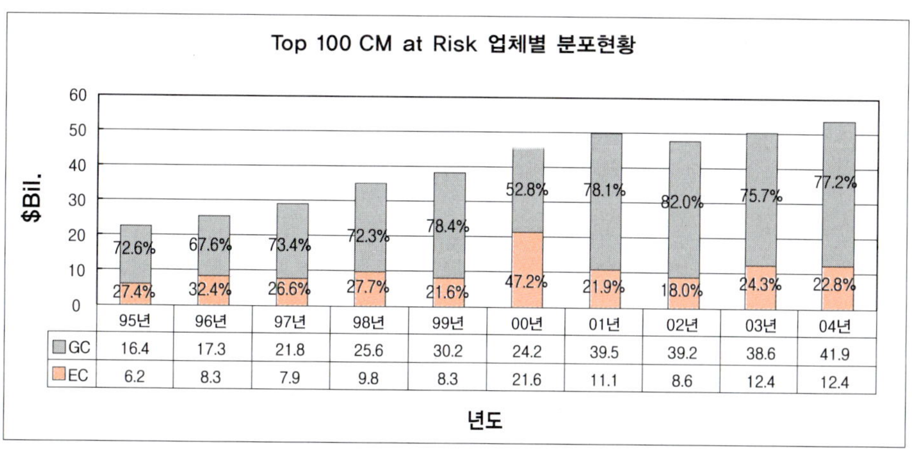

	95년	96년	97년	98년	99년	00년	01년	02년	03년	04년
GC	16.4	17.3	21.8	25.6	30.2	24.2	39.5	39.2	38.6	41.9
EC	6.2	8.3	7.9	9.8	8.3	21.6	11.1	8.6	12.4	12.4

그림 2-6 CM at Risk 업체별 분포현황

또한 그림 2-7은 미국 Top 400 Contractors의 CM at Risk 수주비율을 파악할 수 있는 것으로, 건축물을 주력으로 하는 건설업체의 CM at Risk 수주가 돋보인다. Top 400 Contractors(2004년 기준) 중 200개 업체 (50%)가 CM at Risk 수주를 하고 있다.

2004 RANK	FIRM	REVENUE		NEW CON-TRACTS	GEN. BLDG.	MARKETS (% of Revenue)							CM-AT-RISK % OF REV
		TOTAL	INT'L			MFG.	POWER	WTR/SWR. WASTE	INDUS./PETRO.	TRANSP.	HAZ.WASTE	TELE-COMM.	
1	BECHTEL, San Francisco, Calif.	14,424.0	8,105.0	12,855.0	0	1	14	1	23	30	25	6	26
2	KBR, Houston, Texas	10,899.4	9,830.8	2,379.6	6	0	0	0	17	0	0	0	1
3	CENTEX, Dallas, Texas	10,670.1	452.1	12,714.9	99	0	0	0	0	1	0	0	11
4	FLUOR CORP., Aliso Viejo, Calif.	6,906.6	3,635.6	13,028.6	18	4	9	0	49	6	13	0	27
5	THE TURNER CORP., Dallas, Texas	6,574.6	26.4	8,176.4	86	3	0	0	6	3	0	2	96
6	SKANSKAN USA INC., Whitestone, N.Y.	5,437.8	0.0	5,163.4	52	2	5	5	11	23	0	1	55
7	KIEWIT CORP., Omaha, Neb.	3,236.3	305.8	2,540.5	10	1	9	9	7	61	0	0	0
8	BOVIS LEND LEASE, New York, N.Y.	3,158.2	0.0	6,071.3	95	0	0	0	5	0	0	0	90
9	CLARK CONSTRUCTION GROUP LLC, Bethesda, Md.	2,887.0	0.0	2,624.5	82	0	0	0	0	14	0	0	27
10	WASHINGTON GROUP INTERNATIONAL, Boise, Idaho	2,771.9	768.0	2,671.9	4	5	34	2	7	13	32	0	40
131	D.E. HARVEY BUILDERS, Houston, Texas	320.0	0.0	425.0	100	0	0	0	0	0	0	0	0
132	KENNY CONSTRUCTION CO., Wheeling, Ill.	308.0	0.0	451.0	21	0	25	6	0	4	0	0	46
133	PANATTONI CONSTRUCTION INC., Sacramento, Calif.	306.7	0.0	364.8	100	0	0	0	0	0	0	0	0
134	THE ROBINS & MORTON GROUP, Birmingham, Ala.	302.8	0.0	405.3	100	0	0	0	0	0	0	0	20
135	CHANEN CONSTRUCTION CO. INC.,Phoenix, Ariz.	300.2	0.0	300.2	95	5	0	0	0	0	0	0	100
136	FAGEN INC., Granite Falls, Minn.	298.0	0.0	300.0	0	3	1	0	96	0	0	0	0
137	ANGELO IAFRATE COS., Warren, Mich.	298.0	0.0	341.0	0	16	1	7	14	62	0	0	0
138	S.M. WILSON & CO., St. Louis, Mo.	296.5	0.0	367.5	96	0	0	0	4	0	0	0	58
139	AMERICAN BRIDGE CO., Coraopolis, Pa.	294.4	38.8	95.0	12	0	0	0	0	88	0	0	0
140	B.L. HARBERT INTERNATIONAL LLC, Birmingham, Ala.	292.0	87.0	504.0	83	3	0	8	6	0	0	0	45
261	KLINGER COS. INC., Sioux City, Iowa	177.0	0.0	175.0	79	18	3	0	0	0	0	0	0
262	J.D. ABRAMS LP, Austin, Texas	176.0	0.0	194.0	0	0	0	0	0	100	0	0	0
263	SHIEL SEXTON CO. INC., Indianapolis, Ind.	175.0	0.0	302.0	90	0	0	0	10	0	0	0	60
264	D.L. WITHERS CONSTRUCTION, Phoenix, Ariz.	174.6	0.0	251.7	100	0	0	0	0	0	0	0	74
265	J.H. FINDORFF & SON INC., Madison, Wis.	174.0	0.0	197.0	100	0	0	0	0	0	0	0	0
266	GRUNLEY CONSTRUCTION CO. INC., Rockville, Md.	173.1	0.0	216.8	100	0	0	0	0	0	0	0	6
267	SUPERIOR CONSTRUCTION CO. INC., Gary, Ind.	172.5	0.0	212.4	0	0	0	5	14	82	0	0	0
268	TAYLOR CONSTRUCTION GROUP INC., Des Moines, Iowa	172.0	0.0	143.0	100	0	0	0	0	0	0	0	0
269	THE WALSH GROUP, Portland, Ore.	171.2	0.0	191.5	100	0	0	0	0	0	0	0	0
270	CHARTER BUILDERS LTD., Dallas, Texas	170.2	0.0	261.9	100	0	0	0	0	0	0	0	100
391	CAJUN CONSTRUCTORS INC., Baton Rouge, La.	116.0	0.0	145.0	0	0	7	57	37	0	0	0	0
392	ANDRON CONSTRUCTION CORP., Goldens Bridge, N.Y.	115.9	0.0	183.0	100	0	0	0	0	0	0	0	95
393	MATTHEWS CONSTRUCTION CO. INC., Conover, N.C.	115.8	0.0	119.4	58	42	0	0	0	0	0	0	0
394	WILLIAMS CO., Orlando, Fla.	115.2	0.0	105.6	100	0	0	0	0	0	0	0	80
395	BOWEN ENGINEERING CORP., Indianapolis, Ind.	115.0	0.0	110.0	4	0	13	74	4	0	4	0	0
396	HUNTER CONTRACTING CO., Gilbert, Ariz.	115.0	0.0	179.0	0	0	0	40	0	60	0	0	18
397	MOSSER CONSTRUCTION INC., Fremont, Ohio	115.0	0.0	117.0	58	3	0	26	0	12	0	0	0
398	ROCKFORD BLACKTOP CONSTRUCTION, Loves Park, Ill.	115.0	0.0	NA	17	9	0	13	0	57	4	0	0
399	CDM, Cambridge, Mass.	114.0	4.0	247.0	2	1	2	64	7	3	19	2	22
400	MARCH ASSOCIATES INC., Wayne, N.J.	112.0	0.0	185.0	100	0	0	0	0	0	0	0	0

그림 2-7 미국 Top 400 Contractors의 CM at Risk 수주 현황

2.4.3 Design Build(DB)

미국 건설 경기의 완만한 회복세가 나타나는 가운데 CM at Risk와 함께 DB 방식이 두드러진 성장을 보였다. CM at Risk와 DB 방식의 수주동향을 비교해보면 DB 방식이 미 건설시장에서 상대적으로 조금 더 큰 규모를 차지하고 있는 것으로 분석되었다. 특히, Non-residential 부문에서 DB 방식의 활용(1999년: 35%)이 많았으며, 2005년까지 미국

내의 Non-Residential 프로젝트의 45%가 DB에 의해 수행될 것으로 전망하고 있다. 최근에는 공공부문에서도 선호도가 점차 증가하는 추세이며, CM at Risk 시장과 비교했을 때 상대적으로 해외공사가 더 많은 편이다(그림 2-8 참조).

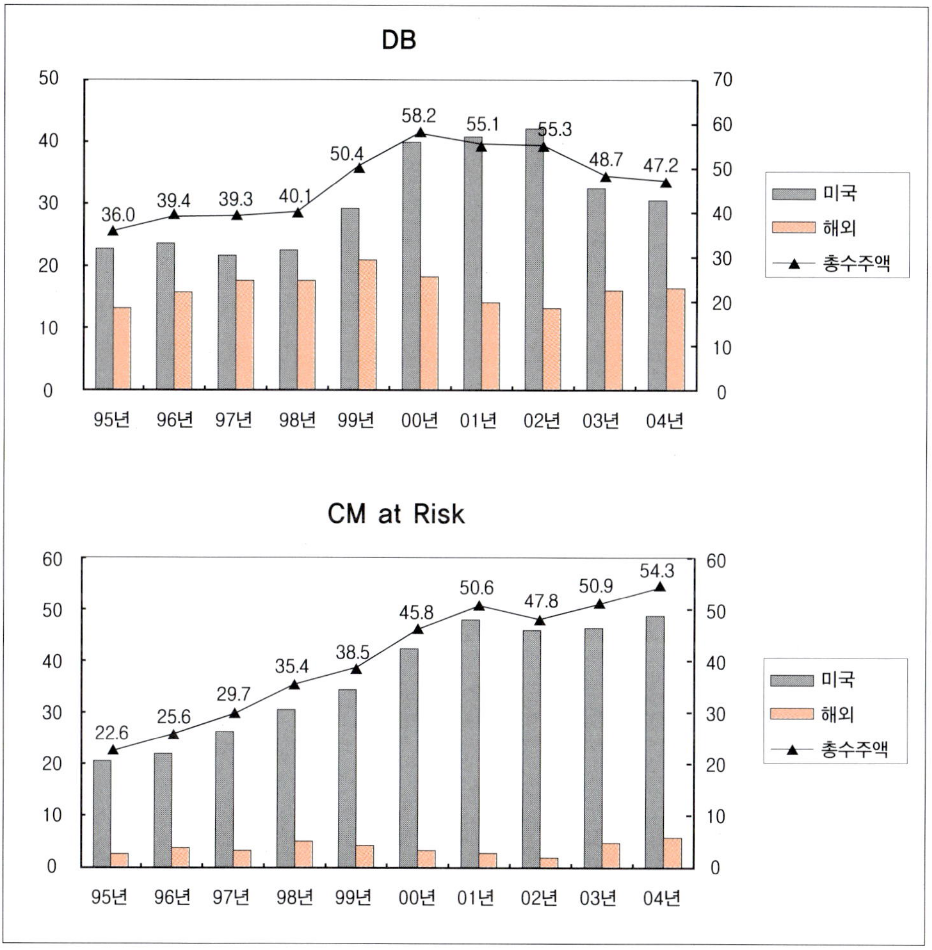

그림 2-8 CM at Risk와 Design Build 수주규모의 비교분석

그림 2-9는 Top 100 DB Firms내에서 상위 10개 업체와 나머지 업체간의 수주금액을 비교한 것이다. 상위 10개 업체의 경우 해외공사의 비중이 큰 반면에 하위 업체의 경우 국내공사의 비중이 상대적으로 높았다.

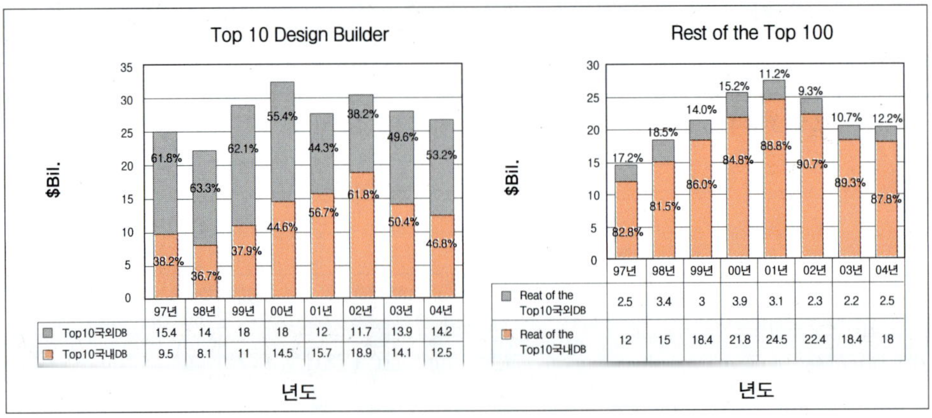

그림 2-9 Top 100 DB Firms간의 비교

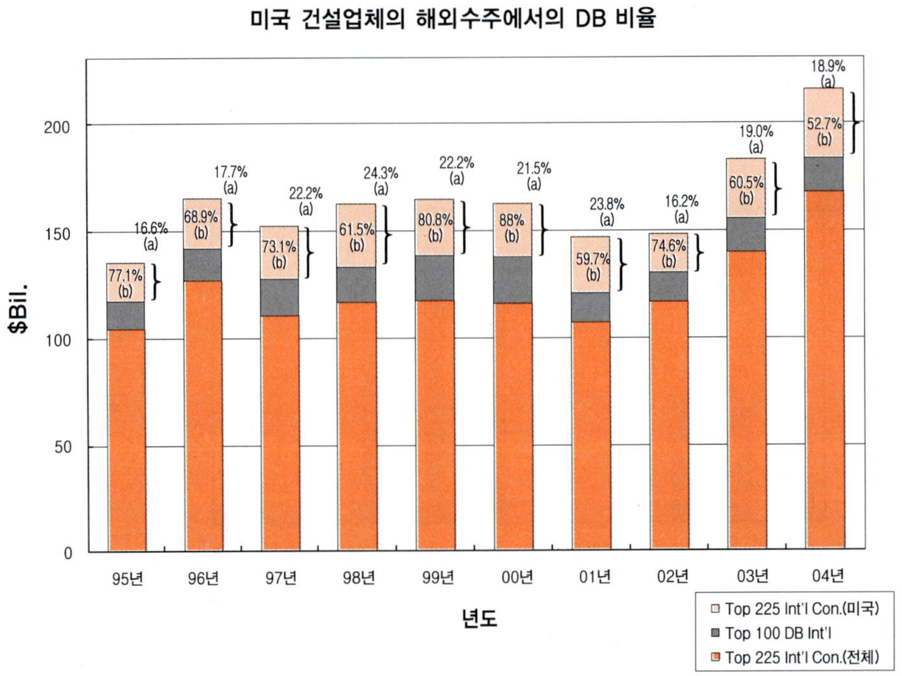

구 분	95년	96년	97년	98년	99년	00년	01년	02년	03년	04년
Top 225 Int' l Con.(전체)	105.0	126.8	110.2	116.4	117.0	116.0	106.5	116.5	139.8	167.5
Top 225 Int' l Con.(미국)	17.5	22.5	24.5	28.3	26.0	24.9	25.3	18.9	26.6	31.7
Top 110 DB Int' l	13.5	15.5	17.9	17.4	21.0	21.9	15.1	14.1	16.1	16.7

그림 2-10 미국 건설업체의 해외수주에서의 DB 비율

주: (a)의 비율은 Top 225 Int'l Con.(전체)에서 Top 225 Int'l Con.(미국)이 차지하는 비율이며, (b)의 비율은 Top 225 Int'l Con.(미국)에서 Top 100 DB Int'l(미국)이 차지하는 비율을 나타낸 값임.

그림 2-10은 DB 업체의 해외수주 물량 규모를 Top 225 International Contractors내 미국업체의 해외수주 물량과 비교한 것으로 미국 건설업체의 해외수주에서 DB가 차지하는 비율이 상당히 높음을 알 수 있다.

2.4.4 최근 경향종합 및 전망

미국 건설시장의 발주유형은 발주자의 수요에 따라 전통적인 GC 시스템뿐만 아니라 다양한 발주유형이 장기간에 걸쳐 발전되어 왔다. 특히 CM 방식은 발주자들의 요구와 오늘날 급변하는 건설시장의 요구에 따라 다양한 형태로 정립되었고 적용되고 있다.

CM과 DB 방식은 미국 전체 건설발주(Top 400 Contractors의 수주규모 대비)의 절반 정도를 차지하고 있으며, 미국에서는 새로운 대체 건설발주방식이 아닌 GC 시스템과 같은 일반적인 발주방식으로 이미 인정된 것으로 보인다. 하지만 아직까지 각 발주방식에 대해 발주자의 이해가 여전히 부족한 실정이며, 최근의 DB 프로젝트에서는 발주자의 능력 또한 중요 요소로 고려되고 있어 CMAA와 DBIA[1]에서는 발주자 교육에 많은 노력을 기울이고 있다.

전반적으로 미국의 건설시장은 상당한 호황기에 있으며, 각 건설공사의 특성에 따라 다양한 발주방식이 정착되었고, 최근에는 민간부문뿐만 아니라 공공부문에서도 이러한 추세가 확산되고 있는 것으로 분석된다.

1) CMAA(Construction Management Association of America)는 미국의 CM 발전을 위하여 구성된 협회로 발주자(Owners), 엔지니어(engineers), 건축사(architects), 시공사(contractors), 교수(educators) 및 학생(students) 등 4000개(명) 이상의 기업, 단체 및 개인이 참여하고 있음. DBIA(Design-Build Institute of America)는 1993년도 창립된 미국의 Design-Build 협회임.

2.5 국내 CM 적용 현황

국내 건설공사의 CM 방식은 80년대에 원자력 발전소에 적용을 시작으로 경부고속철도와 인천국제공항사업 등 일부 국책 공사에 국내 CM 업체와 컨소시엄으로 외국 CM 전문회사를 활용하면서 그 관심이 크게 증대되었다고 할 수 있다. 그 이후 민간부문에도 전파되어 97년도 부터는 일부 민간공사에 CM 용역이 선별적으로 도입되기 시작하였으며, 98년 8월 정부공사로서는 최초로 서울 월드컵 주 경기장 건설 공사가 책임감리가 포함된 형태의 CM 방식으로 발주되었다.

현재는 2001년에 도입된 건설기술관리법이 공공부문의 CM 방식을 주도하는 가이드라인 역할을 하고 있으며, 민간부문에서도 이를 준용하여 빈번하게 활용하고 있는 것으로 조사되고 있다. 공공부문의 경우 지방자치단체가 최대 활용처가 되고 있으며, 구체적으로 수해복구 공사, 택지 및 단지조성, 테마공원 및 체육시설, 공공건물사업에서 활용하고 있다. 민간부문의 경우는 주상복합 및 아파트, 백화점, 할인점, 극장 및 터미널 등 다중 공공시설, 민간 레저단지, 공장 및 병원 등 다양한 수요가 발생하고 있다. 그리고 민간투자사업에서도 민자특수법인(SPC; Special Purpose Company)를 지원하는 형태의 CM 수요가 있는 것으로 조사되고 있다.

2.5.1 건설기술관리법의 CM 제도 도입 이전

건설기술관리법의 건설사업관리(CM) 제도 도입 이전의 국내의 주요 대형 CM 사업을 표 2-1에 제시하였다. 이러한 CM 사업에서 공통적으로 제기되었던 문제점으로는 1994년 책임감리 의무적용으로 인한 CM/PM과 책임감리사의 책임과 기능 및 역할의 분담 문제로 나타났다. 또한 건설사업관리제도 적용 이후 나타난 긍정적인 성과로는 첫째, 특별법에 의한 것이기는 하지만 Fast Track을 통한 공기의 단축이 가장 큰 효과로 나타났고 둘째, 대규모 공사에 체계적인 CM/PM 기술도입의 필요성이 검증되었으며, 셋째, 고품질과 예산절감의 효과 등을 들 수 있다.

표 2-1 국내 건설사업에서의 주요 CM 적용사례 및 특징

사업명	사업관리형태	문제점	효 과
경부고속철도	- Program Management Advisory Service Agreement (Project Management Agreement)	- 문화적 차이 - 언어소통 - 1994년 책임감리 의무화로 인한 사업관리와 책임감리업무의 역할 중복	시행착오 이후 3차 계약 이후 원활한 운영
인천국제공항	- Program Management Service - Construction Management (시공계약자와 건설관리 기능을 별도 분리)	- 언어소통 - 공사패키지별 별도의 책임감리 또는 감리계약이 이루어져 사업관리와 감리사이의 책임과 기능 및 역할의 분담	- Fast Track 도입 - 국내현장에서 국내사가 컨소시엄에서 주관사 역할을 하는데 문제가 없음을 확인 - 대규모 공사에 체계적인 사업관리기술도입 필요성 확인
월드컵경기장	- Agency Construction Management(CM for Fee)	- 1994년 책임감리 의무화로 인한 사업관리와 책임감리업무의 수행 - 동일계약 패키지 안에 3~5개 정도의 개별회사가 참여 - 「건설산업기본법」에서 정의한 건설사업관리방식을 적용한 최초의 사업임에 따른 발주방식으로서의 의미보다는 기능과 역할을 정의	- 「건설산업기본법」에서 정의한 건설사업관리방식을 적용한 최초의 사업 - Fast Track 도입 - 최상의 품질과 공기 단축 - 예산 내 완공
서울 도곡동 아크로타운	- Owner CM형(OCM) - 발주자가 자신이 보유한 인력자원을 토대로 기능의 일부를 수행하고 일부 전문성을 갖춘 외국 전문기관을 활용	- CM팀과 감리팀을 별도 운영 (추후 감리전담조직을 CM팀에 합류) - 공사 착수전 공사계획부문에 기술투입이 이루어지지 못한 아쉬움	- Fast Track 도입 - 사업통제시스템(PCS; Project Control System) 구축 - 시공착수 전 계획업무에 상당한 효과 - 시공단계에 품질과 공기가 상호 보완 및 견제 기능을 갖도록 함

2.5.2 건설기술관리법의 CM 제도 도입 이후

CM 협회의 CM 능력평가 및 고시에 신청한 101업체를 대상으로 1996년부터 2002년까지의 국내 CM 실적을 분석하면 다음과 같다(그림 2-11 참조). 제도 도입 이전 기간도 포함되어 있지만, 실제 국내 CM 시장은 일부 대형 사업의 CM 사업을 제외하고는 제도 도입 이후부터 비교적 활발해졌다고 할 수 있겠다.

분야별로는 공공분야가 19건, 327억원(30%), 민간분야가 91건, 760억원(70%)으로서 민간분야에서 보다 활발한 것으로 나타났다. 또한 공종별로는 건축부문 735억원(68%), 토목부문 315억원(29%), 기타 37억원(3%)으로 건축부문이 주종을 이루고 있는 것으로 분석되었다. 규모별로는 5억원 미만 71건(64%), 5-10억원 미만 14건(13%), 10-30억원 미만 16건(15%), 30억원 이상 9건(8%)으로 나타났는데, 이는 공공보다는 소규모 민간부문에서 CM이 많이 활용되는데 기인한다. CM의 참여단계를 살펴보면, 전체 110건 중 기획단계가 49건(45%), 설계단계 40건(36%), 시공단계 21건(19%)으로 나타났다.

CM 관련 인력보유 현황은 50명 미만 30개사(29%), 50-100명 20개사(20%), 100-500명 미만 43개사(43%), 500명 이상 8개사(8%)로 나타났다. 50명 이상 보유업체가 총 101

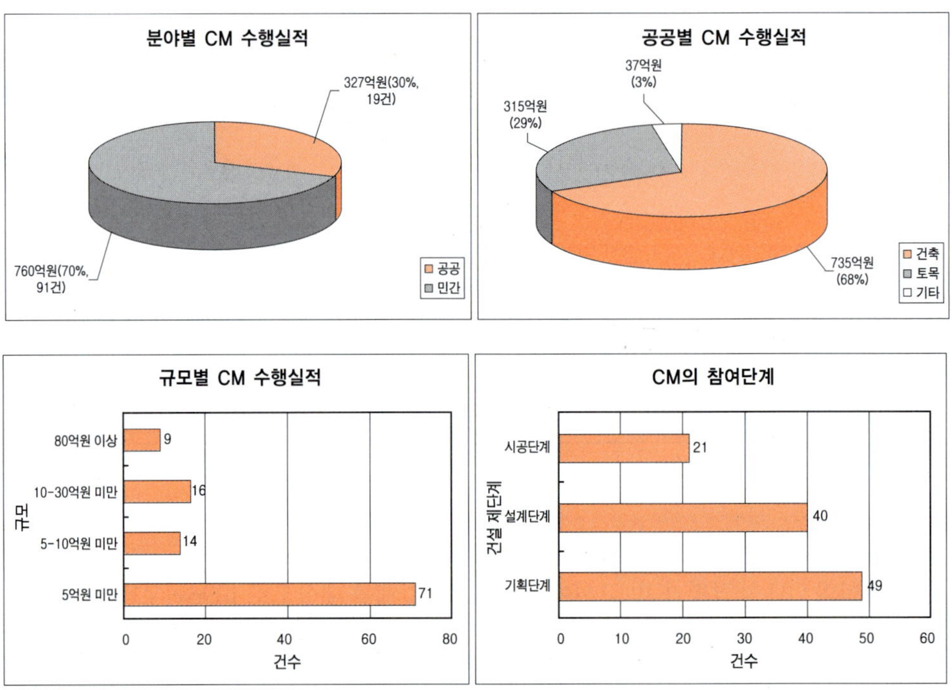

• 민간의 78%는 기획 및 설계단계, 공공의 84%는 시공단계에서부터 참여

그림 2-11 국내 CM 수행실적의 분석

개사 중 71개사(71%)임을 감안한다면, 양적인 측면으로 과거에 비해 비약적인 발전을 했다고 할 수 있다. 하지만 실제 이를 구성하는 인력의 전문성을 고려한다면, 과연 발주자가 양질의 서비스를 제공받을 수 있는 지의 여부는 다소 의심스럽다. 또한 CM 발주 프로젝트의 수와 금액을 볼 때, 이러한 인력이 모두 CM 업무에 종사한다고 보기는 어려운 실정이다. 업체별 자본금 규모는 10억원 미만 37개사(37%), 10-50억원 41개사(40%), 50억원 이상 23개사(23%)로서 주로 설계 및 감리분야의 대형업체가 CM 사업에 관심을 갖고 사업에 참여하는 것으로 나타났다.

그림 2-12는 국내 CM for Fee 시장의 최근 4년간의 규모를 나타낸 것이다. 아직 도입 역사가 짧기 때문에 그 규모는 감리(연 1조원 시장)와 여타 기술용역시장에 비해서 매우 적은 편이다.[2] 하지만, 매년 급속한 증가추세를 보이고 있으며, 이러한 경향은 당분간 계속될 것으로 예상된다.

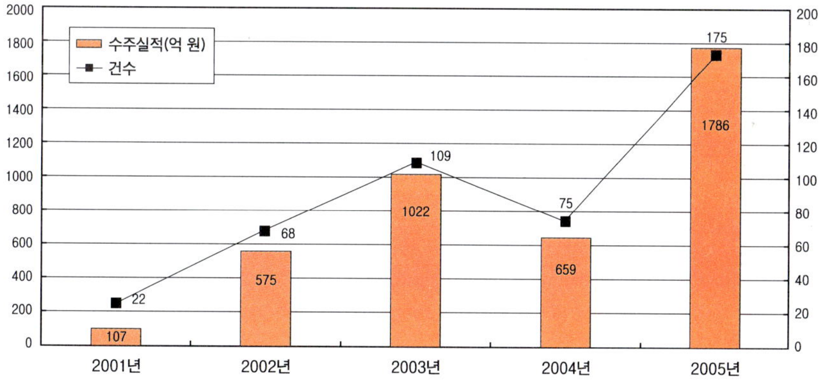

그림 2-12 국내 CM/PM 시장의 규모(2001-2005)

다만, 건수 측면에서 적용 프로젝트의 수를 보면 상당한 규모로 늘어나고 있는 실정이나 이를 프로젝트 1건당 수주금액으로 환산해보면 2001년을 제외하고는 프로젝트 1건당 CM Fee는 약 8-9억원 정도 되는 것으로 단순 계산된다. 프로젝트마다 차이가 있기 때문

2) 본 집계는 한국 CM 협회의 건설사업관리 능력고시제도에 의해 집계된 것으로, 실제 민간사업부문에서 수행된 실적이 모두 집계되었다고 볼 수는 없다. 그리고 CM 협회에서 최근 발표한 2004년 금액은 실제로 약 650억원에 불과한 것으로 나타났다. CM 수주금액에 대한 이러한 차이가 발생하는 것은 이미 언급한 바와 같이 미신고 사례가 존재하며, CM 사업을 판단하는 기준이 아직 합의되지 못했기 때문인 것으로 판단된다.

에 차후에 보다 상세한 자료를 바탕으로 한 분석이 있어야 하겠지만, 아직까지 단위 프로젝트에 대한 CM 용역의 규모가 너무 작은 것이 아닌가 하는 판단이다. 이러한 이유는 현행 「건설기술관리법」의 건설사업관리(용역형 CM)는 설계감리와 책임감리라는 기본업무에 추가업무의 형태를 가지고 있으며, 대가기준 역시 이를 기반으로 마련된 것이기 때문이다. 물론, 민간부문은 다를 수 있지만, 일반적으로 민간시장 역시 공공부문의 기준과 관행을 그대로 준용하는 경우가 많다. 따라서 건설업을 수행하는 다양한 유형의 업체가 참여하는 매력 있는 CM/PM 시장을 형성하기 위해서는 현행의 획일적인 용역형 CM의 적용 방식이나 경직된 대가 산정의 체계는 개선되어야 할 것으로 판단된다.

2004년도만을 놓고 보았을 때, 현재 국내 공공 CM/PM 시장은 6개 업체가 전체 시장의 57%를, 민간 CM/PM 시장 역시 업체명은 다소 다르지만, 6개 업체가 74%의 점유율을 가지고 있는 것으로 조사되었다. 아직은 몇몇 소수의 업체에 의해 CM/PM 서비스가 주도되고, 공급되고 있는 상황으로 볼 수 있다. 미국시장과 달리 EC, GC 등의 참여는 없으며, 주로 설계회사와 순수 CM 회사에 의해 서비스가 제공되고 있다. 향후 CM/PM 시장이 보다 성숙한 시장으로 인정받기 위해서는 시장의 규모도 더 커져야 하겠지만, 참여업체의 유형과 수에 있어서도 다양화가 필요할 것으로 판단된다.

2.6 결 언

미국의 CM 시장은 건설시장의 변화에 따라 필연적이고 자생적으로 발전되어 왔으며, 무엇보다도 30여년의 긴 시행착오를 거치며 발전되어 왔다. 그러나 국내의 CM 시장은 건설산업 선진화를 위한 방안의 하나로 정부의 적극적인 제도적 지원에 의해 형성되었다는 점이 미국과 가장 큰 차이이다. 하지만 적용 배경이나 목적의 차이가 있음에도 불구하고 국내 건설산업에서 CM도 아직은 미약하지만 CM 제도가 정착되었고, 시장이 형성되었으며, 이에 따른 나름대로의 긍정적인 성과도 얻고 있는 것으로 평가된다.

CM의 제도화 및 시장의 성장을 기존 설계시장이나 기술용역업 시장을 침해하는 것으로 보는 것은 CM에 관한 그릇된 이해에서 비롯된 것이다. CM은 기존 건설주체의 업역 틀을 유지하면서, 프로젝트 수행 과정의 비효율성을 개선하고자 하는 시도로 수용되어야 할 것이다. 다시 말하면, 효율적인 사업 수행을 위해 발주자가 선택할 수 있는 하나의 대안인 것이다.

건설사업의 비효율성을 개선하고, CM의 올바른 국내정착 및 국제적 경쟁력의 구비, 그리고 이를 통해 건설산업의 모든 주체가 공감하는 CM 시장을 형성하기 위해서는 다음과 같은 이해와 개선이 동반되어야 할 것이다.

첫째, CM의 본질에 대한 문제이다. CM의 핵심은 Time, Cost, Quality로 대별되는 세 가지의 관리로 요약된다. 기존의 계약구조에서는 이러한 관리행위가 분리되어 수행되어 왔다면, 이러한 관리를 계약구조의 틀 속에서 체계적이고 종합적으로 관리하고자 마련된 계약구조가 CM 계약의 본질이다. 지금 우리 건설산업에서 설계·시공분리발주와 일괄발주에서 품질관리가 강조되는 책임감리를 포함한 획일적인 CM의 적용은 미국시장에서의 CM for Fee 적용형태와는 사뭇 다른 점이 많다. 미국식 CM for Fee 계약구조에서 CM의 참여는 GC(General Contractor)가 없는 사업구조를 기본 틀로 하고 있다는 사실이다. 따라서 국내의 GC가 존재하는 계약구조에서의 CM과는 다르다는 것이며, 품질관리가 강조되는 사업관리의 변형된 모습으로 이해할 필요가 있다.

둘째, 최근 미국의 CM/PM 시장에서의 두드러진 현상은 GC가 배제된 전통적인 CM for Fee 방식뿐만 아니라 다수의 복합시설로 구성된 프로젝트의 사업발주가 증대하여 이러한 유형의 사업을 종합 관리하는 프로그램 관리(Program Management)의 용역발주가 증대하고 있다. 최근 국내에서도 BTO, BTL 등 민간투자사업에서 여러 유형의 프로젝트가 그룹되어(bundling) 발주되고 있으며, 그 수요 역시 지속적으로 증대될 것이기 때문에 건설사업관리자의 Program Management의 능력은 매우 중요하게 부각될 것으로 예상된다.

셋째, 현재 용역형 CM의 발주에 머물지 않고 GC가 주도하는 미국식 CM at Risk의 발주가 국내 건설산업에서 조속히 출현해야 한다. CM at Risk의 발주는 건설업체의 Pre Construction 관리능력의 향상을 통한 EC(Engineering Constructor)로서 역량의 증대를 통한 국제 경쟁력 강화에 큰 역할을 할 것이기 때문이다. 또한, 현재까지 CM 교육과 실무를 통하여 전문성을 확보한 기술자들의 고용창출에도 기여할 수가 있다. 그리고 이미 국내외 건설시장에서 DB 사업의 급속한 증대와 더불어 발주자의 조직과 프로젝트 자체의 특성에 따라 선택적이긴 하겠지만 CM의 필요성과 그 수요는 지속적으로 증대될 것으로 예상된다.

마지막으로 CM의 주체는 건설용역사, 설계사, 건설사 모두가 주체가 될 수 있다는 사실을 인식해야 한다. 국내에서 인식되는 건설용역업체와 설계업체 중심의 CM 시장의 구도를 탈피하여 건설사도 CM으로서 시장참여가 확대된다면 우리가 CM을 도입하여 추구하고자 하는 건설산업의 선진화와 국제 경쟁력 확보라는 목표의 달성도 그리 먼 장래의 일이 아닐 것이다.

향후 세계 건설시장에서 건설 프로젝트의 대형화, 복합화, 첨단화의 추세로 인하여 CM의 필요성은 지속적으로 증대될 것이다. 이러한 수요에 대응하기 위해서 특히, 발주자의 CM 수요창출을 위한 건설업계의 통일된 큰 목소리가 요구된다. 그리고 CM 기술력을 바탕으로 한 국제적 수준의 건설경쟁력 확보와 미래의 주력 산업으로 생존하기 위한 우리 건설주체들의 노력과 발상의 전환을 기대해 본다.

3

건설조달과 건설사업관리제도 현황

충북대학교 교수 김옥규
조달청 공사관리팀장 이태원

3.1 서언

건설사업관리(CM; Construction Management)는 몇몇 외국회사와 CM 선도회사에 의해서 소개되기 시작하였고, IMF 외환위기 회복시점인 1999년 말경부터 외국투자자들이 국내시장에서 부동산투자를 본격적으로 시행함으로써 민간시장에 적용되기 시작하였다. 공공의 경우는 1998년 적용된 서울 월드컵 주경기장의 CM의 성공에 힘입어 2000년 이후 크게 활성화 되었다. 건설사업관리 업무는 프로젝트의 기획, 타당성조사, 계약 및 조달, 시공, 유지관리 영역을 총괄하는 건설업역을 이루고 있다.

2005년 통계에 의하면 총 건설시장규모 99조원의 32%에 해당하는 31조원을 공공부문 계약이 차지하고 있어 정부 발주의 업역은 사실상 건설시장에서 가장 큰 비중을 차지하고 있다는 것을 알 수 있다. 따라서 본 장에서는 정부의 조달체계와 건설사업관리 발주제도에 대하여 기술하고자 한다. 또한 국외의 건설조달체계는 미국 연방정부 및 지방정부의 조달체계와 일본의 공공건설조달체계를 살펴보고자 한다.

건설사업관리 조달체계는 2005년 이루어진 산·학·관 공동연구의 결과를 토대로 작성된 '조달청 건설사업관리자 사업수행능력 평가기준' 을 근거로 하여 고찰하고자 한다. 본 평가기준은 2006년 3월부로 조달청 세부 지침이 확정되어 공포되었다. 이를 통하여 건설사업관리자 선정 방법과 사전자격심사제도(PQ)의 근간이 되는 참여기술자 및 수행실적 평가, CMr의 업무 중첩도, 회사의 신용도, 기술개발 및 투자실적, 가감점 부여 등을 상세히 고찰한다. 또한 공공공사 건설사업관리자의 주관적 선정 방법으로 도입한 기술제안서 평가 방안에 대하여 기술하도록 한다.

국내에서의 CM 활성화를 저해하는 제도·정책적인 측면을 깊이 고려하여 단순한 선진제도의 도입이 아닌, 국내의 여건을 다변화시키기 위한 방안을 살펴보도록 한다. 또한, 국제경쟁에 적합하도록 제도와 정책을 수정·보완하여 국내업체의 경쟁력 확보와 중소·대형업체간의 상하 종속적 관계를 수평 동반자적 관계로 개선시키기 위한 방안을 모색해 보고자 한다.

이상과 같은 고찰과 기술을 토대로 건설조달체계의 발전을 위한 건설산업 규제 합리화 방안, 적격심사 낙찰제도, 최저가 낙찰제도 및 턴키 입찰제도 개선 방안 등을 제시하도록 한다. 더불어 건설사업관리 조달체계의 발전을 위한 건설사업관리자 사후평가제도와 CM at Risk 형태의 건설사업관리제도의 도입에 대한 제안을 하고자 한다.

3.2 건설사업관리제도의 현황

3.2.1 건설산업 현황

(1) 건설산업의 경쟁력

건설산업은 국민생활 기반시설과 타 산업의 생산기반시설을 구축하는 산업으로, 국민경제에 있어 중요한 위치를 차지하고 있다. 그러나, 그간의 외형적 성장에도 불구하고, 건설산업의 국제경쟁력은 선진국에 비하여 부족한 실정이다.

건설산업의 선진화를 위해서는 생산성 향상이 무엇보다 시급하다. 이는 저비용·고효율을 최대 경쟁력으로 내세우는 해외 건설시장 진출과도 직결되는 문제로 지속적인 생산시스템의 혁신을 통해서만 가능하다.

미국, 영국, 일본 등 선진국은 정부가 직접 나서 건설혁신 정책을 내놓고 원가절감과 품질향상을 독려하고 있는 반면, 국내 건설시장은 보호·규제 위주의 제도, 낙후된 산업구조, 뒤쳐진 기술, 건설 과정의 부패 관행 등 후진적 시스템으로 생산성이 크게 떨어져 있다. 그 일환으로 '96년에 건설사업관리제도를 도입하여 생산성 향상에 기여하고자 하였으나, 기존의 건설관행 및 제도 등의 문제로 활성화에 제약이 많은 실정이다.

건설산업의 경쟁력은 공사 기간 및 원가에 대한 경쟁력이라고 할 수 있으나, 우리 현실은 고비용·저효율 구조를 지니고 있으며, 우리나라의 건설 공기 및 비용은 선진국에 비해서 상대적으로 많이 소요되고 있다.

현재 진행 중인 대규모 건설사업을 보면, 총사업비가 2배 이상 증가한 사업이 27개(건교부 14개 사업)에 이르며, 추가로 늘어난 사업비만도 22조원으로 당초 사업비의 2.96배에 이른다. 또한, 총사업비 중 국고지원규모의 증가규모는 이보다 더 큰 4.6배에 이르고 있다.[1] 전체사업 중 사업기간이 10년 이상인 사업이 건수 기준으로 전체 사업의 70.0%(금액기준으로는 86.3%)를 차지하고 있어, 사업의 장기화가 건설비의 증가로 연결되고 있음을 보여주고 있다.

이러한 원인은 사업타당성 분석의 부실과 설계단계에서 원가 관리를 제대로 하지 않기 때문이며, 정치적인 이유나, 건설참여자들의 능력부족에도 기인한다. 거시적인 관점에서 보면, 당해 연도에 배정받은 예산을 기준으로 건설사업을 수행하기 때문에 생산성이나 효율성이 낮은 건설생산 활동을 하기 때문이다.

(2) 건설산업의 생산체계[2]

건설산업의 구조는 건설산업기본법, 건설기술관리법 등을 근간으로 다양한 업역을 토대로 성장하여 왔으나, 이것은 건설산업구조를 경직되게 만들었으며 건설품질의 향상보다는 건설비용 증대요인으로 작용하여 결과적으로 '고비용·저효율' 구조를 만드는 원인을 제공하였다. 국내시장의 고질적인 중층 하도급 구조는 건설생산에 있어 간접 경비의 비중을 크게 증가시키는 요인이 되고 있다.[3]

대형복합공사가 증가되는 현시점에서 단기적으로 사업량이 증가하거나 기술력을 요하는 대형·복합 건설사업의 추진 발주자의 기술자 보유 여건 등을 종합적으로 고려하여

1) 기획예산처, 2004년 국정감사 자료.
2) 건설사업관리제도 활성화, 2002.8.
3) 국토개발연구원 조사에 의하면 공사비용 중 직접 공사비가 63.8%밖에 되지 않으며 간접 공사비 25%, 감리 감독비용이 11.2%로서 간접비의 합이 건설사업비 전체의 36.2%를 차지하는 것으로 조사됨.

민간의 전문성과 창의력을 활용한 발주자의 사업관리업무 지원에 대한 요구가 증대되고 있다.

그러나 현행 건설생산 조직은 업역 중심으로 구성되어 있어 설계와 시공의 연계성 확보가 곤란하며 공종별로 분리된 감리·감독체계 등 하나의 건설사업 관점에서 종합적으로 계획·조정·관리할 수 있는 체계 구축이 더욱 요구되고 있다.

또한, 발주자나 건설업체가 공사비용을 자율적으로 관리하고 절감할 수 있는 건설공사방식이 부재하여 대부분의 건설공사가 설계·시공·감리분리발주, 일반건설업체 원도급·전문건설업체 하도급 원칙을 고수하고 있다. 이에 따라 발주자에게는 당해 건설공사 특성에 적합한 건설공사방식을 선정할 수 있는 융통성 넓은 기회가 턱없이 부족하다 할 수 있다.

(3) 국내 건설기술 수준[4)]

2004년에 실시한 국내의 기술수준 인식도 조사결과 건설기술의 세계최고 수준을 100이라고 했을 때 우리나라 건설분야의 종합기술 수준은 1998년 대비 4포인트 증가한 71포인트로 측정되었다.

이처럼 최근에 국내 종합건설 기술 수준이 상승곡선을 보이는 것은 교량과 터널, 지하구조물 등 일부 토목시설물의 기술 수준이 타 시설물에 비해 향상된 것으로 나타났으나, 선진국에 비해서는 높지 않은 실정이다.

이러한 원인은 국내 건설산업이 해외시장과 달리 철저히 폐쇄적인 시장구조를 유지하는데 기인하며, 선진 엔지니어링 및 설계기술과 건설관리기술을 위시한 소프트웨어 기술이 접목되지 못한 결과라 할 수 있다.

4) 건설교통부, 건설기술 국제경쟁력 강화를 위한 건설기술 수준지표 개발 및 기술예측 연구보고서, 2004.8.

또한, 해외 건설공사를 통하여 수많은 건설사업 및 선진기술의 노하우를 접목했음에도 불구하고 사업관리 경험과 노하우가 국내에 이전되지 못하여, 물량기준은 세계 10위권 (IMF 외환위기 이전은 9위권)에 위치하면서도 질적인 수준에서는 상당히 낮게 나타나고 있다. 이는 우리나라의 건설생산 구조의 경직성과 법제도나 체계가 갖고 있는 후진성에 기인한다.

3.2.2 건설사업관리제도 현황

(1) CM 도입 배경

경제·사회적 측면

우리나라에서 CM이 제도권 내에서 공론화되기 시작한 시점은 1990년대 전후 일련의 부실공사 방지대책을 수립·시행하면서 부터이며, 1990년대에 착수된 신공항 건설사업, 고속철도 건설사업 등 대규모 복합공사의 계획과 과정 등 건설사업 모든 단계에 걸친 종합관리업무를 전문가에게 위탁할 수 있는 제도 마련이 필요하게 되었다.

건설산업은 지난 10여 년간 꾸준히 GDP의 15~20%를 차지하는 등, 국가경제에 막대한 영향을 미치는 산업으로, 건설산업의 효율성 제고는 국가경제발전의 차원에서 중요한 과제로 대두되었다. 또한, 최근 건설산업의 대형화, 복합화 및 전문화 추세에 따라 품질, 비용, 공기 등의 사업관리 목표를 효과적으로 달성하기 위한 체계적이고 종합적·전문적으로 관리할 수 있는 제도적 장치의 필요성이 제기되었다.

따라서 경부고속철도, 인천국제공항 등 대규모 복합사업을 기존 설계·시공분리방식으로 효과적으로 수행하는 데는 한계가 있어 공사특성에 적합한 다양한 공사수행방식을 선택할 수 있도록 제도의 도입이 요구되었다.

기술·제도적 측면

건설산업의 국제 경쟁력 확보 및 생산성을 제고시키기 위해서는 기존 생산시스템으로의 추진방식에는 한계가 나타났으며, 이에 새로운 사업관리방식의 필요성이 요구되었다.

즉, CM 경험의 축적을 통해 종합적인 건설사업의 관리능력을 배양하고 이를 통해 대외적으로는 국제 경쟁력 강화와 대내적으로 생산성 제고를 위한 방안이 필요한 것이다.

건설기술관리법에 근거하여 추진하고 있는 설계감리 및 책임감리 등의 제도는 건설사업의 특정단계에서 품질·안전을 위주로 하는 일차원적 관리체계로 부분적인 성과를 거두고 있으나, 건설사업 전단계에 걸쳐 품질·안전뿐만 아니라 비용, 기간 등을 종합적으로 관리할 수 있는 체계가 필요하게 되었다.

또한, 가격경쟁 위주의 시공계약자(원도급자) 선정방식의 한계성을 극복할 필요성도 부각되었다. 즉, 건설산업이 점차 복잡·대형화되어 건설사업 참여주체들의 역할들이 분화됨에 따라 체계적인 관리의 중요성은 더욱 높아진 반면, 가격위주의 경쟁을 통해 선정된 원도급자들의 관리능력이 충분히 뒷받침하는데 한계가 있었기 때문이다.

따라서 발주자는 시공자의 공기·예산·품질 등의 관리능력에 대해 불만을 가지기 시작했고, 하도급자들도 재시공을 피하기 위해서 관리기능의 강화를 요구하게 되었으며, 사업 참여주체들간의 이해관계 상충으로 인한 적대관계를 최소화하는 방안이 요구되었다. 이는 발주자가 투자비용을 최소화하면서 효과를 극대화하려는 경향이 있고, 경쟁 입찰을 통해 사업에 참여한 시공자는 계약이 정하는 최소한의 업무만을 수행하려는 경향이 있어서 빈번한 설계변경과 분쟁의 원인이 되기 때문이다.

또한, 설계하자는 시공자 클레임의 원인이 되므로 설계자와 시공자간에도 적대적 관계가 형성되는 등 이에 대한 적극적인 해결책 마련이 필요한 것이다.

이외, 설계·시공·연계성 및 공기절감에 대한 요구가 증대되었다. 즉, 일반적인 발주방식인 설계·시공분리방식에서의 발주는 시공자가 설계도면과 시방이 완성된 이후에 건설사업에 참여하게 되어 설계단계와 시공단계의 유기적 연계가 불가능하기 때문이다.[5]

---

5) 건설교통부, 공공건설사업 CM 제도 전개방향 및 운영방안, 2001.

(2) CM 제도의 현황

1990년대 인천국제공항, 경부고속철도 사업 등 대규모 복합공사의 공정·비용·품질 등을 종합 관리하는 업무의 중요성이 부각되면서 '97년 8월 건설산업기본법에 CM 업무[6]의 전부 또는 일부를 CM에 관한 전문지식과 기술능력을 갖춘 자에게 위탁할 수 있는 근거를 마련하였다.

이후 1999년에 국가를당사자로하는계약에관한법률(이하 '국가계약법' 이라 함)에 CM 계약조항이 신설됨으로써 CM이 계약방식의 하나로 명문화되었다. 동 법에서는 CM을 건설공사에 준하는 기능으로 보고 있다. 하지만, CM 방식 도입 초기에는 관련법령만 제정되었을 뿐 세부적인 운영기준이 마련되지 않아 업무수행에 다수의 장애요인이 존재하였다.

이러한 문제들을 해결하기 위하여 CM 관련 세부운영기준을 정비하여 2000년 건설기술관리법에 CM의 시행, 손해배상, 대가, 다른 용역과의 관계 등을 규정하였고, 공공 건설사업에 CM for Fee(용역형) 방식을 적용하기 위해 2001년 7월에 건설기술관리법에 이의 법적 기반을 마련하였다.

CM 제도 도입 이전에도 원자력 발전소, 인천국제공항, 경부고속철도 등의 사업에서 종합사업관리를 도입하여 적용하였으나, 본격적으로 국내에 CM 시장이 형성된 시기는 2001년부터라고 할 수 있을 것이다.

이후 CM 제도를 활성화하고 발주자가 적정한 건설사업관리자(이하 'CMr' 이라 함) 선정 및 CMr의 업무능력을 제고하여 CM을 활성화하기 위하기 위하여 CM 사업자의 CM 능력을 매년 1회 평가·공시하는 CM 능력평가·공시제도 도입(2002.1)하였다.

CM은 별도의 등록을 요하지는 않으나, CM 업무의 내용이 관계법령에 의하여 신고·

---

6) 건설산업기본법 제2조 제6호, "건설사업관리"라 함은 건설공사에 관한 기획·타당성조사 분석·설계·조달·계약 시공관리·감리·평가사후관리 등에 관한 관리업무의 전부 또는 일부를 수행하는 것을 말한다.

등록 등을 하여야 하는 업무인 경우에는 당해 법령에 의한 신고·등록 등을 한 후 수행 가능하도록 규정하였으며, 공공부문을 대상으로 CM 제도의 활성화를 위해 공공 건설사업의 종합적인 관리업무를 민간 전문가에게 위탁·시행하는 CM에 관한 세부 시행근거와 지침을 마련하였다.

건설기술관리법 제22조의 2부터 5까지의 조항을 신설(2001.1)하여, CM의 발주대상, 계약방식, 대가기준, 손해보험제 등을 규정하고 시행하였다. 즉, CM의 정의는 건설산업기본법에 따르도록 하되, 공공공사에 필요한 CM 업무의 범위와 내용 및 세부기준을 별도로 규정하고 있다.

국가계약법 시행령 제91조의 2(건설사업관리계약)에는 "건설사업관리계약"에 관하여 규정함으로써 대형공사의 계약방식 중 하나로 명문화하였다.

표 3-1 국내 CM 제도의 연혁[7)]

구 분	주 요 내 용	비 고
'96.12	CM 정의 및 CM 위탁 규정을 제정하여 용역형 CM 제도의 근거 마련	건설산업기본법 개정
'99.9	CM 계약 근거 마련	국가계약법 시행령 제91조의 2
'01.1	CM 대상공사 CM 세부업무 내용 CM 손해배상보험 CM 대가산정기준 건설사업관리와 다른 용역과의 관계	건설기술관리법 제22조의 2 건설기술관리법 제22조의 3 건설기술관리법 제22조의 4 건설기술관리법 제22조의 5
'01.7	CM 계약 현황 관리	건설기술관리법 시행령 제39조
'01.8	CMr 선정방법	건설기술관리법 시행규칙 제13조
	CM 대가산정기준고시	건설교통부고시 제2001-220호
	CM 업무지침	건관 58824-656
'01.9	CM 실적관리 협회위탁	건설산업기본법 제91조
'01.12	손해배상보험업무 요령	건설교통부고시 제2001-328호
	PQ 세부평가기준고시	건설교통부고시 제2001-361호

7) 한국건설관리학회, 국내 CM 제도 활성화를 위한 공청회, 2005.12.

′02.1	CM 능력 평가 및 공시	건설산업기본법 제23조의 2
′02.6	용역적격심사기준 개정	건설교통부훈령 제365호
′03.9	CMr의 시공 참여	건설산업기본법 시행령 제25조 2 개정
	CM 능력 평가 및 공시 범위 확대	건설산업기본법 시행규칙 제38조 2 개정
′04.8	건설사업관리(CM) 발주안내서	건설교통부 발간
′05.9	CMr 사업수행능력 세부평가기준 개정	건설교통부고시 제2005-259호
	지방대형 공사에 CM 참여	지방계약법 제104조

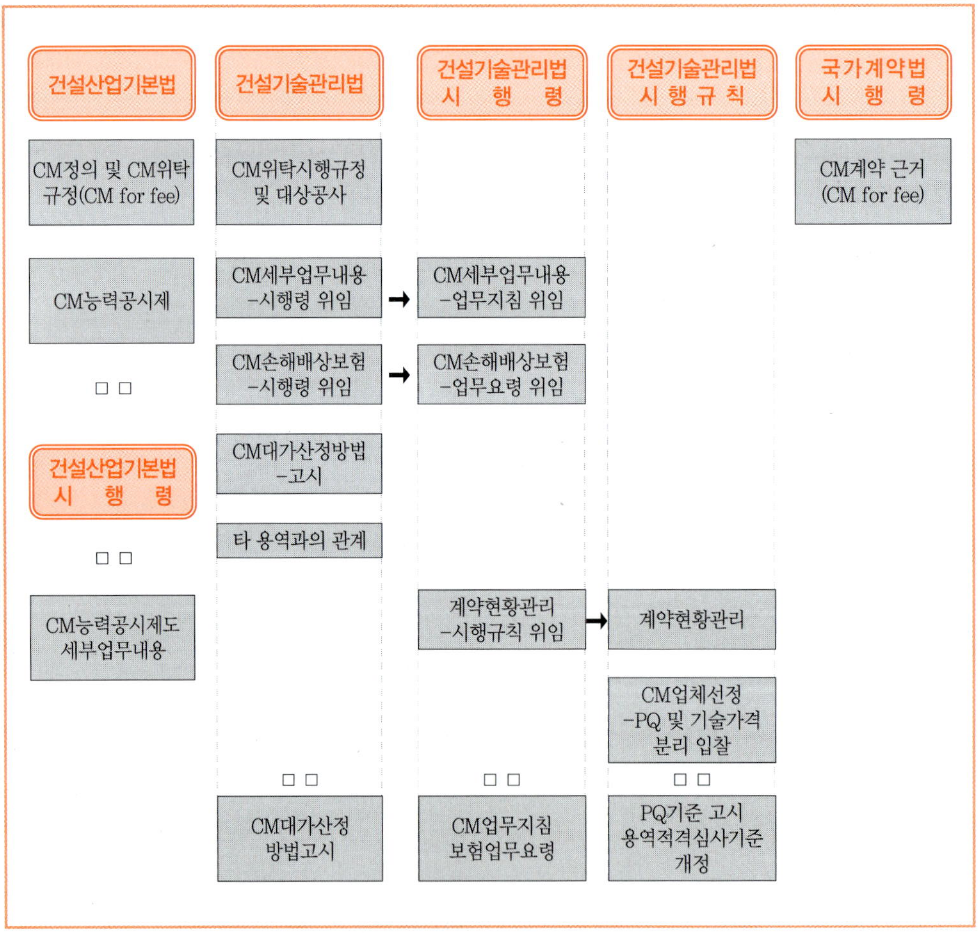

그림 3-1 CM 관련 규정 세부내용[8)]

8) 건설교통부, 건설경제 업무편람. 2006.3.

3.3 건설사업관리 조달체계의 현황

3.3.1 국내의 공공건설 조달체계

정부·지방자치단체·공기업 등의 공공부문 건설발주자는 국내 건설산업에서 가장 비중이 큰 수요자이다. 국내의 전체 건설 발주물량 중에서 공공부문의 물량이 차지하는 비율은 대략 30%에 달한다. 공공발주자는 공공건설 조달체계라는 단일한 수요 패턴으로 장기간에 걸쳐 반복적으로 시설물을 조달한다. 건설시장에서의 공공발주자는 동질성을 갖는 하나의 수요주체이며, 따라서 공공발주자가 시장에 미치는 영향은 매우 크다.

표 3-2 전체 건설 발주물량 대비 공공부문의 발주 비율

구 분	2002년	2003년	2004년	2005년
총 계	83조 1,492억원	102조 4,478억원	94조 5,723억원	99조 3,840억원
공공부문	30조 8,535억원 (37.1%)	32조 2,165억원 (31.4%)	33조 7,645억원 (35.7%)	31조 8,255억원 (32.0%)
- 조달청	11조 5,474억원	12조 3,541억원	12조 354억원	12조 787억원
- 기 타	19조 3,061억원	19조 8,624억원	21조 7,291억원	19조 7,468억원
민간부문	52조 2,957억원 (62.9%)	70조 2,313억원 (68.6%)	60조 8,078억원 (64.3%)	67조 5,585억원 (68.0%)

* 대한건설협회 자료

공공건설 조달체계란 공공발주자가 필요로 하는 시설물을 취득하기 위해 사용하는 절차를 말한다. 넓은 의미에서의 조달체계는 건설사업의 기획단계에서부터 설계-시공단계를 거쳐 시설물을 취득하는 체계를 의미하고 좁은 의미에서는 설계 및 시공자를 선정해 계약을 체결하는 체계를 의미한다. 이 중 후자가 일반적으로 인식하고 있는 공공건설 조달체계라 할 수 있다.

(1) 공공건설 조달체계의 특징

공공건설 조달체계와 민간건설 조달체계의 차이는 설계 및 시공자를 선정하는 과정에 있다. 공공발주자는 설계 및 시공자를 선정하는 과정에서 자신이 시설물의 수요자라는 측면과 함께 공공기관으로서의 책임을 동시에 고려한 발주체계를 사용하고 있다.

시설물의 수요자 측면에서 공공건설 조달체계가 추구하는 목표는 최소의 비용으로 자신이 원하는 목적물을 조달하는 것, 이른바 최고의 투자가치(Value For Money)를 획득하는 것이나 건설조달은 각 발주건마다 서로 다른 상황에 직면하게 된다. 즉, 원하는 목적물의 형태가 고정된 채로 최소비용을 투입하고자 할 경우도 있고 비용이 고정된 채로 최고의 품질을 얻고자 할 경우도 있으며 그 중간적인 경우도 충분히 존재할 수 있다. 발주자는 비용과 품질의 적절한 조합에 따라 입찰 참가자격 부여 방법과 업체평가 방법을 달리해 최적의 설계 및 시공자를 찾아내고자 한다. 다시 말해 모든 발주자가 민간의 조달체계와 같이 자율성을 가지고 건설조달을 수행하는 방식이나 이 측면이 지나치게 강조될 경우 일부 기업에 수주가 집중되거나 부조리에 의한 수주가 이루어질 가능성이 크다.

공공기관으로서의 책임 측면에서 공공건설 조달체계가 추구하는 목표는 조달과정의 투명·공정한 수행과 정부의 건설산업 정책 구현이다. 따라서 공공발주자는 일부 기업에 수주가 집중되거나 부조리에 의한 수주가 이루어지는 것을 방지하고자 투명하고 공정한 절차에 따라 조달체계를 운영해야 한다. 또한 공공발주자는 건설산업의 최대 수요자로서의 지위를 이용해 건설산업 전반에 영향을 끼칠 수 있으므로, 공공발주자가 사업자 선정에 건설산업의 지향점을 반영한 평가기준을 적용함으로써 건설업계의 행동양식에 건전하고 올바른 변화를 유도할 수 있는 것이다. 공사 규모에 따른 적절한 시장배분, 지역경제 활성화, 사회적 약자기업 지원 제도 등이 사업자 평가기준을 통해 구현되고 있는 대표적인 정책들이라고 할 수 있다.

(2) 공공건설사업 발주방식

공공건설 조달체계는 건설사업의 발주방식에 따라 설계 및 시공자를 선정하는 절차에서 서로 다른 모습을 띄고 있다. 국내에서 사용되고 있는 공공건설사업 발주방식은 크게 재정사업과 민간투자사업으로 나누어진다. 재정사업은 공공발주자가 재원을 마련해 설계 및 시공자에게 직접 대금을 지급하는 방식으로 「설계·시공분리발주」 방식, 「설계·시공일괄발주」 방식, 「대안제출」 방식이 사용된다. 민간투자사업은 민간의 자본을 이용해 시설물을 조달하고 공공기관이 투자비를 보전해 주는 방식이다. 그러나 민간투자사업은 민간의 자율성을 존중하는 측면이 강해 공공건설 조달체계를 엄격하게 적용하지 않으며, 주로 재정사업이 공공건설 조달체계를 활용해 조달하는 것으로 인식하는 것이 보편적이다.

일반적으로 공공건설 조달체계를 설명할 때 「설계·시공분리발주」 방식을 기본적인 방식으로 설명하며, 별도의 언급이 없을 경우 이 방식을 의미한다. 「설계·시공일괄발주」 방식과 「대안제출」 방식은 대형공사의 발주에 적용하는 방법으로 통상 턴키 입찰제도 및 대안 입찰제도로 부른다.

표 3-3 발주방식별 조달청 계약실적

(단위:억원)

	2001	2002	2003	2004	2005
설계 · 시공분리발주	67,581	89,405	76,724	101,711	67,983
– 최저가	9,668	15,727	9,369	33,307	14,335
– 기타	57,913	73,678	67,355	68,404	53,648
설계 · 시공일괄발주	21,716	25,544	31,159	21,337	27,461
대안발주	8,029	16,324	12,060	22,867	14,021

「설계 · 시공분리발주」 방식

「설계·시공분리발주」 방식은 건설조달이 도급자 직영에서 시공분야를 아웃소싱하고 도급자가 감독하는 형태로 전환됨에 따라 나타난 전통적인 조달방법이다. 현재 「설계·시공분리발주」 방식은 설계·시공·감독권의 일부 또는 전부를 아웃소싱하는 형태를 갖는다.

「설계·시공분리발주」 방식은 설계자를 선정해 설계를 진행하고, 설계가 완료된 후에 시공자를 선정하는 두 개의 분리된 과정으로 구성된다.

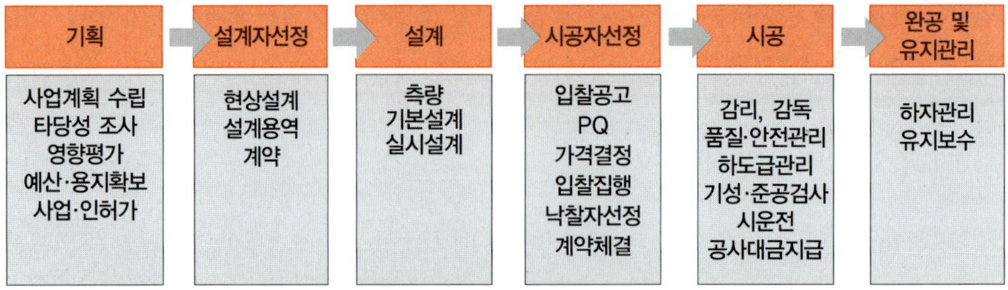

그림 3-2 설계 · 시공분리발주 절차 방식

공공발주자가 설계자를 선정하는 과정은 현상설계 등 공모 형태로 설계자를 결정하는 방식과 기술자·업체의 능력·설계 대가를 종합평가해 설계자를 결정하는 방식으로 구분될 수 있다. 전자는 예술성과 창의성에 초점을 두는 것으로 정부시설물 조달의 관점이 시설물의 역사성, 상징성, 다양성을 중시하는 방향으로 변화함에 따라 이의 활용이 활발해지고 있다. 후자는 정부 시설물 조달의 기능적 측면을 중시할 경우에 사용되는 방식으로 대체로 반복적으로 발주되는 시설의 조달에 활용되고 있다.

「설계·시공분리발주」 방식의 가장 큰 특징은 설계가 확정되어 있다는 점이다. 시설물의 조달에 있어서 설계의 확정은 공공발주자가 원하는 목적물이 이미 확정되어 있다는 것을 의미한다. 따라서 적정 수준의 능력을 갖춘 시공자 선정이 전제된다면 발주자가 얻게 될 목적물의 품질에는 차이가 없게 된다. 이 점은 「설계·시공분리발주」 방식에 적용되고 있는 시공자 선정시스템을 이해하는 키포인트이다. 시설물의 품질이 고정되어 있는 상황에서 발주자에게 가장 유리한 시공자는 바로 최저가격을 제시하는 자일 것이다. 이러한 이유로 「설계·시공분리발주」 방식에서 시공자 선정은 통상 시공실적 등의 객관적인 자료에 바탕한 계약이행 능력을 평가한 후 최저가격을 제시한 시공자를 선정하는 개념에 기반해 이루어진다. 이 방식은 개별 사업의 특성에 가장 적합한 시공자를 선정하고자 하는 수요자 측면에서는 한계를 갖는 반면, 반복적으로 발주되는 정형화 된 시설물을 신속하게 발주하기에는 적합한 발주방식이라 할 것이다.

「설계 · 시공일괄발주」 방식

Turn-key 또는 Design-Build 방식으로 일컬어지는 「설계·시공일괄발주」 방식이 국내에 도입된 시기는 1970년대이나 그 활용이 괄목할 정도로 증가한 것은 1990년대 중반에 들어서다. 이 방식은 건설산업의 경쟁력 제고 방안의 일환으로 건설업체의 시공기술을 설계에 반영하고, 사업관리 능력의 제고를 통해 건설기술력 향상을 유도하는 것이 목적이다.

「설계·시공일괄발주」 방식은 설계사와 시공사로 구성된 컨소시엄이 제출한 기본 설계안, 컨소시엄이 제시한 사업비, 그리고 컨소시엄의 시공능력을 종합평가해 가장 우수한 컨소시엄에게 실시설계와 시공까지 모두 맡기는 방식이다. 「설계·시공일괄발주」 방식은 건설기술심의위원회와 각 설계자문위원회에서 추정가격 100억원 이상의 대형공사 중 사업의 특성, 공사의 난이도 등에 비추어 턴키 방식으로 발주할 것을 의결한 사업에 적용된다.

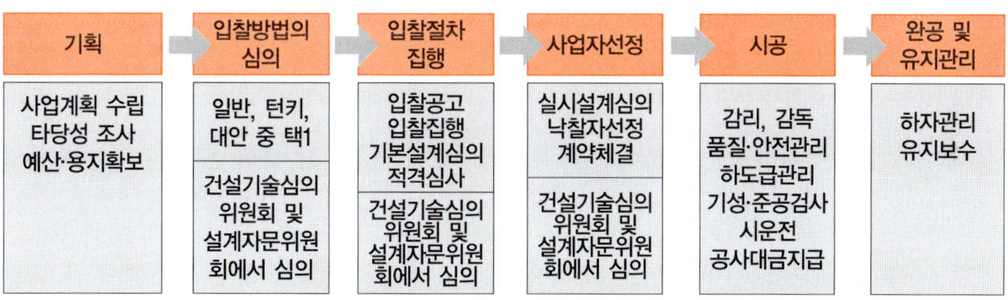

그림 3-3 설계·시공일괄발주 절차 방식 절차

「설계·시공일괄발주」 방식의 가장 중요한 특징은 설계의 내용이 명확히 확정되어 있지 않으며, 입찰절차를 통해 발주자가 조달하게 될 목적물을 구체화 한다는 점에 있다. 따라서 「설계·시공분리발주」 방식에 적용하는 최저가에 기반한 사업자 선정체계를 사용하지 않고 종합평가를 통해 사업수행능력이 가장 우수한 업체를 선정하는 방식을 사용하게 된다. 즉, 컨소시엄이 제출한 설계와 제시된 가격이 적절한 균형을 이루어야만 평가에서 높은 점수를 얻을 수 있어 발주자는 최고의 투자가치를 얻을 수 있게 된다.

「설계·시공일괄발주」 방식은 「설계·시공분리발주」 방식과 비교했을 때 최적 대안의 선정, 설계 및 시공과정에 대한 관리업무 최소화, 공기 단축 등 사업의 효율적 추진의 장점을 갖는다. 이런 장점들이 최근 「설계·시공일괄발주」 발주물량 증가의 가장 큰 요소이다. 반면 발주절차가 복잡하여 많은 경험이 요구되고 설계를 직접 작성 제출해야 하는 등 건설업체의 입찰참가비용 부담 과다와 대기업 위주로 입찰제도가 운영되는 단점을 갖고 있다.

3.3.2 국외의 공공건설 조달체계

(1) 미국 연방정부 계약

미국 연방정부 계약(GSA; The General Service Administration)의 중요한 목적은 정부가 요구하는 제반사항을 최적조건으로 만족시키는 최고가치의 기술 - 가격제안서를 제출하는 제안자를 공정하고 엄격하게 선정하는 것이며, 이에 필요한 법적·제도적 장치와 규정 및 평가기법을 보편적·특수적인 상황에 따라 유연하게 적용하고자 하는 것이다. 이를 위하여 최대의 단순성, 최대의 효율성, 최대의 효과의 3대 원칙을 가진 제안서를 입찰자들로 하여금 제출하게 하고, 이를 평가하여 낙찰자를 선정하는 일련의 과정이다. 따라서 발주자는 객관적인 낙찰자 선정을 위하여 각각의 제안서 및 관련 능력을 공정·경제성에 입각하여 철저하게 평가하기 위한 적절한 정보를 가져야 하며, 낙찰자 선정과정에서 제안자의 제안서 작성, 정부의 평가소요비용을 최소화하는 것이 필요하다. 또한, 각 개별분야의 전문기술을 이용하고 산업계의 의견을 수용하며 모든 중요 요소에 대한 균형잡힌 평가가 이루어지게 함으로써 평가의 공정성을 기하고자 하는 것이다.

미 연방정부 계약의 낙찰자를 선정하는 방법은 낙찰자에 대한 선정 접근법에 따라 나뉘는데, 크게 최저가격의 기술적 수용이 가능한 절차(LPTA; Lowest-Priced Technically Acceptable process)와 가치교환 절차(Tradeoff process)로 나뉜다.

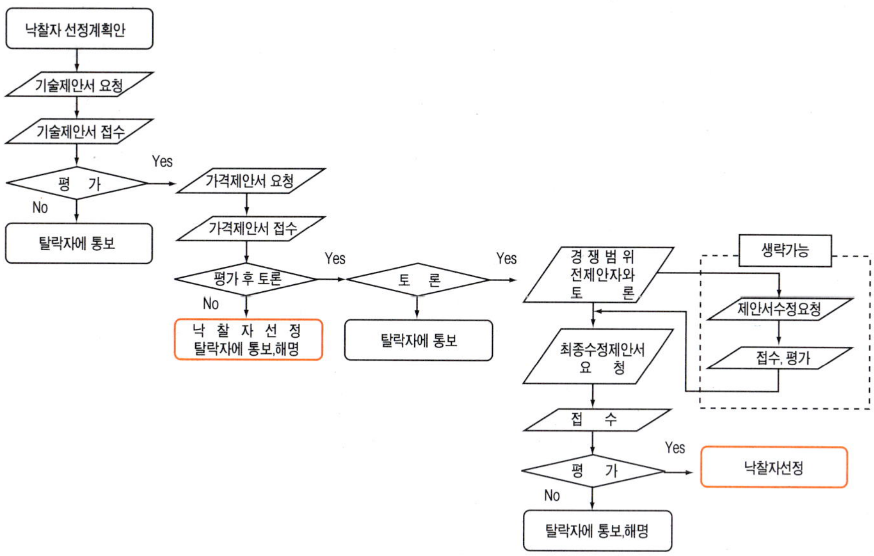

그림 3-4 **LPTA 낙찰자 선정과정**

LPTA는 가격을 우선시 하며 발주자의 요구조건을 충족시킬 수 있는 기술적 수준이 된다면 낙찰을 받게 된다. 각 평가항목들에 대하여 개별적인 평가를 해 적합성 여부만을 판단하고, 입찰자들의 입찰서를 비교 평가하지는 않는다. 따라서 평가항목간의 가치교환 즉 현장여건을 고려한 특별한 기술의 사용이나, 원가절감을 위한 VE 기법 등의 제안은 낙찰에 큰 영향을 미칠 수 없다.

반면에, 가치교환 절차는 발주자가 요구하는 최대 가치가 무엇이냐에 따라서 낙찰자의 당락이 뒤바뀔 수 있다. 입찰제안서는 상호 비교 평가되어 순위를 매길 수 있으며, 추가되는 비용을 만족시킬 수 있는 설득력 있는 객관성을 띤 비교자료를 첨부하면 사업을 낙찰받을 수 있다.

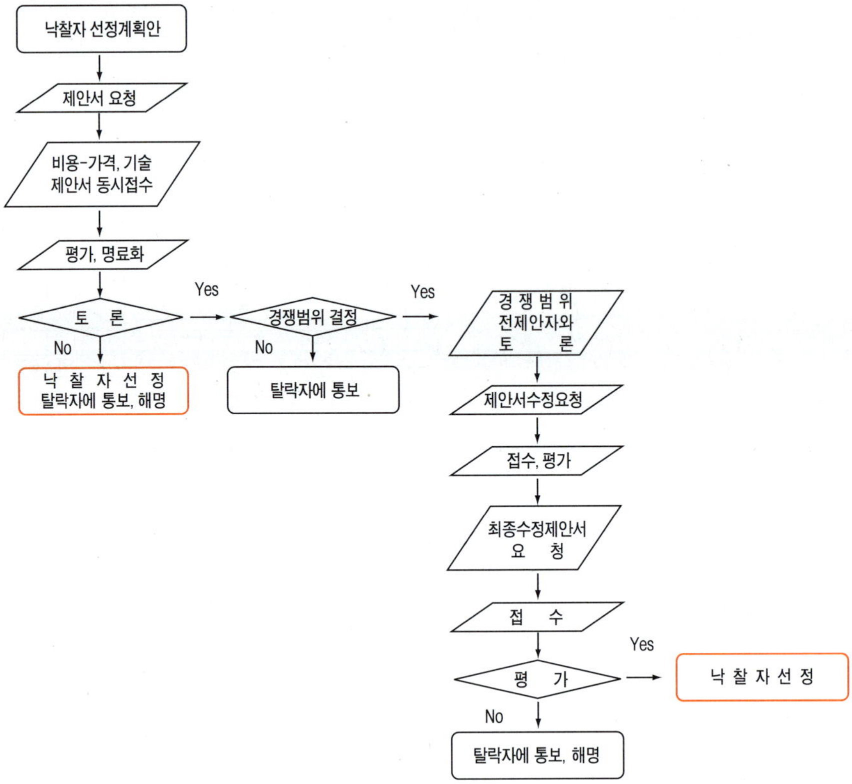

그림 3-5 가치교환 낙찰자 선정과정

(2) 일본의 공공조달 제도

일본의 공공조달은 국가와 지방자치단체에 의해 공정성과 경제성을 확보한 경쟁입찰로 하는 것이 원칙이나, 입찰담합이 빈발하여 발주제도에 대한 개선책이 강구되어 왔다. 그러나 강력한 규제법이 시행되었음에도 부정행위가 감소하고 있지 않으며, 법의 운용이 또한 철저하지 못한 점이 지적되고 있다.

일본의 입찰담합이 악질적으로 지속되는 이유는 상호생존을 위한 업체간의 관행과 담합을 막을 수 있는 방지책이 부족하고 현행의 공공조달 제도가 담합을 초래하기 쉬운 형태로 되어 있기 때문이다.

최근 일본은 공공조달에서의 입찰담합에 대한 사회적 비판이 높아져 이를 개선하고자 2001년 4월에 「공공공사의 입찰 및 계약 적정화 촉진에 관한 법률」이 시행되었다. 이는 국가와 지방자치단체가 행하는 공공공사의 입찰·계약에 대하여 투명성 확보, 공정한 경쟁촉진을 위한 것이다. 한편 공공조달에 발주관청 직원이 입찰담합에 관여하는 사례가 발생하여 2003년 1월에 「입찰담합 등 관여행위 배제 및 방지에 관한 법률」이 시행되었을 정도로 입찰담합의 문제가 심각하다.

앞서 언급한 법제의 개혁과 더불어 입찰·계약 수속에 관한 입찰 감시위원회 등의 제3자 기관의 설치, 고충처리 방책의 실시, 일반 경쟁 입찰의 확대, 입찰·계약방법의 개선, 불량·부적격업자의 배제 등이 시행되고 있다.

한편, 회계검사원에서는 전반적인 계약제도 운용상황의 분석을 통해 계약관련 사무에 대한 적정화를 검토하고 있으며, 공정거래위원회 차원의 규제·입찰·계약수속에 관한 실태조사 및 과도한 지역설정이나 분할발주로 인한 담합발생을 막으려 하고 있다. 더불어서 독점금지법 등의 강력한 법률을 운용하여 위반 행위에 대한 제재를 가하고 있다.

건전한 중소기업의 성장과 육성을 위하여 경쟁력을 확보하는 것이 필요하다. 그러나 수주기회만이 아니라 수주 자체까지도 가능하게 지나친 배려를 하는 것은 오히려 중소기업에 저해가 될 수 있으므로 주의해야 한다.

이를 위한 방법은 발주자가 경쟁참가자격으로 지역제한 요건을 설정하거나, 중앙과 지역간의 공동기업체 결성, 중소기업의 수주기회 확대를 위한 분할발주, Rank제 및 지방기업의 하청사용, 지역생산품의 이용과 같은 것들이 있다.

일본의 공공공사에서 설계는 발주자가 직접 수행하거나 위탁하고 있으며, 시공은 사업자에게 전적으로 맡기고 있다. 하지만, 대다수의 발주자는 관리·기술력이 민간사업자보다 낮아 비효율적이기 때문에 이를 민간사업자의 기술력을 활용해 공사의 성공을 제고하기 위한 제도들이 시행되고 있다.

Agency CM 방식과 At risk CM 방식으로 대표되는 건설관리사업자의 역량을 빌리는 CM 방식과 설계·시공일괄발주방식 및 적극적인 기술제안을 중요 입찰평가 항목으로 책정하는 VE 방식 등이 있다.

공공조달의 경쟁성 확보를 위해 발주자의 계약자 선정수속의 적정성을 감시하고 입찰·계약에 걸친 사업자의 고충을 적절히 처리하는 시스템의 구축이 진행되고 있다. 공정하고 중립적인 고충처리를 위해 정부조달 고충검토위원회 등이 설치되어 계약체결 또는 계약집행의 정지요청, 관계행정기관에 관한 문서의 제출 등을 요구할 수 있는 권한이 부여되고 있다.

한편, 발주자는 입찰담합을 한 사업자에 대해 지명정지를 함으로써 제재를 가하는데 악질적인 담합의 경우 전국적 지명정지를, 담합불참 서약서를 제출했음에도 위반할 경우에는 9~12개월의 지명정지 기간을 가중한다. 그리고 입찰담합에 의해 손해를 입은 국가와 지방자치단체가 사업자에 대해 손해배상을 청구하는 사례가 증가하고 있다.

3.3.3 조달청 건설사업관리 용역 발주체계의 현황

(1) 건설사업관리(CM) 발주체계

건설사업관리 발주체계는 다른 건설기술용역과 비교해 공공발주자의 자율적 판단을 존중하도록 구성되어 있다. 건설사업관리의 조달은 건설사업관리 용역의 발주여부, 기술제안서 평가 여부, 건설사업관리자 선정 방법에 대한 결정 등의 의사결정 단계를 거쳐서 이루어진다. 이 과정에서 공공발주자는 비교적 자유로운 의사결정을 내릴 수 있다.

첫 번째 의사결정 단계는 건설사업관리 용역의 발주 여부를 결정하는 것이다. 건설기술관리법 제22조의 2는 공항·철도·발전소·댐 또는 플랜트 등 대규모 복합공종(복합공종)의 건설공사, 설계·시공관리의 난이도가 높아 특별한 관리가 필요한 건설공사, 발주청의 기술인력이 부족하여 원활한 공사관리가 어려운 건설공사 등을 시행할 때 발주청이 건설공사의 효율적인 수행을 위하여 필요하다고 판단할 경우에 건설사업관리 용역을 발주할 수 있도록 규정하고 있다. 공사가 일정 규모 이상이면 발주를 의무화 한 설계감리 또는 책임감리와는 다른 형태라 할 수 있다. 이것은 공공발주자가 건설사업관리를 건설사업관리자에게 위탁하는 것이 VE·설계감리·책임감리 등의 건설기술용역을 개별적으로 조달해 시행하는 것 보다 이점이 있음을 인정할 경우 자율적으로 건설사업관리 용역을 발주할 수 있음을 의미한다.

두 번째 단계는 기술제안서의 평가 여부를 결정하는 것이다. 건설기술관리법 시행규칙 제13조 제1항은 기술제안서를 평가한 후, 건설사업관리자의 선정 여부를 결정하기 위하여 설계자문위원회 또는 지방건설기술심의위원회의 심의를 받도록 규정하고 있다. 이 경우 심의 여부는 발주청의 권한으로 되어 있다.

세 번째 단계는 건설사업관리자 선정 방법 결정이다. 건설기술관리법에서 선정 방법을 명시하고 있는 것은 기술·가격 분리입찰 뿐이다. 그러나, 국가계약법 체계에서는 적격심사에 의한 방식과 협상에 의한 계약 방식도 활용되고 있다. 또한 건설교통부의 용역적격심사 및 협상에 의한 낙찰자 결정기준도 세 가지 방법을 모두 사용할 수 있도록 규정하고 있다.

(2) 건설사업관리자 평가기준

건설사업관리자의 사업수행능력 평가는 건설사업관리자를 선정하는데 가장 중요한 부분이다. 건설사업관리자 선정 방법을 어떤 방법으로 선택하는 간에 동일한 평가기준에 따라 사업수행 능력을 평가하게 된다.

건설사업관리자의 사업수행능력 평가기준은 기술제안서의 평가 여부에 따라 다르게 적용된다. 먼저, 기술제안서를 평가하지 않는 건설사업관리 용역의 경우 사업수행능력 평가는 건설기술관리법 시행규칙 별표 6의2 제1호에 근거해 작성·고시된 건설사업관리자 사업수행능력 세부평가기준(건설교통부 고시 제2005-259호)에 따라 이루어진다. 이 기준은 참여기술자(50점), 유사용역 및 공사수행 실적(15점), 신용도(15점), 기술개발 및 투자실적(10점), 업무중첩도(10점), 가점 및 감점(4점)의 평가분야를 제시하고 있다. 이 기준은 실질적인 평가기준이 아닌 CM을 발주하는 공공발주자가 지켜야 할 가이드라인을 제시하는 성격의 기준이다. 따라서 실제 건설사업관리 용역을 발주할 발주청은 사업의 목적에 맞도록 세부평가기준을 작성해야 한다.

이 기준이 정하고 있는 평가방법의 대강은 다음과 같다. 참여기술자는 건설사업관리단장인 책임기술자와 기타참여기술자로 구분해 평가한다. 기술자의 경력평가는 설계·설계감리·시공·시험·검사·감독·감리·건설사업관리 등의 수행기간을 합산해 적용하되 당해 건설사업관리 용역과 해당분야가 다른 경력은 일정비율 반영할 수 있다. 기타 참여기술자가 여러 명인 경우에는 각각을 평가한 후 평균해 평가한다. 수행 실적의 평가는 평가하고자 하는 용역의 전문분야와 같은 분야에서 수행한 실적을 평가한다. 실적의 인정 범위는 최근 3년 이내의 건설사업관리·설계·감리 등의 용역과 공사실적이다. 그러나 대다수 발주기관이 실적 인정범위를 CM 및 감리실적만으로 한정해 운영하고 있어, 이 기준이 정한 범위와 비교해 상당히 축소 운영하고 있는 것을 볼 수 있다. 용역 및 공사수행 실적을 금액으로 평가할 경우 용역비를 공사비로 환산해 평가하도록 설정되어 있으나 환산방법은 제시되어 있지 않아 통상 평가결과 80점 이상인 자에게 입찰참가자격을 부여한다.

기술제안서를 평가하는 건설사업관리 용역의 사업수행능력 평가는 우선 건설사업관리자 사업수행능력 세부평가기준에 따라 평가한 후 발주청이 정한 기준 점수 이상자를 대상으로 기술제안서를 제출받아 평가하도록 규정되어 있다. 이때 기술제안서의 평가는 건기법 시행규칙 별표 6의2 제2호에 나타난 평가항목 및 배점기준을 사용해 평가한다. 건기법 시행규칙에 나타난 평가항목별 배점은 참여기술자 및 수행실적(30점), 과업내용 이해도(15점), 과업수행조직(15점), 과업수행 세부 계획(35점), 과업수행 지원 체계(5점)이며, 항목별 배점 범위는 각 발주자가 20% 범위에서 가감할 수 있다. 그러나 세부적인 평가방법이 건설사업관리자 사업수행능력 세부평가기준(건교부 고시-제259호)에 언급되지 않아 평가방법의 표준은 없는 실정이다. 현재 기술제안서의 평가는 각 발주기관이 자율적으로 평가위원회를 구성해 상대평가 하는 것이 일반적인 형태이다.

(3) 건설사업관리자 선정 방법

국가계약법령은 용역의 계약절차에 대해서 타 법이 업체의 평가 및 선정 방법을 규정해 놓았을 경우 그에 따르도록 규정하고 있다. 공공기관의 건설사업관리 용역 조달은 건설기술관리법 체계에 의해 건설사업관리자를 선정한 후 국가계약법 체계에 따라 계약을 체결하는 형태로 이루어진다. 현행 건설사업관리제도에서 인정되고 있는 계약체결 방식은 건설사업관리자 선정방식에 따라 세 가지로 구분된다.

첫째, 적격심사에 의한 선정방식이다. 적격심사제도는 사업수행능력 평가 이후 입찰절차를 거쳐 최저가로 입찰한 자를 대상으로 사업수행능력 점수와 가격 점수를 합산해 기준점수 이상 득점할 경우 사업자로 선정하고 계약을 체결하는 방식이다. 기본적으로 최저가격 입찰자를 사업자로 선정하는 최저가 낙찰제도의 한 형태이나 필수적인 계약이행 능력을 보유했는지 여부를 심사하는 제도이다.

둘째, 협상에 의한 계약방식이다. 협상에 의한 계약방식은 사업수행능력 점수와 가격 점수를 배점 기준에 따라 합산한 후 최고득점자를 우선협상 대상자로 선정해 기술 및 가격에 대한 협상의 절차를 거치고, 협상이 완료된 후 사업자로 선정해 계약을 체결하는 형태이다. 2005년 9월 경제정책조정회의를 거쳐 확정된 "엔지니어링 서비스 경쟁력 강화 방안"에서는 기술제안서 평가에 협상에 의한 계약방식을 확대·적용하기로 결정하고 이에 대한 법제화를 추신하기로 했다. 향후에는 협상에 의한 계약방식이 건설사업관리 사업자 선정 방법의 주종이 될 것으로 전망된다.

셋째, 기술 가격 분리 입찰방식이다. 이 방식은 용역비가 5억원 이상인 건설사업관리 용역에 대한 입찰 중에서 특별히 기술력을 중시하여 업체를 선정할 때 적용할 수 있도록 건설기술관리법 시행규칙에서 정하고 있으며, 사업수행능력 평가 결과 가장 점수가 높은 자를 우선협상 대상자로 선정해 기술 및 가격에 대한 협상 절차를 거쳐 계약을 체결한다.

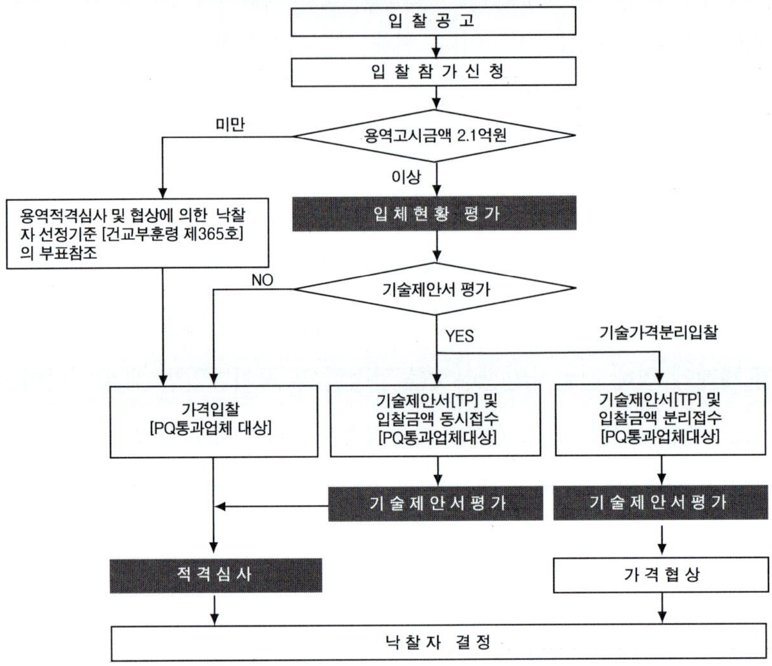

* 업체현황평가 및 기술제안서평가는 건설기술관리법시행규칙(별표 6의 2) 제1호 평가기준(본발주안내서 2.7.1 "업체현황평가기준의 작성"참조) 및 동표 제2호 평가기준(본발주안내서 2.7.2 "기술제안서평가기준의 작성"참조)에 의해 평가

그림 3-6 건설사업자 선정 절차

〈출처 : 건설사업관리 발주안내서(건설교통부)〉

(4) 건설사업관리 용역 계약방법

조달청은 건설사업관리 용역에 적용할 계약방법으로 일반경쟁입찰에 의한 적격심사 방식의 낙찰자 결정방법을 사용한다. 최근 국내 공공기관에서의 건설사업관리 용역 발주 사례를 살펴보면 최근 5년 이내에 공공부문 CM 실적을 보유한 자만 입찰에 참가할 수 있도록 하는 실적에 의한 경쟁입찰 형태가 주를 이루나, 최근에는 책임감리 실적까지도 인정해주고 있는 추세에 있다. 그러나 CM이 도입 초기인 시점에서 일부 CM 실적을 가진 업체에 한해서 입찰참가 기회를 주는 것은 제도의 활성화를 위해서 바람직하지 못하다. 오히려 입찰참가 자격으로는 업무 수행을 위해 필요한 면허 등의 자격 요건만을 갖추도록 하고, PQ 평가를 통해 계약이행 능력이 있는 자를 가려내는 것이 새로이 CM 업에 진출하고자 하는 의욕을 가진 업체들을 CM 시장으로 끌어들여 CM의 저변을 확대하는 데 도움을 줄 것이다.

조달청은 건설사업관리 용역업체의 평가기준으로 건설기술관리법 시행규칙 및 건설교통부 고시 제2005-259호에 의거해 작성된 "조달청 건설사업관리자 사업수행능력 세부평가기준"을 사용한다. 조달청의 평가 기준은 기술제안서를 평가하지 않는 용역의 평가에 적용하는 수행실적 평가와 기술제안서를 평가하는 용역의 평가에 적용하는 제안서 평가의 두 부분으로 나뉘며, 각각 다른 평가항목 및 배점 기준을 적용한다.

표 3-4 조달청 건설사업관리자 사업수행능력 세부평가기준, 2006.3.1

수행실적평가

평가항목	평가요소	배점
[가] 참여기술자	- 책임기술자	25
	- 기타참여기술자	25
[나] 유사용역 및 공사 수행실적	- 수행실적	15
[다] 신용도	- 업무정지 및 부정당 업자지정기간	7
	- 재정상태건실도	10
[라] 업무중첩도	- 책임기술자	8
[마] 기술개발 및 투자실적	- 개발실적	2
	- 투자실적	4
	- 활용실적	1.5
	- R&D사업참여실적	1
	- CM지원시스템	1.5
[바] 가점 및 감점	- 전문인력양성	2
	- 해외 건설사업관리 실적	1
	- 부실벌점	(△5)

제안서평가

평가항목	평가요소	배점
[가] 참여기술자 및 수행실적	- 참여기술자	
	- 유사용역 및 공사 수행실적	
	- 신용도	30
	- 업무중첩도	
	- 기술개발 및 투자 실적	
[나] 과업내용 이해도	- 과업수행 환경분석의 적정성	5
	- 예상문제점 및 대책의 적정성	5
	- 기술제안서 발표	5
[다] 과업수행 조직	- 조직구성의 적정성	5
	- 인원 투입 계획의 적정성	10
[라] 과업수행 세부계획	- 설계전·설계단계의 사업관리 세부계획 및 방법	12
	- 시공·시공후단계의 사업관리 세부계획 및 방법	20
	- CM지원 시스템 수행계획	3
[마] 과업수행 지원체계	- 기술자료 활용계획	2
	- 보유장비 및 소프트웨어의 종류 및 활용도	3

9) 건설교통부, 건설사업관리 발주 안내서.

추정가격이 10억원 미만인 용역은 수행실적 평가만으로 건설사업관리자를 선정하는 것을 원칙으로 하며, 10억원 이상의 용역에 대해서도 용역의 특성을 고려해 적용할 수 있다. 본래 기술제안서 평가의 적용 여부는 발주청의 판단에 따라 실시하는 것을 원칙으로 하므로, 이 기준은 조달청에 계약을 의뢰하는 수요기관에게 기술제안서 평가 적용 여부를 판단하도록 하고 있다. 수행실적 평가만을 적용할 경우 90점 이상 득점자를 입찰적격자로 선정한다.

제안서 평가는 추정가격이 10억원 이상인 용역에 적용하며, 평가는 2단계로 구성되어 있다. 1단계 평가는 수행실적 평가와 동일한 기준을 사용해 평가하며, 2단계 평가는 1단계 평가 결과 85점 이상 득점자 중 기술제안서를 제출한 자를 대상으로 평가한다. 기술제안서 평가 후 수행실적 평가 점수와 기술제안서 평가 점수를 합산하여 종합점수가 85점 이상일 경우 입찰참가 자격을 부여한다.

건설사업관리 용역의 낙찰자 결정방법으로는 적격심사를 적용한다. 적격심사의 평가항목은 당해용역 수행 능력과 가격분야로 구성되며, 당해용역 수행 능력 분야는 수행실적평가 또는 제안서평가 결과를 환산·적용한다.

표 3-5 적격심사 평가항목 및 추정가격별 배정 범위

(단위:%)

	고시금액 미만	고시금액 이상 5억원 미만	5억원 이상 10억원 미만	10억원 이상
당해용역수행능력	10	30	50	70
가 격	90	70	50	30

※고시금액 : 국제입찰대상 여부를 판단하는 기준금액으로 국가기관에서 발주하는 물품 및 용역의 경우 2억 1천만원(2005년 1월 1일부터 2006년 12월 31일까지).

적용방법은 최저가 입찰자를 대상으로 적격심사를 실시해 추정가격 30억원 이상 용역은 85점 이상, 추정가격 30억원 미만 10억원 이상인 용역은 90점 이상, 10억원 미만인 용역은 95점이상 득점할 경우 낙찰자로 선정하고 계약을 체결한다.

조달청은 현재 적격심사 방식만을 적용하고 있으며, 기술용역의 낙찰자 선정 방법으로 최근 활용이 증가하고 있는 협상에 의한 계약방식은 '07년경 도입할 계획이다.

(5) 수행실적 평가

참여기술자 평가

국내에 도입된 CM은 용역형 CM으로 참여기술자의 평가를 다른 어떤 요소보다도 중요하게 평가한다. 즉, 참여기술자에 대한 평가가 얼마 만큼 적절히 이루어졌는가가 CMr의 선정 이후 실제 용역의 수행에 있어서 그 성패를 좌우하게 될 것이다. 이미 발주된 사례를 보면 책임감리용역의 기술자 평가체계를 그대로 차용해 평가한 결과 계약 이후 당해 사업의 수행에 필요한 전문성이 부족해 PQ에 참여한 기술자를 모두 교체하는 사례가 나타나는 문제점이 드러나고 있다. 따라서 조달청에서는 프로젝트의 특성에 적합한 기술자를 선정할 수 있도록 감리용역의 평가기준과는 다른 방향의 평가기준을 사용하고 있다.

참여기술자의 평가는 기술자의 전문성을 평가하는 해당분야 경력 평가와 기술자의 일반적인 기술수준을 평가하는 직무분야 경력 평가로 구분된다. 각 분야의 평가방법은 책임기술자와 기타 참여기술자에 대해 각각 다르게 적용된다. 우선 책임기술자의 경우 해당분야 경력은 참여기술자가 당해 평가대상 공사와 유사한 공사와 관련된 경력을 어느 정도 보유하고 있는가를 평가한다. 즉, 당해 평가대상 공사와 용도 또는 사업관리에 있어서 주안점을 두어야 할 분야가 비슷한 공사에 대해 기술자가 CM, 감리, 시공, 기획 등 다양한 업무분야를 수행한 정도에 따라 차등 평가한다. 아무리 건설업의 경력이 많다 해도 평가대상 공사와 비슷한 공사에 종사하지 않은 기술자는 해당경력의 고득점이 불가능하다. 이렇게 평가함으로써 CM 경력을 보유한 기술자 수가 일천한 국내 실정에서 각 건설사업의 특성에 맞는 책임기술자를 건설과 관련된 각 업역분야(시공, 감리, 설계 등)에서 선별해낼 수 있을 것으로 본다. 기타 참여기술자의 평가는 건설사업관리 업무의 각 분야별 책임자를 평가하는데 목적을 둔다. 전문분야별 기술자이므로 담당하게 될 업무분야에 대한 경력이 바로 해당분야 경력이 될 것이다. 따라서 건축 및 토목의 두 분야에 한정해서 해당분야 경력을 평가하되 업무 성격이 동일한 경력만을 평가하게 된다. 즉, 평가대상

공사가 건축공사이며 평가대상 기술자의 담당업무 분야가 감리일 경우 건축공사에 대한 CM 경력과 감리경력만을 평가하게 된다. 이렇게 책임기술자와 기타 참여기술자의 평가방식을 달리함으로써 당해사업 분야에 대한 전문성은 물론 기술적 전문성을 동시에 고양시킬 수 있을 것이다. 기술자들은 자신의 경력관리에 있어서 선택과 집중이 반드시 요구될 것이다.

기타 참여기술자의 평가에서 특기할 만한 것은 용역의 수행에 필요한 비중 및 중요도에 따라 기타 참여기술자의 평가 비중을 달리 한다는 점인데, 가중평균에 의해 평점을 산출함으로써 용역 수행에 가장 적합한 건설사업관리단을 구성한 업체를 선정할 수 있을 것이다.

수행실적

유사용역 및 공사수행실적 분야는 참여기술자 평가 분야와 더불어 CMr 평가의 큰 축을 이루는 부분이다. 유사용역 및 공사수행실적 분야는 책임기술자의 해당분야 평가와 동일한 분야에 대한 용역 및 공사를 수행한 실적금액을 합산 평가한다. 실적 평가는 CM 실적과 기타 실적으로 구분되는데, 기타 실적은 70%의 가중치를 두어 평가한다. 상위 기준인 건설교통부의 건설사업관리자 평가기준에서는 3년간의 수행실적을 평가하도록 되어 있으나 조달청에서는 예외적으로 CM의 실적에 대해서는 5년간의 수행실적을 인정하고 있다. 실적 인정기간의 조정은 업체간의 이해관계가 첨예하게 대립되는 부분이기도 한데, 5년 이내에 준공된 실적으로 평가하게 될 경우 월드컵 경기장에 적용된 CM 실적을 고스란히 인정하게 될 가능성을 내포하고 있기에 더욱 첨예한 부분이라 할 수 있다. 그러나 2008년 이후에는 월드컵 경기장 건립에 적용된 CM 실적이 평가대상에서 제외되며, 입찰참가 자격을 공공부문 CM 실적 보유자로 제한하지 않을 방침이어서 기타 분야에 대한 실적을 많이 보유한 업체의 경우 충분히 입찰에 참여할 수 있을 것으로 보인다. 또한 최근 3년간의 실적으로 할 경우 CM 사업자 선정을 위한 평가에 있어서 실제 CM 실적의 평가 부분이 차지하는 비중이 지나치게 작아지는 문제점 또한 배제할 수가 없다.

수행실적 평가에 있어서 그 동안 타 발주기관의 발주사례와 다른 점은 시공분야 수행실적을 인정하는 것이다. 즉, 감리의 테두리를 벗어나지 못한 평가기준 탓으로 시공분야 실적이 평가에서 배제됨으로써 CM 용역에는 용역 수행능력이 있는 자는 누구나 참여할 수 있도록 문호를 개방하고자 하는 제도의 운영 취지에 어긋나는 것은 부인할 수 없다. 그러나 최근 턴키 및 대안입찰 방식, 민간투자사업 방식과 같이 시공자가 사업의 기획 후반 단계에서부터 공사의 총괄 관리에 이르는 업무를 수행하는 분야가 증가하고 있다. 이것은 시공자가 시공에만 국한한 관리능력에서 벗어나 사업 전체를 총괄할 수 있는 능력이 점차로 배양되고 있는 것을 의미한다. 따라서 용역형 CM에 시공자가 참여할 경우 상당한 수준의 CM 능력을 보여줄 것으로 기대되나 시공실적에 대한 인정방법이 큰 문제로 나타나게 된다. 건설교통부의 기준은 용역 수행실적 등을 시공금액으로 환산하여 평가하도록 하고 있으나 조달청에서는 그와 반대로 공사금액을 용역금액으로 환산하여 평가하도록 하였으며, 비율은 감리의 평균적인 대가 수준인 5%선으로 설정하였는데, 엔지니어링업체는 물론이고 시공업체까지 용역형 CM 시장에 참여할 수 있게 하여 향후 CM at Risk 방식의 도입시에 벤치마크가 될 수 있을 것으로 기대된다.

업무중첩도

건설사업관리 용역은 용역의 수행기간·수행형태·인력투입 계획 등의 측면에서 감리 등 여타 건설기술 용역과는 다소 다른 면을 갖는다. 설계이전 단계부터 건설사업관리가 적용될 경우 기획·설계감리·조달·시공감리 또는 책임감리에 이르는 다양한 업무를 복합적으로 수행해야 하기 때문에 다른 건설사업관리 용역은 건설기술 용역의 2배에 가까운 기간이 소요되게 되며 각 단계마다 전문인력이 투입되어 업무를 수행하게 된다. 감리용역에서는 계약기간 동안 기술자가 현장에 상주 배치되어 업무를 수행해야 하므로 타 현장과 중복배치는 나타날 수 없으나 CM의 경우는 다르다. 용역형 CM에 있어서 전문인력의 상주 필요성이 큰 시기는 본공사의 착공시점부터이다. 따라서 CM 용역에서 계약 이후 감리가 시작되기 전까지는 1인의 기술자가 타 용역을 겸하여 수행해도 업무 수행에 큰 차질이 빚어지지 않는 것이다. 이러한 이유로 조달청 평가기준에서는 책임기술자가 타 현장에 중복배치 되어도 그 기간이 5개월을 넘지 않는다면 입찰에 참가할 수 있도록 설정하고 있다. 타 현장에 중복배치 되었음을 판단하는 기준은 시공현장의 현장대리인, 책임감리 현장의 책임감리원으로 이미 배치되어 있는 경우를 말하며 중복 기간은 PQ 신청서 접수 마감일을 기준으로 기 배치되어 있는 현장의 계약 만료일까지의 중복기간으로 평가한다.

신용도

신용도 평가 항목은 경영상태가 안정된 조달업체의 확보 측면에서 매우 중요한 요소이다. 실례로, 시공업체의 평가시 적용하는 PQ에서는 경영상태를 가장 먼저 평가하며 기본적인 요건을 갖춘 경우 다음 단계의 평가를 진행할 수 있도록 설정되어 있다. 기술이 아무리 뛰어나다 한들 경영상태가 불안정하면 건실한 업체라 할 수 없기 때문이다.

신용도 평가는 재정상태 건실도와 신용평가 등급 중 업체가 선택한 방법에 의해 평가하며, 2006년 9월부터는 신용평가 등급에 의한 평가만을 적용한다. 재정상태 건실도는 일반적으로 재무재표 상에 나타난 자기자본비율과 유동비율이 업계의 평균에 대한 상대적 위치를 가지고 평가한다. 그러나 CM 용역은 다양한 업역에서 활동하고 있는 업체들 모두에게 문호를 개방하고 있기에 평균비율을 어느 것으로 적용할 지에 문제가 발생하게 된다. 그간의 국내 사례를 보면 전체 건설업계 평균 비율을 가지고 평가하는 것이 많았다. 그러나 전체 건설업계 평균 비율은 현재 용역형 CM의 주 참여자인 감리업계의 평균비율에 비해 매우 낮아 평가의 기준으로 활용하기에는 변별력이 너무 낮다. 이런 이유로 객관적이고 공정하게 평가할 수 있는 지표인 신용평가 등급에 의한 평가를 도입했다.

기술개발 및 투자실적

기술개발 및 투자실적은 개발실적, 투자실적, 활용실적, R&D 사업 참여실적, CM 지원시스템 등 5개 항목에 대해 평가한다. 상위기준인 건교부 기준과 다른 평가항목은 CM 지원시스템에 대한 평가항목이다. CM 지원시스템은 CM을 수행함에 있어 필수적으로 필요한 절차적 요소들에 대한 평가항목으로 LCC, VE 등 여러 가지를 평가할 수 있겠으나 구체적으로 평가가 가능한 PMIS에 대한 평가만을 도입하고 있다. CM의 수행에 있어서 정확하고 체계적인 정보관리는 각 참여주체간의 유기적인 업무협력과 신속하고 적합한 의사결정에 필수적이라 하겠다.

국내 CM 시장을 선도하고 있는 업체들은 이미 PMIS를 자체적으로 구축해 적용하고 있고, 그에 상응하는 효과를 얻고 있는 것으로 알려져 있다. 또한 서울시와 같이 다수의 건설프로젝트를 수행하고 있는 발주기관들은 자체 PMIS를 구축해 사용하고 있기도 하다. PMIS 구축실적 보유 여부를 평가하는 것은 자칫 입찰에 참가하고자 하는 업체들에게 부담으로 작용할 수도 있을 것이다. 이런 문제를 해결하기 위해 현행 조달청 기준에서는 완성된 형태의 PMIS와 더불어 적정한 수준의 PMIS 시스템을 갖추면 득점이 가능하도록 평가기준을 설정하고 있다. 즉, 비용이 크게 소요되는 In-house 방식의 PMIS와 ASP(Applecation Service Providing)[10] 방식의 PMIS 모두에 대해 다음의 몇 가지 기준을 갖추었음을 관련 협회(한국 IT 렌탈산업협회)로부터 인증을 받아 제출한 경우 평가받을 수 있게 하고 있다. 이 기준들은 CM 수행에 도움이 될 수 있는 수준의 PMIS로 인정되는 최소한의 기준이라고 할 수 있겠는데, 첫째는, 공구별 각 사업주체(발주자, CM업체, 설계사, 시공사)간 다양한 공사정보 축적 및 공유, 그리고 상호 협력체계 및 원활한 인터페이스를 할 수 있어야 한다. 즉 일정 공유 기능, 전자결재 기능, 커뮤니티 기능, 메시지 전송 기능, 실시간 자료 공유, 도면 Revision 관리 및 마크업 기능 등을 포함하면 된다. 둘째는, 보고계층 및 방문자에게 일괄적이고 체계적인 상황보고를 할 수 있어야 한다. 여기에는 사업현황, 공정현황, 공사현황/실시간영상, 업무지시/보고관리 등을 보고계층, 방문자에게 보고할 수 있는 기능(브리핑 기능 지원)을 포함해야 한다. 셋째는, 공정관리 기반의 공사 추진현황을 파악할 수 있어야 한다. 즉 공정율, 문제점에 대한 대책, 현장 공정사진의 실시간 게재 등의 요소를 갖추어야 한다. 넷째는, 공사 관련자에게 주요현안 중심으로 업무지시 및 관리감독을 실시간으로 수행할 수 있어야 한다.

PMIS에 대한 평가는 시장의 상황을 모니터링 하며 한시적으로 운영하되, CM 수행 방법이 어느 정도 일반화되고 기술수준이 향상되면 평가요소에서 제외함이 바람직하다고 본다.

10) 자체적인 PMIS 개발 및 적용이 불가능한 중·소규모의 건설업체에 적합한 PMIS를 개발한 후 임대형시스템제공(ASP)사업은 PMIS를 활용하도록 하는 방법.

가감점

가감점은 교육훈련, CM 전공 기술자, VE 우수업체, 해외건설사업관리 실적, 부실벌점의 항목으로 구성된다. 가감점 항목은 건설교통부의 기준에서 몇 항목을 삭제하는 대신 CM 전공 기술자, VE 우수업체 항목을 신설하였다.

CM 전공 기술자 항목은 평가대상 기술자가 CM 관련한 전공석사 학위 이상을 소지한 경우 일정 점수를 가산해 주는 항목이다. 국내 CM 인력은 감리 등 유사 분야의 경력을 바탕으로 CM 관련 지식을 업무 수행 중에 취득하거나, 교육을 통해 취득한 것이 주를 이룬다. CM이 건설과 관련된 하나의 직무분야가 아닌 하나의 학문체계로서 정립이 되어 있는 것은 CM 자체가 고유한 특질들을 가지고 있다는 것을 보여준다 하겠다. 따라서 국내 CM 기술의 수준을 높이기 위해서는 CM을 학문적 관점에서 체계적으로 습득한 기술자들이 참여해야 할 필요성이 높다고 할 수 있다.

CM의 설계단계 업무 중 가장 중요한 업무는 설계감리 및 설계의 경제성 검토를 통해 설계변경 요인들을 제거하고 총 사업비를 감소시키는 것이다. 적절한 VE의 적용이 건설사업의 관리에 있어서 큰 영향을 미친다는 것은 주지의 사실이다. 그러므로 설계의 경제성 검토 실적이 우수한 업체를 우대하여 평가해야 할 필요가 있다. 설계의 경제성 검토는 건설기술관리법 시행령 제38조의 13에 의해 시행되고 있으며, 100억원 이상 공사의 설계에 대해서는 VE 용역을 발주할 수 있도록 되어 있어 발주기관의 확인을 받아 제출한 3년 이내의 실적에 대해 가점을 부여하도록 하고 있다. 평가 기준은 VE 전후의 공사비를 비교해 그 절감률에 따라 차등 평가한다.

(6) 기술제안서 평가

기술제안서 평가 방법

기술제안서 평가는 전술한 바와 같이 수행실적 평가 통과자로부터 기술제안서를 제출받아, 구성된 평가위원회에서 평가하게 된다. 기술제안서 평가 항목은 건설기술관리법에서 제시한 항목을 그대로 적용하도록 설정하고 있다.

기술제안서의 평가는 각 항목별로 제출자간의 상대평가를 원칙으로 평가하는데, 기술제안서 평가의 목적이 기술력 위주의 업체를 선정하는데 있기 때문에 상대평가를 적용하는 것이 바람직할 것이다. 그러나 상대평가제도는 근소한 기술 수준의 차이가 큰 점수차로 나타날 가능성이 있다는 맹점을 가지고 있으며, 기술제안서 평가 점수가 적격심사에서 차지하는 비중이 크다는 것 또한 이러한 문제점을 증폭시킬 우려가 있다. 이를 고려하여 조달청은 상대평가에 있어서 기술력의 차이가 적절히 반영된 평가결과를 얻을 수 있도록 몇 가지 조치를 취하고 있다. 첫째, 평가항목별 평정을 지양하고 평가요소별 평정을 실시하도록 하고 있다. 즉, 평가요소별로 평정함에 따라 10여개의 항목에서 상대평가가 실시되므로 각 부분별로 업체간의 기술수준 차이를 종합한 전체적 기술수준의 차이를 잘 드러내도록 하고 있다. 둘째, 미평가 항목은 배점한도를 적용하도록 한다. 이를 테면 과업수행 세부계획 항목의 "설계 전" 및 "설계 단계" 요소의 평가는 당해 용역에 "설계 전" 및 "설계 단계" 업무가 포함되지 않을 경우 배점한도인 12점을 적용하도록 한 것이다. 셋째, 30억원 미만 용역에 대해서는 상대평가 등급별로 평정 간격을 줄여 적용하도록 하고 있다. 즉, 상대평가에서 등급 별로 10% 차등 평정을 하는 것을 원칙으로 하나 30억원 미만에 대해서는 7~8% 차등 평정을 하는 것으로 해 그 차이를 줄였다. 이것은 중소규모의 용역에서 기술제안서가 차지하는 비중을 줄여주는 효과를 주기 위한 것으로 사업자 선정에 있어서 기술력과 가격의 두 요소를 적절히 배합할 수 있도록 한 것이다. 더불어 상대평가의 경험이 축적되면 일부 항목에 대해 객관적인 평가를 도입해 기술제안서 평가의 내실을 기할 필요가 있다고 본다.

기술제안서 평가위원회 구성 방법

기술제안서의 평가는 학계, 관계의 전문가로 구성된 평가위원회에서 평가하게 된다. 평가위원회의 구성원은 용역 규모에 따라 달리하며, 10인 내외로 구성한다. 이 중 당해 건설사업관리 용역의 업무 범위에 따라 각 세부분야별 평가위원의 수는 달리 결정된다. 대략 건설사업관리 분야의 평가위원 절반과 각 세부 전문분야별 평가위원을 절반으로 구성하고 이 중 세부 전문분야별 평가위원은 참여기술자 중 기타 참여기술자의 평가시 적용할 가중치를 반영해 선정하게 된다.

3.4 결 언

미국, 영국 및 일본 등 선진국의 경우 다양한 조달제도를 운영하고 있다. 또한 조달제도의 발전을 위해서 최대가치를 추구하는 방향을 채택해가고 있다. 그러나 우리나라의 경우 설계·시공분리발주방식(Design-Bid-Build), 설계·시공일괄발주방식(Design-Bid), 대안입찰방식만이 적용되고 있다. 특히 전례적인 발주방식인 설계·시공분리발주방식이 정부발주공상의 80% 이상을 차지하고 있어 발주자의 선택을 제한하고 있다.

2006년부터 조달청에서 발주를 담당하는 정부공사의 CM 용역의 경우 관련법에서는 1) 적격심사에 의한 선정방식, 2) 협상에 의한 방식, 3) 기술가격분리입찰방식을 규정하고 있으나 대부분 적격심사에 의한 방식으로 업체를 선정하고 있다. 더욱이 협상방식을 선정하는 일부 CM 용역의 경우 기술제안서의 변별력 부족, 심사방식, 심의위원 등 선정방식의 문제점이 지속적으로 제기되고 있어 이에 대한 개선이 필요하다고 하겠다.

그러나 선진국의 경우 설계, 엔지니어링, CM 등 용역의 중요성을 인식하고, 시공자선정 방식보다 세밀한 선정방식을 운영하고 있다. 특히, 글로벌 스탠더드라고 할 수 있는 WB(World Bank), FIDIC(International Federation of Consultant Engineers), ADB(Asian Development Bank) 등의 국제기구가 제시하고 있는 컨설턴트 선정방식은 QBS[11], QCBS[12], 최저가 낙찰방식, 고정된 예산 하의 선택 방식, 수의계약방식 등 다양한 방식을 적용하고 있으며, 과업의 규모와 특징에 따라 가격협상방식, 현상공모방식, 상업적 관행, 현상 공모, 프레임워크 선택 방식 등 컨설턴트 선정방식에 대한 다양한 방법론을 제시하고 있다.

따라서 국내 설계, 엔지니어링 및 CM의 발전을 위해서는 관련법에서 규정하고 있는 선정방식의 활용은 물론 글로벌 스탠다드라고 할 수 있는 다양한 선정방식이 적용될 수 있도록 해야 할 것이다.

---

11) QCBS(Quality & Cost Based Selection):서비스의 비용과 제안서의 품질에 기반한 선택 방식.

12) QBS(Quality Based Selection):제안서의 품질의 평가와 금융 제안서의 협상 내용 그리고 기술 제안서에서 가장 높은 점수를 얻은 컨설턴트와의 계약 내용을 기반으로 컨설턴트를 선택하는 방법.

4

건설사업관리 발주제도의 개선방안

인천대학교 교수 이찬식

4.1 서 언

건설산업은 제도산업이라는 말이 있다. 즉, 건설산업은 제도에 의하여 움직이고 있으며, 제도를 개선하지 않고는 개선도, 활성화도 어렵다는 말이다. 하지만 지난 10년 동안 정부에 의해서 추진된 CM 관련 법과 제도는 창의적이고, 혁신적인 CM을 활성화시키기에는 매우 미흡하였다고 할 수 있다. 특히 업역을 고수하고, 기존의 관행을 유지하기 위한 정부, 단체, 기관들의 주장에 따른 법과 제도의 왜곡현상은 CM 제도의 장점을 크게 훼손시키고 있다.

국내 CM 시장 및 관리기술의 발전을 위해서는 개선해야 할 많은 법과 제도들이 있다. 대표적인 제도로는 파편화된 업역제도, 면허제도, 조달제도, 예산제도 등 다양하다고 하겠다. 본 장에서는 건설산업의 종류 및 건설업자의 영업범위를 제한하는 건설산업기본법, 공사의 분할계약을 금지하는 국가계약법, 면허의 중복 보유를 요구하는 건설기술관리법의 문제점과 개선방안에 대하여 분석, 제시하고자 한다. 또한 CM의 활성화를 위한 조달체계의 개방방안과 중장기적 개선방안을 제시하여 국내 CM 제도의 활성화와 사업관리기술의 발전을 도모하고자 한다.

4.2 건설사업관리제도와 조달체계의 문제점

4.2.1 제도 및 정책적 측면

업역구조

건설산업기본법 제8조(건설업의 종류)[1]에 따르면 우리나라의 건설업을 일반건설업 및 전문건설업으로 크게 구분하고 있으며, 동법 제12조(건설업자의 겸업제한)[2]에 의하면 일반건설업에 등록을 할 경우 특별한 경우를 제외하고는 전문건설업에 등록할 수 없도록

1) 건설업은 일반건설업 및 전문건설업으로 구분하되, 다른 법률의 규정에 의하여 등록 등을 하여야 하는 건설업은 당해 법률에 특별한 규정이 있는 경우를 제외하고는 일반건설업 또는 전문건설업으로 구분하지 아니한다.〈개정 1999.4.15〉

2) 제9조 제1항의 규정에 의하여 일반건설업의 등록을 한 자(이하 "일반건설업자"라 한다)는 대통령령이 정하는 경우를 제외하고는 전문건설업의 등록을 할 수 없다.〈개정 1999.4.15〉

규정하였다.

더욱이 동법 제16조(건설업자의 영업범위)[3]에서는 일반건설업자와 전문건설업자의 업무범위를 명확히 구분하여 상호 경쟁을 피할 수 있도록 규정하고 있다. 이는 시공부문의 경우 중소업체인 전문건설업자를 거대 조직인 일반건설업체와 분리함으로써 중소기업을 보호·육성하기 위한 조치였으나, 결과적으로 원도급자와 하도급자라는 상하관계로 고착되어 오히려 전문건설업체의 독자적인 발전을 저해하고 있으며, 일반건설업자를 배제하고, 여러 개의 전문건설업자에게 분할발주하여 CM이 관리를 담당하는 미국식 CM for Fee의 적용을 어렵게 하고 있다.

또한, 국가계약법 시행령 제68조(공사의 분할계약금지)[4]에서는 "동일 구조물공사 및 단일공사로서 설계서 등에 의하여 전체 사업내용이 확정된 공사는 이를 시기적으로 분할하거나 공사량을 분할하여 계약할 수 없다."고 규정하여 전문건설업자를 대상으로 한 공사의 직발주와 CM의 가장 큰 장점인 설계·시공병행방식(Fast-Track)의 적용을 불가능하게 만들어 건설사업의 효율성을 저하시키고 있으며, CM의 적용 및 활성화에 장애가 되고 있다.

3) 일반건설업자는 전문건설업자가 시공할 수 있는 건설공사(이하 "전문공사"라 한다)만을 도급받아서는 아니 된다. 다만, 일반건설업자가 이미 도급받아 시공하였거나 시공중인 건설공사의 부대공사로서 성질상 전문공사에 해당하는 공사를 그 일반건설업자가 도급받는 경우에는 그러하지 아니하다. 〈개정 1999.4.15〉

4) 각 중앙관서의 장 또는 계약담당공무원은 재정경제부장관이 정하는 동일 구조물공사 및 단일공사로서 설계서 등에 의하여 전체 사업내용이 확정된 공사는 이를 시기적으로 분할하거나 공사량을 분할하여 계약할 수 없다.〈개정 1996.12.31, 1999.9.9, 2002.7.30〉

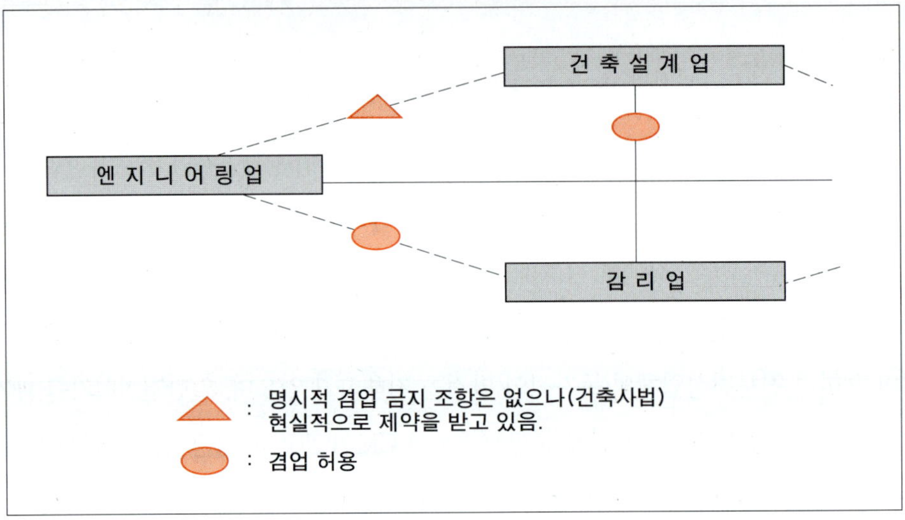

그림 4-1 건설업의 업역별 겸업 제한[5)]

설계와 시공의 분리 또한 CM 적용에 장애가 되고 있다. 우리나라의 건축사법 제4조(설계 또는 공사감리 등) 제1항[6)]에서는 건축물의 설계를 건축사가 아니면 할 수 없도록 규정하였으며, 건축법 제19조(건축물의 설계)에서도 "대통령령이 정하는 지역·용도·규모 및 구조의 건축물의 건축 등을 위한 설계는 건축사가 아니면 이를 할 수 없다."고 규정하여 건축사의 기득권을 인정하고 있다.

설계·시공의 분리는 전통적인 공사발주 방식인 설계·시공의 분리발주 방식에서 기인되었으며, 설계와 시공의 단절로 인하여 건설 사업수행에 많은 문제점을 발생시키고 있다. 건설업체 또는 용역업체의 경우는 건축사를 두고도 설계를 하지 못하는 기현상이 나타나고 있다.

이러한 세분화된 업역과 설계·시공의 분리는 선진국에서 다양하게 활용되고 있는 CM의 국내 적용을 매우 제한하고 있다. 따라서 미국의 경우 CM에 종사하는 업체는 설계업체, 건설업체, EC 업체, 순수 CM 업체 등 다양한 반면 국내의 경우는 도입되는 CM 제도에 따라 일부 건설관련 업체들이 반대의사를 표명하고 있는 실정이다.

---

5) 우성권 외, 건설사업관리(CM)제도의 현황과 발전방안, 한국건설산업연구원, 2002.2.
6) 건축법 제19조 제1항의 규정에 의한 건축물의 건축 등을 위한 설계는 건축사가 아니면 이를 할 수 없다.

따라서 현재의 업역 제도를 개선하지 않을 경우, CM 적용에 따른 제약 때문에 CM의 활성화에 많은 어려움이 예상된다. 즉 이러한 제도 하에서는 CM이 전문건설업자에 직발주하는 'CM with Multi Prime', 공기단축을 위한 'CM with Phased Construction', CM이 시공업무까지 책임을 지는 'CM Bonds the Project' 및 건설업면허를 보유하지 않은 CM 업체의 CM at Risk(위험부담형) 수행에 문제점이 발생하게 된다.

CM의 도입 및 활성화는 단순한 선진제도의 도입 및 적용이 아니라 후진적인 국내의 건설 법규 및 제도를 국제적인 기준(Global Standard)에 맞추려는 노력 없이는 달성할 수 없으며, 그만큼 CM 정착이 국내 건설시장에 미치는 영향도 크다고 할 수 있다.

면허조건

미국 CM 협회의 CM에 대한 정의에 따르면 "CM은 건설사업의 시작부터 완료까지 시간·비용·범위·품질을 관리할 목적으로 적용되는 전문적인 관리 방법"이라고 정의하고 있다.

따라서 건설 사업 전부문에 걸친 다양한 CM 서비스와 다양한 계약형태의 업무를 수행하기 위해서는 건설사업의 기획, 타당성조사, 설계, 시공 및 시운전에 이르는 모든 단계의 업무를 수행할 수 있는 전문적인 능력을 보유하고 있어야 하며, 토목, 건축, 기계, 전기 및 소방 등 다양한 직종의 전문가들이 상호협조 하에 업무를 수행할 수 있도록 해야 한다.

개성된 건설기술관리법 제22조의 5(건설사업관리와 다른 용역과의 관계)에 따르면 '건설사업관리를 적용하는 건설공사가 설계감리 또는 책임감리 대상 공사인 경우에는 당해 건설사업관리의 업무범위에 설계감리 또는 책임감리업무를 포함하여 시행하여야 한다.' 고 규정하고 있다.

그러나 본 조항에 언급된 건설공사는 건설산업기본법 제2조(정의) 4항[7]에 의거 전기공사, 정보통신공사, 소방설비공사, 문화재수리공사 등은 포함되어 있지 않으며, 이는 타법인 전기공사업법, 정보통신공사업법, 소방법, 문화재보호법에 의한 별도의 신고와 별도의 관리를 받는 비효율적인 구조로 되어 있다.

또한, 국내 건설시장에서 설계, 감리를 수행하기 위해서는 건설기술관리법에 의한 감리전문회사 등록, 엔지니어링기술진흥법에 의한 엔지니어링 주체 신고, 건축사법에 의한 건축설계 업무를 신고해야 한다. 더욱이 CM at Risk의 수행을 위해서는 건설산업기본법에 의한 일반건설업 등록을 해야 미국의 CM 전문업체, EC와 같은 CM 업무를 수행할 수 있도록 되어 있다.

이러한 불합리한 법적 구조는 하나의 시스템인 건축물의 설계, 시공, 유지관리와 토목, 건축, 기계, 전기 등의 업무가 아래 표 4-1과 같이 정부부처의 편의에 따라 상이한 법에 의하여 서로 다른 신고를 필요로 하고, 서로 다른 규제를 받고 있어 건설산업의 종합화는 물론 CM의 정착에 장애가 되고 있다.

표 4-1 건설관련 법령 및 주관 부처[8]

구 분	주요내용	관련 법률	주무부처
설계 · 엔지니어링	계 약	국가를당사자로하는계약에관한법률 건설기술관리법	재정경제부 건설교통부
	설계 및 엔지니어링	건축사법 건설기술관리법 엔지니어링기술진흥법 환경관련 5개 법률(방지시설 설계) 소방법(소방시설설계)	건설교통부 건설교통부 과학기술부 환 경 부 행정자치부

7) "건설공사"라 함은 토목공사·건축공사·산업설비공사·조경공사 및 환경시설공사 등 시설물을 설치·유지·보수하는 공사(시설물을 설치하기 위한 부지조성공사를 포함한다), 기계설비 기타 구조물의 설치 및 해체공사 등을 말한다. 다만, 다음 각목의 1에 해당하는 공사를 포함하지 아니한다.
가. 전기공사업법에 의한 전기공사
나. 정보통신공사업법에 의한 정보통신공사
다. 소방시설공사업법에 따른 소방시설공사
라. 문화재보호법에 의한 문화재수리공사

8) 김재영, 건설사업관리의 효율적 운용을 위한 제도정립 방안 모색, 국토연구원, 2001.11.

설계·엔지니어링	설계감리계약	국가를당사자로하는계약에관한법률 건설기술관리법	재정경제부 건설교통부
	설계감리	건축법 건축사법 건설기술관리법 환경관련 5개 법령(방지시설설계)	건설교통부 건설교통부 건설교통부 환 경 부
시공·시공관리·감리	건설계약	국가를당사자로하는계약에관한법률	재정경제부
	건설시공	건설산업기본법 환경관련 5개법령(방지시설시공)	건설교통부 환 경 부
	전기계약	국가를당사자로하는계약에관한법률	재정경제부
	전기시공	전기공사업법	산업자원부
	전기통신계약	국가를당사자로하는계약에관한법률	재정경제부
	전기통신시공	전기통신공사업법	정보통신부
	소방계약	국가를당사자로하는계약에관한법률	재정경제부
	소방시공	소방법	행정자치부
	감리계약	국가를당사자로하는계약에관한법률 건설기술관리법	재정경제부 건설교통부
	감 리	건설기술관리법 환경관련 5개 법령(방지시설 감리) 소방법	건설교통부 환 경 부 행정자치부
유지관리	유지관리계약	국가를당사자로하는계약에관한법률	재정경제부
	유지관리	건설산업기본법 시설물안전관리에관한특별법	건설교통부 건설교통부

계약제도

공기단축과 원가절감은 안전 및 품질과 함께 건설사업관리에 가장 중요한 요소로 간주되고 있다. 그러나 우리나라의 경우 후진적인 법과 정부의 행정 편의적인 발상으로 가장 중요한 요소가 무시되는 기현상이 일반화되고 있는 실정이다.

우리나라의 국가계약법 제21조(장기계속계약)[9]에는 "그 성질상 수 년간 계속하여 존

9) 각 중앙관서의 장 또는 계약담당공무원은 임차·운송·보관·전기·가스·수도의 공급 기타 그 성질상 수 년간 계속하여 존속할 필요가 있거나 이행에 수 년을 요하는 계약에 있어서는 대통령령이 정하는 바에 의하여 장기계속계약을 체결할 수 있다. 이 경우에는 각 회계년도 예산의 범위 안에서 당해 계약을 이행하게 하여야 한다.

속할 필요가 있거나 이행에 수 년을 요하는 계약에 있어서는 대통령령이 정하는 바에 의하여 장기계속계약을 체결할 수 있으며, 이 경우 각 회계년도 예산의 범위 안에서 당해 계약을 이행하게 하여야 한다." 고 규정하고 있다.

또한, 동법 시행령 제69조(장기계속계약 및 계속비계약) 제2항[10]에 의하면 건설사업을 담당하는 건설업체의 경우는 당해 연도의 예산만 소화시키면 되므로 정책상 충분한 예산이 배정된 경우를 제외하고는 공기단축을 위하여 노력할 이유가 없는 것이다.

따라서 1년이면 완공할 공사를 3~5년에 걸쳐 수행하게 되고, 공사기간이 길어지면서 당연히 물가변동으로 인한 계약금액의 조정이 이루어지게 되어 다른 설계변경이 없더라도 공사금액은 증가하게 되며, 이런 책임은 모두 건설인이 떠맡게 되어 건설산업의 이미지를 실추시키게 된다.

더욱이 건설사업의 공기가 예산에 의해 조정되어 현장에 업무는 없으나, 지속적인 직원의 상주를 요구하는 발주자의 관행은 건설업체에 경제적 부담이 되고 있으며, 공기의 부담을 느끼지 않는 건설사업 참여자들은 공기단축 및 공사비 절감을 위한 신공법의적용 및 개발을 소홀히 하고 있어 도입된 지 30여년이 넘는 CPM 기법에 의한 공정관리가 아직도 무용지물인 현실에 이르게 되었다.

발주방식 및 입찰·계약방식의 적용이 제대로의 성과를 나타내기 위해서는 이와 관련된 제도적 여건이 형성되어 있어야 한다. 예를 들어, 공기단축 효과를 거둘 수 있는 공기단축형 계약방식과 설계·시공병행방식(Fast-Track)을 허용하는 설계·시공일괄방식 등은 현행 대부분의 정부 발주공사에 적용이 되는 장기계속계약제도에 의해 제약을 받을 수밖에 없다.

---

10) 장기계속 공사는 낙찰 등에 의하여 결정된 총공사금액을 부기하고 당해 연도의 예산의 범위 안에서 제1차 공사를 이행하도록 계약을 체결하여야 한다. 이 경우 제2차 공사 이후의 계약은 부기된 총공사금액(제64조 내지 제66조의 규정에 의한 계약금액의 조정이 있는 경우에는 조정된 총공사금액을 말한다)에서 이미 계약된 금액을 공제한 금액의 범위 안에서 계약을 체결할 것을 부관으로 약정하여야 한다.

즉, 현재의 장기계속계약 방식은 연차별 착공 및 준공의 절차를 거쳐 해당 연도의 예산 범위 내에서만 공사를 수행할 수 있으므로 공기단축의 효과를 거둘 수 없으며 사후평가 또한 미흡해진다는 문제가 있다. 해당 공사에 대한 사후평가가 제대로 이루어지지 못한다는 것은 유사한 차기 공사의 수행에 이전 공사의 문제를 사전에 관리할 수 없어 실질적인 비용절감 효과를 거두기 어렵다.

CM의 가장 큰 장점 중 하나가 설계·시공병행방식의 적용을 통한 공기단축이며, 이는 민간 및 공공공사에서 적용되어 많은 효과를 거두고 있다. 한 예로 공기에 대한 압박으로 CM을 도입했던 월드컵 주경기장 공사의 경우 관계기관의 지원 및 CM 사의 노력으로 설계·시공병행방식을 적용하여 당초 준공일보다 4개월의 공기단축을 하였다. 따라서 공공부문의 CM 활성화를 위해서는 CM의 효율성을 저하시키며, 전문적인 관리기법의 적용을 불가능하게 하는 후진적인 법의 개정이 우선되어야 한다.

관련제도의 중복성[11)]

건설기술관리법 제22조의 5(건설사업관리와 다른 용역과의 관계)에 따르면 건설사업관리 업무는 설계감리와 공사감리를 포함되어 있으나, 감리제도상에서 설계감리는 설계업체가 수행, 공사감리는 전문감리업체가 수행하고 있는 실정이다. CM 용역의 업무범위에 책임감리 업무가 포함될 경우 감리전문회사 참여가 필수이다.

또한, 현재 CMr[12)]의 업무수행 방법에 대해서 건설산업기본법 제26조(건설사업관리자의 업무수행 등) 제2항에서는 '발주자로부터 건설사업관리를 위탁받아 수행하는 자가 수행하는 건설사업관리 업무의 내용이 동 법 또는 관계법령에 의하여 신고·등록 등을 하여야 하는 경우에는 당해 법령에 의한 신고·등록 등을 한 후가 아니면 이를 수행할 수 없다' 라고 규정하고 있다.

11) CM 협회 내부자료, 2006.2.
12) CMr은 Construction Manager의 약자로 본 장에서는 CM을 수행하는 업체 또는 CM 단장을 포함한 CM 인력을 지칭함.

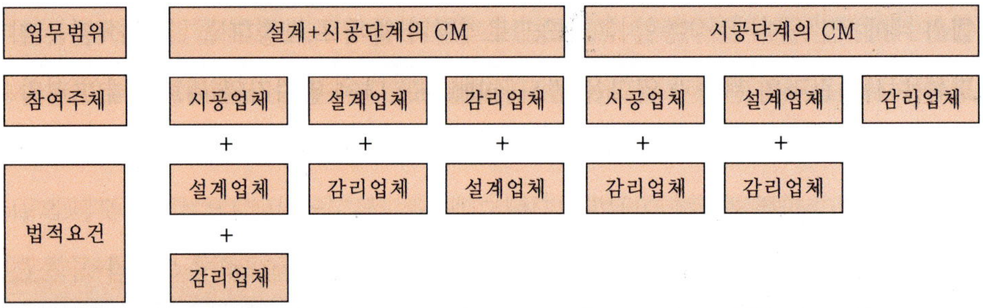

그림 4-2 현 제도 하의 CM 업무 범위 및 참여업체별 CM 조직 구성 요건

이를 보면, 현재 CM 업무는 설계·엔지니어링업체 및 감리전문회사, 시공회사 모두 CM 용역을 수행할 수 있도록 규정되어 있으나, CM 업무의 특성상 감리업체는 반드시 참여하게 되어 있고 설계회사나 시공회사에서 CM 사업에 참여하고자 하는 경우에도 설계업체나 감리업체와 공동으로 참여해야만 가능한 실정이다.

국내 CM 제도는 용역수행 시 책임감리를 포함하게 되어 있어 그 업역규모가 책임감리보다 크지만, 대가수준은 책임감리대가의 85~110.6%의 수준이며, 시공단계에 국한하여 비교하면 책임감리대가의 76~94%의 수준이 되는 등 모순이 있다.

하지만, 이 두 제도의 가장 대표적인 문제점은 감리와 CM에 대한 정의의 위계와 이들이 차지하는 시장 규모의 불균형에서 온다고 볼 수 있다. 즉, 정의의 위계상 CM이 감리보다 상위의 개념에 위치하며 그로 인해 감리보다 CM이 많은 업역을 담당하고 있으나 실질적 시장점유는 감리시장이 CM 시장보다 훨씬 크게 형성되고 있는 것이 현실이다. 다시 말하면, CM과 감리의 업역 위계와 시장 형성의 규모가 상반되게 작용하여 문제가 야기되고 있는 실정이다.

형식적인 CM 관련법의 제정

CM 방식은 아직 제도화 과정에 있으므로 이의 확대·적용에는 많은 시간이 소요될 것으로 보인다. CM 제도의 시행은 발주자의 발주능력 보완 차원과 발주방식의 다양화 차원에서 접근이 가능하지만 아직도 CM 제도의 시행을 위한 제도의 정비는 이루어지지 못하고 있다.

현행 CM 관련 규정이 국가계약법·건설산업기본관리법 등 개별법에 분산 규정하고 있어 제도운영이 비효율적이며, 민간부문의 공동주택 및 일반 건축물의 건설사업에서는 CM 적용 근거 규정이 부재하여 활용이 저조한 실정이다.

정부는 CM의 도입을 위하여 건설산업기본과 건설기술관리법의 개정을 추진하였으나, 이러한 법 개정만으로 CM의 활성화를 기대하기는 매우 어려운 실정이며, 그나마 도입된 CM 관련 규정도 형식적이라는 비판이 일고 있다.

이러한 비판의 근거는 건설업의 업역 제도를 기본으로 하는 제도의 도입으로 'CM with Multi Prime(다중시공기반형)' 이 아닌 CM의 가장 초기 형태인 'CM with General Contracting(원도급기반형)' 의 제도만이 도입되어 CM의 장점이라 할 수 있는 분할발주에 의한 설계·시공병행방식(Fast-Track)의 적용에 어려움이 있다.

건설산업의 구조적인 문제인 중층 및 다층구조의 해결이 불가능하여 CM 적용의 효과를 반감시키고 있으며, CM 업체가 시공에 대한 책임을 지는 형태인 CM at Risk는 언급되지 않고 있다.

CM 대가산성 기순은 시공단계의 경우 예산편성 기준의 책임감리대가 요율을 적용하고, 기본설계 및 실시설계단계의 요율은 실적을 근거로 작성되었다. 또한 감리와 차별화를 위한 비용으로 +α를 규정하여 공사비 100억원의 건설사업을 기준으로 할 경우 CM Fee는 약 6.6%로 수치상으로는 외국의 경우에 비하여 높은 것으로 나타나고 있다.

그러나 CM 업체의 선정방식을 1) 협상에 의한 방식, 2) 기술·가격분리방식, 3) 적격심사에 의한 방식으로 규정하고 있으며, 심사기준 또한 발주자의 재량을 인정하고 있어 정부의 업무수행 관행 및 경직된 감사제도를 감안할 경우 공정성에 치우친 업체선정방식의 적용으로 제시된 대가산정 기준이 왜곡될 가능성을 배제할 수 없는 상황이다.

더욱 큰 문제점은 CM을 단순히 독립된 제도로만 인식하여 CM에 영향을 미치는 기존의 경직된 법·제도를 유지하는 한도 내에서 제도의 도입이 추진되고 있어 과거에 성급히 도입되어 실패한 수많은 제도와 유사하게 진행될 우려가 있다.

4.2.2 수요자 및 발주자 측면

수요자들의 CM 제도에 대한 인지도가 낮다는 것이다. 국내의 경우 선진 외국과 달리 일반인은 CM 제도가 있다는 것을 모르거나 CM 제도가 건설사업에서 효율성이 있다는 것에 대한 인지도가 낮은 실정이다. 이는 CM이 도입된 역사가 짧다는 것에도 기인하지만 정부, CM 관련단체, 언론, 공급자 등이 CM을 일반인에게 홍보하는데 소홀한데서 나타나는 결과라 할 수 있다.

또한, 시공 전 단계의 중요성에 대한 인식 부족에도 기인하다. 건설사업의 성패는 시공 전 단계에서 70~90% 결정된다고 알려지고 있다. 그러나 수요자인 일반인들은 이러한 사실을 자세히 모르고 있으며, 특히 설계의 중요성에 대한 인식이 부족하다.

따라서 CM의 주요 업무인 시공 이전단계의 설계관리에 있다고 할 때, 이러한 활동을 통하여 원가나 공기를 절약하고 건설사업의 효율성을 확실히 개선할 수 있다는 사실을 민간 발주자들이 이해할 수 있도록 하는 노력이 필요하다.

건설사업의 성패는 발주자의 역량에 비례한다. 발주기관의 조직 및 개인적 전문성의 확보는 발주자가 스스로 발주제도를 공사의 특성 및 요구조건에 맞게 운용할 수 있는 기반이 되는 것이다. 하지만, 새로운 발주제도 도입 및 적용과 종전의 발주제도의 정착에는 발주자의 발주능력이 중요하지만, 이러한 발주능력은 그 동안 법, 제도적 규제의 틀 속에서 제약을 받아 새로운 제도 도입이 필요하며 발주제도가 다양화 되더라도 이를 운용할 수 있는 발주기관의 능력이 없다면 소용이 없을 것이다.

이와 같은 발주능력의 수준 미흡에 대한 보완의 필요성이 높은 이유는 발주자 자체의 능력을 요구하지 않으면서 집행이 가능하게 하는 현행 제도적 운영방식이 크게 작용하고 있다.

앞서 언급하였듯이, 중앙집중조달 방식의 적용으로 발주기관의 전문성이나 재량권 결여, 공사결과물의 특성이나 사업의 특성을 고려하지 않는 획일적인 정부의 조달 규정, 발주업무의 능률성에 치중한 제도 운영, 발주 담당공무원의 창의성을 제약하는 감사제도 및 생산자 중심의 건설거래시스템 등에 기인한다.

발주자의 발주능력 부족은 CM 기능의 저하, 공급자의 기술개발과 관리능력 저하, 전문성이나 기술향상 저하에 따른 경쟁력 약화, 능력 있는 건설업자의 선별능력의 약화, 발주제도 운영상의 문제를 발주능력의 강화로 해결하려는 노력보다는 제도적 개선을 통해 해결하는 과정에서 비효율적인 제도를 양산할 가능성이 크다. 아울러 이와 같은 발주능력의 부족은 발주기관의 자율성을 제약하고 다양한 발주제도의 적용과 활용을 제약하는 요인으로 작용한다.

발주기관의 재량권이 미흡하다는 것도 발주기관이 공사발주에 책임을 지고 효율적인 사업수행을 제약한다. 재량권이 미흡하다는 것은 그 만큼 법, 제도적 규제가 강하다는 것을 의미하며, 공정성, 투명성의 확보를 위해 과도하게 발주기관의 판단을 제약한다. 발주기관의 재량 및 자율성은 공사의 특성에 맞는 발주제도의 선정과 운영으로 공사의 효율성을 확보하는 방향으로 발주능력을 발휘할 수 있는 중요한 수단이 된다.

지나치게 획일화 및 의무화되어 있는 법적 규제가 발주자의 자율적 판단을 차단하고 발주자는 단순히 기계적으로 규정과 절차에 따라 집행만 하면 되도록 유도하고 있다. 이러한 상황에서 발주제도의 다양화를 통한 공사의 효율성을 기할 수 없는 것이다.

공공 발주자가 CM 방식의 발주체계를 거부하는 이유로, CM 기대효과에 대한 확신이 미흡한 것에도 기인한다. CM 발주방식을 활용하게 될 많은 공공 발주기관에서 CM의 실질적인 기대효과에 대한 확신이 높지 않다는 것이며, 신규제도 및 변화에 대한 비친숙감 및 거부감이 높다는 것이다.

또한, CM 조달방식 하에서 발주자가 어떠한 지식 및 기술능력을 갖추어야 하며 기존의 조달방식에서와는 다른 어떠한 역할을 수행해야 되는지에 대한 인식이 미흡하고, CM이라는 새로운 조달방식을 운영하기 위한 노하우 및 시스템이 취약하다할 수 있다.

이는 공공 발주기관이 새로운 제도를 수용하고 운영할 수 있는 인력, 조직, 시스템을 구축할 수 있는 시간적 여유가 충분하지 않은 상태에서 CM이라는 신규제도가 도입됨에 따라 나타나는 결과라 할 수 있다.

일반적으로 발주자들이 건설사업을 완수하기 위하여 수행하는 업무 범위가 대단히 넓은 편이나, 건설사업이 점차 복잡·대형화되고 사업 참여주체들이 분화됨에 따라 발주자들은 이를 수행하기에는 조직과 인력, 능력 면에서 충분하게 발전하지 못하였다. 또한, CM 발주방식 도입에 따른 발주자 역할 축소에 대한 우려에 따라, CM 방식을 적극적으로 활용하려는 동기가 부족한 것도 요인이 된다.

아울러, CM 능력이 시장 내에서 성숙하다고 전제할 경우, 발주자가 어떠한 서비스를 구매할 것인가는 발주자 스스로 어떠한 수요가 필요하며 어떠한 부문이 취약한지 또한 어떠한 부문을 더욱 향상시킬 수 있는가에 대한 진단과 발굴을 필요로 하지만 발주자의 CM 서비스 수요부문에 대한 발굴이 미흡한 실정이다.

시범사업의 발주 지연도 CM 사업의 활성화를 저해하는 요소 중에 하나다. 정부는 '97년 건설산업의 국제경쟁력 제고와 경영혁신을 통한 체질개선의 핵심이 되는 건설기술력을 2002년까지 세계 15위권으로 끌어올리기 위한 「제2차 건설기술진흥기본계획」을 확정 발표하면서 CM의 활성화를 위하여 2002년까지 정부투자기관에서 발주하는 대형건설공사의 10% 정도를 CM으로 발주하겠다고 발표하였다.

그러나 2000년 2월에 발표된 「제2차 건설기술진흥 기본계획 수정 계획」에 따르면 건설기술관리법을 개정하여 공공공사 CM 제도의 도입 근거를 마련하고, CM 기술력 제고를 위하여 대형 사업에 국한하여 CM 발주방식을 시범 적용하는 것으로 후퇴하였다. 즉, 정부의 제도 도입에 대한 의지부족으로 당초 2002년까지 대형건설공사의 10%를 CM으로 발주한다는 계획은 이미 무산되었으며, 2000년 수정된 계획안에 의거 대형 사업을 대상으로 시범사업을 발주한다는 계획 또한 크게 진척되지 않고 있는 실정이다.

이렇게 CM이 활성화 되지 못하는 이유를 건설교통부 및 공공기관은 제도의 미비 때문이라고 주장하고 있는 반면, 업계에서는 발주기관의 CM에 대한 전문성 부재와 CM의 적용을 발주자의 권한 이양에 따른 기득권 상실로 인식하는 그릇된 이해에서 비롯된 CM 도입의 기피에서 기인되었다고 주장하고 있다.[13]

그러나 이미 건설기술관리법에 법, 시행령, 시행규칙 및 지침서 등 하위 법령까지 마련되고, 건설산업기본법과 국가계약법에도 CM 관련 규정이 도입되었다. 따라서 더 이상 CM의 활성화를 위한 노력이 지연되어서는 안 되며, 정부는 당초 계획대로 CM 시범사업 발수를 위한 철저한 사전적인 준비와 함께 건설사업의 성공적인 수행을 위하여 CM이 CM으로서의 능력을 충분히 발휘할 수 있는 여건 조성이 필요하다.

13) 한국건설산업연구원, 건설동향 브리핑 제3호, 2001.10.

4.2.3 공급자 및 CM 서비스 제공자 측면

CM 시장 진출도 엄연한 신규시장으로의 진출이나, 관련업계는 시장진출에 있어 전략적인 선택을 소홀히 하거나, 전략이 부재하여 많은 노력을 했음에도 불구하고 CM 시장에 제대로 진입하지 못하고 많은 시행착오를 일으키고 있는 실정이다. 또한, CM 사업 수주나 CM 제도 적용에 매우 소극적이어서 CM 사업 수행 기회를 갖지 못하고 있다.

CM은 건설사업을 관리하는 것이므로 건설관련 주체들 즉, 발주자, 설계자, 시공자 등을 리드하는 기술력과 그에 맞는 시스템 체계가 필요하다. 특히 CM 업무를 수행할 전문인력의 자질과 능력은 바로 건설사업의 성패와도 직결된다.

그러나 경험과 능력 있는 인력의 확보나 육성 및 교육이 제대로 이루어지지 않아 CM 사업 수주 활동이나 CM 사업 접목에 소극적일 수밖에 없다.

국내 건설산업에서 일반적인 건설업무에 참여할 수 있는 제네럴리스트(Generalist)는 많이 배출되어 왔지만, CM 서비스를 제공할 수 있는 전문화 된 스페셜리스트(Specialist)가 부족하며, 이와 더불어서 전문적인 능력을 갖춘 CM 기술자를 인정해 줄 수 있는 자격 및 경력관리 체제가 미흡하다. CM을 전문으로 하는 업체는 일부 외국업체를 제외하고는 국내업체는 소수에 불과하다. CM 전문업체가 제대로 출현하지 못함으로써 민간시장에서 CM에 대한 인지도가 낮은 수준이며, 상호 경쟁을 통한 시너지(Synergy) 창출에도 기여하지 못하고 있다.

CM 제도를 민간에 접목시키고 활성화시키기 위해서는 초기 단계에 CM이 선진외국업체 및 인력의 도움을 받으면서 점차적으로 자립기반을 다져가는 전략이 필요하나, 이러한 전략을 수행한 업체가 거의 없는 것이 사실이다.

또한, 해외 CM 관련 건설사업 수행시 국내와 연계하여 해외 경험을 국내에 도입하는 노력도 부족하여 건설기술의 질적인 제고에 일조하지 못하였으며, 국제 기준에 부합할 수 있는 기회를 상실하고 있다.

CM 제도를 통해 시장이 형성되고 CM 서비스를 제공하는 공급자가 출현했지만 단기간에 형성된 시장의 서비스 제공자들이 결국에는 기존의 산업계가 기존의 기술능력으로 CM 서비스를 제공하는 것에 지나지 않으며, 발주자의 비용효과를 극대화시킬 수 있는 기술력이나 인식이 아직 미흡하다는 의견이 제기되고 있다.

향후 건설시장에서 CM 시장이 차지할 규모 및 수익성 등 CM 시장의 성격, 규모, 수익성에 대한 불확실성으로 인해 구체적이고 선도적인 CM 대응전략 개발이 미진하고, CM이라는 새로운 서비스를 제공하기 위한 노하우 및 시스템이 취약하므로 이에 대한 보안책 마련이 요구된다.

4.3 건설사업관리제도와 조달체계의 개선 방향

CM에 관한 영역은 상당히 포괄적이고 광범위하여 어느 한 가지 방향에서 활성화 방안을 제시하기 어려운 점이 있다. 그리고 현재 CM을 적용하기 위한 최소한의 제도는 갖추어진 상황이라 볼 수 있으나, CM의 실질적인 활성화를 위해서 관련 법령에 대한 검토와 재정비가 시급하다. 본 절에서는 CM의 활성화 기반을 조성할 수 있는 관련 제도를 중심으로 살펴보고자 한다.

이를 통해 건설산업의 규세를 합리화하기 위한 방안으로 적격심사 낙찰제도와 최저가 낙찰제도, 턴키입찰제도를 개선하기 위하여 구체적인 방안을 논해보도록 한다.

뿐만 아니라, 건설생산체계, 발주제도, 예산책정방식의 개선을 통해 건설사업관리의 중·장기적인 활성화를 위한 방법을 찾아보고자 한다.

4.3.1 단기적 활성화 방안

(1) CM 업무 범위 정립

외국은 CM의 정의를 사업의 성공적인 수행을 위해 CMr의 역할로 정의한 반면, 우리나라의 CM 정의는 업역 중심으로 정의되어 있다.

현행법에서는 관련 법간에 CM의 정의가 상이하게 규정되어 통일된 개념이 정립되어 있지 못하고 부적절한 표현으로 혼란을 야기하고 있다. 예로, CM의 관리대상 업무가 국가계약법에서는 기획·타당성조사·설계·시공·감독·유지관리 등으로 언급되어 있으나, 건설산업기본법에서는 기획·타당성조사·분석·설계·조달·계약·시공관리·감리·평가·사후관리 등으로 상이하게 정의되어 있는 실정이다.

우선, 국가계약법, 건설산업기본법, 건설기술관리법 상에 상이하게 내려져 있는 CM에 대한 정의를 하나로 통일할 필요가 있으며, 추후에 업역 위주의 정의에서 탈피하여 역할 및 목표를 중심으로 재정립되어야 할 것이다.

CM 업무 범위는 '건설사업관리 업무지침' 에 CMr의 업무가 규정되어 있다. 기본설계단계, 실시설계단계, 시공단계의 업무를 기본업무의 범위에 설계이전단계, 시공이후단계를 추가업무의 범위에 포함시키고 있다. 그리고 추가업무에 대해서는 건설사업의 특성과 현장여건 등을 고려하여 발주자의 재량에 의해 가변적으로 업무범위를 설정하도록 하고 있다.

건설기술관리법 제22조의 5(건설사업관리와 다른 용역과의 관계)에서는 발주청이 건설사업관리 업무를 위탁·시행하고 해당 공사가 책임감리 대상공사인 경우에 설계감리 업무 또는 책임감리 업무를 건설사업관리 업무에 포함여야 한다고 명시함으로써 설계감리 및 책임감리 업무의 범위까지 포함하고 있다. 즉 CM의 업무범위는 당해 건설사업의 특성이나 발주자의 여건, CMr 참여시기 등에 따라 다양하게 나타날 수 있음을 보여주고 있다.

'건설사업관리 업무지침' 상에 건설사업관리의 기본업무 범위가 기본설계, 실시설계, 시공단계의 업무로만 제한되어 있고, 다른 수행단계에 비해 설계단계가 지나치게 세분화되어 있으며, 건설공사 시행단계인 구매·조달관계가 누락되어 있다. 그리고 추가업무의 중요성에도 불구하고 발주자측의 인식부족으로 사업에 적용되지 않는 경우가 발생하거나 포함되더라도 무상의 서비스로 인식되는 경향이 있다.

또한, CM 업무와 감리 업무가 중복되는 부분이 많다. 건설기술관리법 제22조의 5(건설사업관리와 다른 용역과의 관계)에 의거하면, 설계감리 또는 책임감리 대상사업의 경우, CMr이 설계감리 또는 책임감리 업무를 포함하여 수행하도록 규정하고 있으나, 감리업무의 내용과 CM 업무가 일목요연하게 정리되어 있지 못하다.

CMr의 업무내용은 '건설사업관리 업무지침' 에 명시되어 있으나, 건설공사 시행단계에서 CM 기본업무의 범위 확장과 CM 업무와 감리 업무와의 중복에 관한 조정 등이 요구된다.

따라서 '건설사업관리 업무지침' 에 설계 전 단계, 시공 후 단계, 구매·조달단계 등을 포함하여 CM의 기본업무 범위가 확대되어야 하고, CM 업무와 감리 업무의 중복에 대한 해결책 마련이 필요하다.

즉, 기본업무 수행단계를 설계 전·설계·구매 및 조달·시공·시공 후 단계로 조정할 필요가 있다. 특히, 사업초기 단계에서의 관리는 건설사업 성공과 직결되므로 CM의 효과를 극대화시키기 위해서는 CMr의 참여시기가 기획단계부터 시작될 수 있도록 개방해야 할 것이다.

결론적으로, CM 업무와 감리 업무가 적절하게 조정된 '건설사업관리 업무지침' 을 작성해야 하며, 설계 전 단계, 시공 후 단계 그리고 특수업무에 대한 대가산정 수립을 위한 지침이 수반되어야 할 것이다.

(2) CM 적용대상 확대

현행 국가계약법, 건설산업기본법 및 건설기술관리법에서만 CM 용역 발주와 관련된 사항이 법제화되어 있고, 사회기반시설에 대한 민간투자법(이하 '민간투자법' 이라 함), 건축법, 건축사법, 주택법, 도시 및 주거환경정비법과 같은 관련 법령에 CM에 대한 내용이 누락되어 있다.

CM 대상 사업 선정은 국가계약법 시행령 제91조의 2(건설사업관리계약) 제1항[14]에 제시되어 있으나, 대형 공사만이 건설사업관리계약을 체결할 수 있는 조건이 되며, 중·소규모 건설공사에 건설사업관리를 적용할 수 있는 법 제도는 마련되어 있지 못하다.

따라서 CM 대상 사업의 적용범위가 확대되어야 하며, CM 대상 사업 선정시 대상 범위를 중·소규모 건설공사에도 확대 및 적용될 필요가 있다. 신규공사가 아니더라도 CM 방식의 적용이 필요하다고 발주자가 판단한 경우는 적용이 가능하도록 개정할 필요가 있다.

따라서 건설사업관리계약에 관한 사항을 국가계약법 시행령 제16조(물품의 제조·구매 및 용역 등의 입찰) 6항으로 이동시킨다면, 중·소규모 건설공사에도 건설사업관리의 확대적용이 가능해질 것이다. 아울러, 국가계약법 제60조(대형 공사 입찰방법의 심의 등)에 대한 대형 공사 입찰방법 심의시 건설사업관리 용역 적용 여부도 함께 심의하는 체계를 갖출 필요가 있다.

또한, 민간투자 SOC 사업과 행복도시, 신도시 및 기업도시 등의 대형 국책사업에 CM을 적극적으로 활용할 수 있는 제도적 보완책이 강구되어야 한다. 국내의 민간투자 SOC 사업을 주도하는 그룹은 대형 건설업체로 시공단계 경험과 노하우는 우수하지만, 발주자 입장에서의 관리경험은 상대적으로 부족하여 사업 추진시 시행착오와 경험 부족을 드러내고 있다.

14) 각 중앙관서의 장 또는 계약담당공무원은 대형 공사 중 「건설산업기본법」에 의한 건설공사를 계약함에 있어서 계약목적물의 특성·규모 및 이행기간 등을 고려하여 필요하다고 인정하는 경우에는 공사에 관한 기획·타당성조사·설계·시공·감독·유지관리 등에 관하여 그 전부 또는 일부를 종합관리하는 업무(이하 "건설사업관리업무"라 한다)를 수행하는 자와 건설사업관리업무에 관한 계약을 체결할 수 있다. 〈개정 2005.9.8〉

개별적인 민간투자사업의 수행을 위하여 사업기획, 운영관리 및 유지보수 업무를 담당할 인력을 상징적으로 보유하는 것은 비용 측면에서 부담이 크기 때문에 민간투자 SOC 사업[15]에서는 전문적인 사업관리 방식의 적용이 필요하다.

현행 민간투자 SOC 사업의 사업시행 법인의 출자자는 주로 대형 건설회사 위주로 구성되어 있는데, 이는 사업초기부터 시설 완공시까지 불확실한 상황을 감수하면서 건설경험이나 노하우가 부재한 금융권이 출자자 형태로 참여하는 것은 쉽지 않다.

이러한 구조를 개선하기 위해서는 금융권의 계획, 설계, 시공, 운영 등 사업관리 전반에 대한 전문성을 가지고 CM을 수행할 수 있는 CMr의 참여가 필수적이다.

CM 기법은 타당성 단계부터 CMr을 참여시켜야 사업의 성공여지를 높일 수 있으나, 현재 운용 형태를 보면 대부분의 사업에서 실시협약 체결 및 사업시행자 지정 이후에 CMr이 선정되어 종합적인 관리업무의 한계가 나타나고 있다.

따라서 민간투자 SOC 사업에 CM 방식을 활성화하기 위해서는 다음과 같은 사항을 필요하다.

첫째, 사업주체별 역할분담이 재정립되어야 한다. 역할이 불분명할 경우에는 당사자들간의 이해관계가 첨예하게 대립되어 문제의 소지가 있을 수 있기 때문에 참여자들간의 업무범위 및 책임·권한을 명확히 해야 한다.

둘째, CMr의 선정 및 투입을 현재의 실시협약 체결 시, 사업타당성분석 단계부터 참여시키고 실시협약에 CMr의 역할과 의무를 명시하여 계약단계에서부터 CM 업무영역과 자율성을 확보하여야 한다.

15) 현재까지 민간투자 SOC 사업에 있어서 CM 수행 사례는 인천공항철도, 거가대교 등 일부 사업에 국한됨.

셋째, 민간투자 SOC 사업에 CM을 도입할 수 있는 제도적 개선이 이루어져야 한다. 민간투자법 시행령 제22조(총사업비 등의 산정) 제1항 5호에서 부대비에 대한 사항을 "사업의 시행과 관련한 사업타당성분석비·환경영향평가비 및 감리비 등의 제비용"으로 규정하고 있어 사업관리비에 대한 조항이 존재하지 않기 때문에 이에 대한 별도의 원칙과 기준을 마련하여 CM 용역비를 산정할 수 있도록 해야 한다.

또한, 민간투자법 제25조(시설사용 내용) 제5항[16]에서는 민간사업시행자의 비용절감에 따른 사업비 감액금지를 의무조항이 아닌 임의조항으로 규정함으로써 공사기간 단축이나 사업비 절감에 대한 의지를 약화시킬 수 있다. 따라서 동 조항을 강제규정으로 수정한 새로운 CM 방식을 이용함으로써 공사기간 단축 및 사업비 절감에 대한 이윤을 최대한 사업시행자에게 보장하여 민간투자사업의 효과를 극대화할 수 있도록 해야 한다. 민간투자법 제60조(귀속시설의 설계 등의 심의 및 책임감리) 제2항[17]에서는 감리에 대한 사항만을 명시하고 건설사업관리에 대한 사항은 언급되지 않아 CMr의 참여가 사실상 배제되어 있다.

따라서 민간투자법 제60조 제2항에서 사회간접자본시설 사업의 경우 책임감리와 CMr 선정을 건설기술관리법 시행령 제51조 제5항 제4호의 규정에 따라 시행할 수 있도록 조항의 신설이 요구된다. 즉, 건설기술관리법 시행령 제51조(감리전문회사의 선정 등) 제5항[18]에 건설사업관리자에 대하여 포함할 필요가 있다.

민간부문의 CM 활성화 및 CM 업역의 확대를 위하여 건축 관련 법령에 CM에 대한 조항 마련이 필요하다. 현재 민간제도에서는 건축법, 건축사법, 주택법 등 건축 관련 제반 법령에서 CM에 대한 사항이 부재한 실정이다.

---

16) 제1항 및 제2항의 규정에 불구하고 사업시행자가 실시협약에 명시된 공사기간을 단축하거나 사업비를 절감하여 공사를 완공한 경우에는 이를 이유로 사용기간 또는 사용료를 조정하지 아니할 수 있다.

17) 귀속시설사업의 책임감리는 건설기술관리법 제27조의 규정에 따라 시행한다.

18) 제3조의 제2호와 제7호에서 정한 자가 시행하는 다음 각호의 건설공사에 대하여 책임감리를 하는 감리전문회사의 선정은 다음 각호에서 정하는 바에 따른다. 이 경우 제1항, 제4항 및 제38조의 규정을 준용한다. 〈신설 1995.8.4, 1999.10.30, 2001.7.30, 2005.3.8, 2005.6.30〉

재개발, 재건축 및 리모델링 시장의 현황을 보면, 재개발 업무는 전문성이 요구되는 업무임에도 불구하고 사업관리능력 부족 및 관리시스템 결여로 사업추진에 애로사항이 상당히 많다. 즉, 브로커의 개입, 예산의 적정성 판단에 대한 어려움 등에서 문제의 소지가 많기 때문에 체계적인 사업관리 조직이 요구되는 바이다.

재건축사업은 소수의 조합원이 대형 건설업체를 통제하면서 장기간 사업을 수행하는 사업으로, 이들이 대형 건설업체가 주도적으로 리드하기는 어려운 상황이다. 따라서 향후 지속적으로 성장할 재건축사업에 CM의 도입은 필수적이라 하겠다.

우선 건축법, 건축사법, 주택법 및 도시 및 주거환경정비법 등[19] 관련 제도의 개정이 필요하고, 재개발·재건축사업 및 리모델링사업에 CMr이 참여할 수 있는 환경을 조성해야 한다.

CM 계약으로 수행되는 설계·시공분리방식 공사의 경우에도 설계·시공병행방식을 도입해야 한다.

현재 설계·시공병행방식의 적용이 낮은 이유는 공공 발주기관의 CM 능력 부족으로 인한 기피현상과 국가계약법의 경직성이 주된 원인이 된다. 설계·시공병행방식의 적용을 확대하고 그 효과를 보장받기 위해서는 기본적으로 CMr의 능력이 확보되어야 하며, 동시에 국가계약법의 일부 조항도 개정되어야 할 것이다.

국내에서 건설공사의 발주와 관련한 기본 법률은 국가계약법으로 설계·시공일괄입찰, 대안입찰, 기타 공사에 대해 규정되어 있으나, 실질적으로 설계·시공분리발주가 중심이 되어 왔다.

19) 건축법 제9조 2(건축주와의 계약 등) 및 제21조(건축물의 공사감리), 동법 시행령 제19조(공사감리), 건축사법 제4조(설계 또는 공사감리 등), 주택법 시행령 제26조(감리자의 자격 및 감리원의 배치 등), 도시 및 주거환경정비법 제69조(정비사업전문관리업의 등록) 및 동법 시행령 제63조(정리사업전문관리업의 등록기준)1항 관련 별표 4.

건설교통부의 대형 공사 입찰방법 심의 현황에 따르면, 분리방식으로 발주되는 공사가 전체의 약 80% 정도를 차지하고 있다. 설계·시공일괄방식은 2003년까지는 20% 이하에 머무르고 있으나, 2004년에는 20.5%, 2005년에는 40.3%로 급격한 증가추세를 보이고 있다.

<일괄 · 대안입찰 공사 발주금액 및 공공공사에서 차지하는 비중 추이>

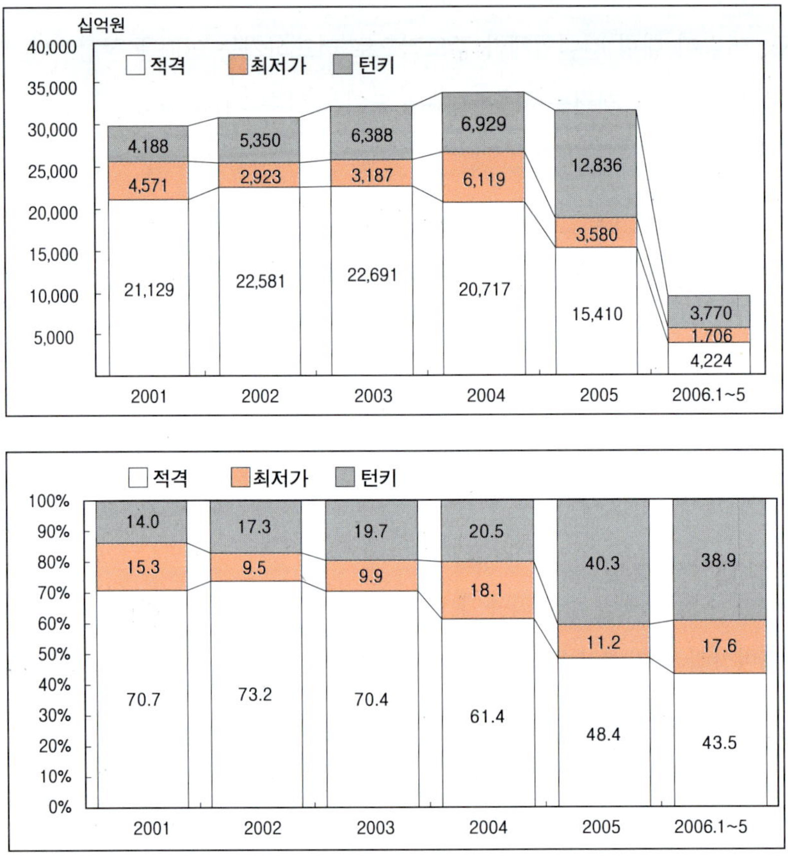

자료 : 한국건설산업연구원

그림 4-3 공공발주 및 설계 · 시공일괄발주 현황[20]

현행 국내 공공공사에서의 발주방식은 공사 예정가격 규모에 따라 획일적인 방식으로 적용됨으로 인해 발주자가 추구하고자 하는 발주목표, 시공상의 특성 등에 적절한 발주

20) 한국건설산업연구원. 2006.

방식이 활용되지 못하고 있는 상황이다. 또한 설계용역업자 선정시 당해 용역 수행능력 평가점수의 변별력 부재로 인해 사실상 입찰가격이 낙찰을 좌우하는 사례가 많다.

국가계약법 시행령 제87조(일괄입찰의 낙찰자 선정) 제5항[21]에서는 일괄입찰방식의 공사에서 공사의 시급성 및 기타 특수한 사정으로 인하여 필요하다고 인정하는 경우, 그리고 건설기술관리법 시행령 제38조의 11(실시설계) 제5항[22]에서는 일괄입찰방식으로 결정된 건설공사의 경우에 실시설계와 시공을 병행할 수 있다고 기술하고 있으나, CM 관련 법령에서는 설계·시공병행방식을 실시할 법적 근거가 마련되어 있지 않은 실정이다. 즉, 현행 규정상 일괄입찰방식에서는 설계·시공병행이 규정되어 있으나, 설계·시공분리방식의 경우에는 이에 대한 법적 근거가 없다.

이러한 문제로 인하여 현행과 같은 발주방식 이외에 다양한 발주방식의 도입이 필요하다. 최근 건설공사가 대형화, 복잡화, 전문화됨에 따라 선택의 폭이 제한된 종전의 발주방식을 지양하고, 공사의 특성, 발주자의 요구조건을 반영할 수 있는 다양한 발주방식을 도입할 필요가 있다.

따라서 CM 계약으로 수행되는 설계·시공분리방식 공사의 경우에도 설계·시공병행방식을 도입하기 위해서는 국가계약법과 건설기술관리법에 예외조항을 신설하는 방법과 국가계약법 제91조의 2(건설사업관리 계약)에 설계·시공병행방식을 추가하는 방법을 고려할 수 있다.

---

21) 각 중앙관서의 장 또는 계약담당공무원은 제2항의 규정에 의한 낙찰자 결정에 있어서 공사의 시급성 기타 특수한 사정으로 인하여 필요하다고 인정하는 경우에는 제1항의 규정에 의한 실시설계 적격자로 하여금 당해공사를 공정별 우선순위에 따라 구분하여 실시설계서를 작성하게 할 수 있으며, 당해 실시설계서에 대하여 중앙건설기술심의위원회 또는 설계자문위원회로부터 실시설계적격통지를 받은 때에는 그 실시설계적격자를 낙찰자로 결정하고 우선순위에 따라 공사를 시행하게 할 수 있다. 〈신설 1999.9.9〉

22) 발주청은 「국가를 당사자로 하는 계약에 관한 법률 시행령」 제80조 및 「지방자치단체를 당사자로 하는 계약에 관한 법률 시행령」 제96조의 규정에 의하여 일괄입찰방식으로 결정된 건설공사의 경우에는 공사의 종류 및 구간별로 당해 실시설계와 시공을 병행할 수 있다. 〈개정 2005.6.30, 2005.12.30〉

(3) CM업체 선정방식의 개선

미국, 영국 등 건설선진국의 경우 CM업체 선정은 기술력을 기반으로 하는 QBS (Quality Based System)을 운영하고 있어 가격은 CM사의 선정을 위한 많은 고려 요소들 중에 하나에 지나지 않는다. 또한 능력 있는 CM사의 선정을 위하여 프로젝트의 특성 외에도 주요 고려사항으로 기술능력, 용역비, 공기단축 능력 등을 감안하여 업체를 선정하고 있다.

미국의 경우 입찰제안서의 평가는 1) 발주자의 프로젝트 수행목표에 대한 이해 및 반영도, 2) 프로젝트 투입기술자의 전문성, 3) 지역적 특성 및 프로젝트에 대한 이해도, 4) CM사의 프로젝트 수행 방안의 유효성 등을 평가하고 있으며, 제안서의 평가 후에는 CMr에 대한 인터뷰를 수행한다. 이러한 평가로 CM 업체의 순위가 정해지면 1위 업체와 협상을 통하여 가격을 결정한다. 영국의 HM Treasury도 낙찰자 선정 시 저가(Lowest Price) 보다는 가치극대화(Value for Money) 측면에서 낙찰자를 선정하라고 권고하고 있다.[23] 특히, 입찰자를 평가할 때 품질 관련 항목과 가격 관련 항목의 배점 비율을 의미하는 품질[24] /가격 비율(Quality/Price Ratio)의 개념을 활용토록 권고하고 있으며, 혁신적인 프로젝트의 경우 품질의 반영비율을 85%까지 높일 수 있도록 규정하고 있다.

국내의 경우 국가계약법과 건설기술관리법에서 1) 협상방식, 2) 기술·가격분리입찰방식, 3) 적격심사방식을 규정하고 있으나 공공 프로젝트의 CM 발주를 담당하고 있는 조달청의 경우 기술과 가격을 동시에 평가하는 '협상방식'을 활용하고 있다. 그러나 선진국에 비하여 가격의 반영비율이 높으며, 평가에 차별성이 없다는 비판이 제기되고 있다. 특히, 기술제안서의 작성에 페이지 규정, 업체표기 불허 등의 제약이 있으며, 단시간 내에 여러 업체의 제안서와 발표를 평가하고, 제안서 기술내용의 확인 및 투입인력의 능력을 판단하기 어렵다는 문제점을 안고 있다.

이를 개선하기 위해서는 심도 있는 기술제안서 평가를 위하여 충분한 심의기간을 부

---

23) 「Procurement Guidance No. 3 Appointment of Consultants and Contractors」, HM Treasury.
24) 입찰자의 수행능력 및 입찰내용의 적정성, 혁신성 등을 의미함.

여하고 제안서의 진위 여부를 판단하기 위한 방안을 모색하여야 하며, 단장 및 투입인력의 능력을 판단하기 위하여 충분한 인터뷰 시간이 확보되어야 할 것이다. 또한 참여 업체명을 공개하여 업체의 특성, 성공사례 등 다양한 평가자료 제시되고 평가될 수 있도록 개선이 필요한 실정이다.

(4) CM 사후평가 시스템 도입

최근 민간부문뿐만 아니라 공공부문에서도 CM 발주가 증가하고 있으나, 적용에 대한 사후 평가와 피드백의 부재는 활성화에 걸림돌이 되고 있다. 이러한 문제점을 극복하기 위해서는 객관적인 평가모델의 제시가 필요하며 CM의 핵심성과지표 개발이 선행되어야 한다.

현재 건설기술관리법 시행령 제38조의 18(사후평가)에 의해 공사 완료 후 사업에 대한 평가를 하도록 되어 있다. 그러나 여기서 공사라는 의미가 도로공사의 경우 개별공구에 대한 것인지 혹은 전체 사업에 대한 것인지가 불확실하고, 금액을 500억원 이상으로 했다는 점에서 도입 목적이 분명하지 못한 한계점이 있다. 또한 준공이 아닌 사업 시행기간 중 중간 평가에 대한 방법이 전혀 없다. 다시 말해, 공사 준공 후 평가만으로는 문제점 예방이 되지 않는다는 단점이 있다. 또한, 발주기관이 사업에 대한 평가기준을 어떻게 설정하느냐에 따라 발주기관 내부에서 처리가 되도록 되어 있어 객관적인 평가가 이루어지기 힘들다.

따라서 사업의 효율성과 생산성 그리고 사업의 성공 정도를 기준값과 비교하기 위해서는 영국이나 미국 등 선진국과 같은 계량적 평가시스템이 도입되어야 한다.

발주자 평가시스템에는 기본적으로 발주기관이 시행한 공사의 시설물 종류별 평균적인 값이 마련되어야 하며 공기 품질·성능·공사비·안전 및 환경 등 계량적으로 측정이 가능한 항목을 중심으로 평가 항목별 세부 평가요소, 평가 요소별 평균값과 계획값 및 실행값이 비교될 수 있도록 하여 목표 대비 실적 비교는 물론 성능이 평균값보다 지속적으로 향상되고 있는지 여부를 확인 가능하도록 평가 방법과 절차를 개발해야 한다.

그리고 평가 결과를 공개하여 건설기술관리법 시행령 제38조 10(공사수행 방식의 결정)에 따라 당해 사업의 사업관리 주체 결정시 외부 위탁과 자체 소화 등을 판단하는데 기초 자료로 제공될 수 있어야 한다.

결국, 이러한 발주자 평가 시스템은 발주자로 하여금 사업에 대한 관심을 입찰 및 계약 단계만이 아닌 사업수행 이전 단계의 효율성 제고방향에도 적극적인 관심을 가지게 할 수 있다.

(5) 발주자의 역량 강화

보다 효율적인 발주제도로 가기 위해서는 발주제도를 다양화함으로써 발주제도의 운영 방식 및 절차를 규정하는 국가계약법의 개편과 발주업무의 위임을 규정하는 조달사업에관한법률 등 근본적인 제도의 개편도 필요하다. 물론, 이러한 법률 및 제도의 개편에는 이 업무를 주관하는 부처의 이해관계를 고려해야 한다.

이를 위해서는 전략적이면서 체계적으로 개편되어야 한다. 또한, 발주기관의 재량권 확보는 발주기관의 발주능력에 따라 그 성과가 좌우된다. 다양한 능력수준을 가진 발주기관에게 그들의 능력에 맞도록 발주제도 운용상의 재량권을 부여하는 것은 매우 중요하다. 발주기관의 능력을 보완하기 위해서도 중앙조달기관의 역할은 매우 중요하다. 즉, 전문적인 발주기관의 능력을 보완하기 위해서는 CM 제도를 정착시키는 것이다. CM 제도는 보다 다양한 역할과 기능을 수행하도록 특화될 필요가 있으며, 발주기관은 특히 부족한 자체능력을 보완해줄 수 있는 CMr와 계약을 통해 보다 효율적으로 발주업무를 수행할 수 있는 것이다.

결국, 발주능력 발휘의 장애 요인에 대한 현실적 보완방안이 필요하다. 발주능력을 향상시키기 위해서는 우선 중요한 것이 발주능력을 제약하는 장애요인을 파악할 필요가 있다. 발주능력을 발휘하는데 장애요인은 법, 제도상 획일적으로 발주방식 및 입찰, 계약방식이 규정됨으로써 발주처의 재량이 주어지지 않는데서 그 원인을 찾을 수 있다.

아울러, 투명성, 공정성, 객관성 중심의 발주업무 수행과 절차위주의 감사도 발주기관의 발주담당 공무원이 그들의 능력을 발휘하는데 장애요인으로 나타나고 있다.

따라서 장애요인의 제거를 위해서는 획일적인 법, 제도적 규정의 개편, 절차위주의 감사에서 성과위주의 감사로 전환하고, 투명성, 공정성 중심의 발주제도의 운영에서 효율성도 적절히 가미하는 방향으로 제도 및 제도의 운용방식을 전환하여야 한다. 또한, 현실적으로 발주능력을 발휘하도록 하기 위해서는 발주기관이 자율적으로 자체의 발주능력 및 여건에 따라 발주업무를 외부에 위탁하거나 내부에서 직접 수행할 수 있도록 하는 것이다.

현재 추진 중인 CM 제도는 건설기술관리법의 적용을 받는 CM for Fee 방식의 사업관리제도가 활용되고 있으나, 기대만큼 활성화되고 있지 못한 상황이다. 이는 발주자 및 시장의 수요가 낮다는데 기인한 것으로, 발주능력의 보완을 통한 CM 제도를 활성화하기 위해서는 발주자의 발주능력에 따라 다양한 유형의 발주방식이 적용될 수 있도록 발주운영지침이 마련되어야 한다. 즉, 중앙조달기관에서는 운영에 필요한 기본원칙만을 규정하고, 세부적인 운영지침은 발주기관의 능력을 고려하여 설정되어야 한다.

4.3.2 건설산업 규제 합리화 방안

공공선설 소날제계는 선설산업의 여선, 공공발주자의 시설소날에 대한 인식, 제노 운영상 나타나는 문제점 등의 여러 요소에 의해 변화한다. 이 중 건설산업의 여건과 공공발주자의 인식변화는 장기적으로 건설조달체계를 변화시킬 패러다임의 전환에 해당하고 제도 운영상 나타나는 문제점들은 단기적으로 건설조달체계의 발전방향을 제시한다. 최근 규제개혁 차관회의에서 확정된 "건설산업 규제 합리화 방안"에서는 건설조달체계의 운영상 나타난 중요 문제점들의 개선방향을 제시하고 있다. 이 방안은 가격과 기술경쟁력을 적절히 반영하여 최적의 설계-시공자를 선정할 수 있는 시스템을 확립하는 것에 목적을 두고 적격심사제도, 최저가 낙찰제도, 턴키입찰제도의 개선방향을 제시한다.

(1) 적격심사 낙찰제도 개선

적격심사제도는 설계·시공·일괄공사를 포함하여 최저가 낙찰제 대상 공사를 제외한 모든 공사의 낙찰자를 결정하는 방법으로서 전체 공공발주 물량의 80% 내외의 공사에 적용되고 있다. 적격심사제도는 도입 이후 우수한 업체를 선정하는데 크게 기여해왔다. 그러나 건설업계 전반의 양적·질적 성장이 이루어져 실적을 보유한 업체가 크게 증가하였고, 또한 입찰참가자격 확대의 측면에서 평가기준을 거듭 완화해옴으로써 변별력이 약화되어 있다. 입찰참가업체 대부분이 시공능력 점수 등은 만점이고 낙찰하한선(예정가격의 88%)에 근접한 입찰가격을 제시할수록 낙찰 확률이 높아져 기술능력의 우열에 관계없이 운에 의해 낙찰이 좌우되고 있어 부실 건설업체가 양산되는 문제점을 보이고 있다.

이러한 문제를 해결하기 위해서는 시공능력 분야의 평가에 있어서 충분한 변별력을 확보해 부실업체를 가려내고, 시공의 품질을 확보할 수 있도록 심사기준 및 배점 방식을 조정할 필요가 있으나, 심사기준의 강화로 인해 건실한 업체들까지 입찰참가의 진입장벽이 되지 않도록 주의가 요구된다. 변별력 확보를 위해 시공경험·기술능력·경영상태의 평가등급을 세분화(현 5등급)하고, 현재 공사규모에 관계없이 시공경험을 동일한 기준(예정가격의 5배 이상일 경우 만점)에 의해 평가하는 방식에서 공사규모에 따른 차등평가방식으로의 전환, 공사의 수행능력과 직접적인 연관이 적은 지역가점제의 가점비율 축소 등이 우선적으로 고려되고 있으며, 하자발생비율·사용자 품질평가 제도 등 이미 수행된 공사에 대한 사후평가 요소를 심사기준에 반영함으로써 시공품질을 확보할 수 있는 방안도 논의되고 있다.

장기적으로는 가격과 품질의 조화를 이룰 수 있는 평가체계를 확립해 운에 의한 낙찰이 최소화되도록 개선할 필요가 있다. 즉, 품질·가격경쟁력을 동시에 반영하되 단위비용 대비 최고가치를 제공하는 자를 낙찰자로 선정하는 입·낙찰제도로의 전환이 필요하다.

(2) 최저가 낙찰제도 개선

최저가 낙찰제도는 적격심사 낙찰제도 및 턴키/대안입찰제도와 비교하여 예산의 절감이 가능하고 시장경제 원리에 부합하는 제도로 인식되어 시민단체 등으로부터 끊임없이 확대요구가 있어 왔다. 당초 2005. 1월부터 100억원 이상의 공사에 최저가 낙찰제를 확대할 예정이었으나 건설업계의 경영난 악화우려, 건설경기 침체 등을 사유로 유보되어 현재 PQ 대상인 공사 중 턴키/대안입찰 대상 공사를 제외한 300억원 이상의 모든 공사에 최저가 낙찰제도를 적용하고 있다.

최저가 낙찰제도의 확대를 위해서는 적절한 입찰참가 자격 부여방법과 입찰금액의 적정성 심사제도의 실효성 확보가 전제되어야 한다. PQ 대상 공사의 경우 시공경험, 기술능력, 경영상태, 신인도에 대한 평가를 거쳐 입찰참가 자격을 부여하고 있으므로 확대 적용해도 큰 무리가 없을 것이나, PQ 대상이 아닌 일반공사의 경우 기본적인 입찰참가 자격만을 충족하면 입찰에 참가할 수 있어 낙찰자의 시공능력을 충분히 검증할 수 없게 된다. 이에 정부는 최저가 낙찰제의 대상으로 편입되는 일반공사에 대해서도 PQ를 적용할 계획이다. 일반공사는 그 동안 등급에 의한 경쟁입찰로 집행되던 공사가 대다수로 정형화된 시공기술을 요하는 공사인 점을 반영해 기존의 PQ에 비하여 다소 완화된 기준을 적용하는 것이 바람직하다.

'04. 8월 예정가격의 50%에도 못 미치는 저가입찰의 문제를 해결하기 위해 입찰금액 적정성심사 제도가 강화된 이후 최저가 낙찰제가 운찰제로 변질되었다는 비판이 대두되고 있다. 강화 이전에는 통상 2~3순위로 낮은 가격을 제시한 자가 낙찰자로 결정되다가 강화 이후 6~7위 업체에 낙찰되는 것이 보통이며 "송도 신도시 연장사업 5공구 토목공사"의 경우 16위 업체에 낙찰되기도 했다. 그럼에도 불구하고 저가입찰의 문제는 여전히 해결되지 않고 있다.

저가심의제도는 단순 가격심사로 낙찰자를 선정하는 시스템으로 운영되고 있어 근본적인 심사방법의 개선을 필요로 한다. 즉, 현행 저가심의제를 공사중단의 위험 등을 방지하기 위한 계약이행능력 심사제로 전환하여 저가심의 대상을 합리적 기준에 의해 선정하고 공사비 절감사유를 설명할 수 있거나 공사이행 보증 강화 등으로 계약이행 능력이 확인되는 경우 낙찰자로 선정하는 시스템의 도입이 검토되고 있다. 입찰 직후 기존의 입찰금액 적정성 심사를 거친 후 통과자를 대상으로 공사비 절감사유를 심사하며, 이 심사는 전문성·공정성을 확보하기 위해 발주기관, 조달청, 전문가 등으로 "저가심의회"를 구성해 평가하게 된다.

(3) 턴키입찰제도 개선

최근 턴키입찰이 크게 증가하여 공공건설 조달방식에서 차지하는 비중이 40%에 이르고 있다. 턴키입찰제도는 철도, 항만 등 100억원 이상 대형 공사의 설계와 시공을 일괄하여 발주하는 방식이나, 최저가 낙찰제를 회피하기 위한 수단으로 턴키입찰이 남용된다는 비판을 받고 있다. 즉, 공공발주자들이 지나친 저가낙찰로 부실공사가 우려되는 최저가 낙찰제도보다는 턴키입찰을 선호한다는 이론이다. 정부는 턴키입찰의 남용을 억제하기 위해 입찰 전 턴키발주 대상여부에 대해 체계적으로 검토하고, 평가기준 등을 사전에 작성하여 중앙건설기술 심의위원회(건교부)에서 심의하도록 심의기구를 일원화 할 계획이다. 또한 미관 등 계량화가 곤란하거나 창의성이 별도로 요구되는 건축공사는 "현상설계 공모" 후 설계·시공분리발주(턴키대상에서 제외) 방식을 채택하는 방향을 모색 중이다.

턴키입찰에 참여하는 업체가 극소수의 상위 업체에 그쳐 중견기업들의 입찰참가 기회 박탈의 문제도 크게 나타나고 있는데, 턴키입찰에 중견업체가 참여하지 못하는 가장 큰 이유는 공사비의 3~5%에 이르는 설계비가 입찰 전에 업체의 비용으로 미리 투입되는 점이다. 설계비의 과도한 부담을 경감하기 위해 정부는 입찰시 제출도면·서류 등을 보다 간소화하고, 지질조사 및 기타 입찰참여자에게 공통으로 요구되는 기초조사의 경우 발주기관 주도로 공동조사 하도록 하여 비용 절감을 모색하고 있다. 또한 중견건설업체가 참여할 수 있는 턴키물량의 확보를 위해 공사의 성질이나 규모에 있어 분할 시공이 효율적인 공사와 하자 책임 구분이 용이하고 공정관리에 지장이 없는 공사인 경우 분할 발주하는 방안이 검토되고 있다.

턴키입찰제도의 운영에서 가장 중요한 부분은 설계심의 절차로 설계평가의 공정성은 제도의 존립과도 연관이 있다. 중앙부처 및 지자체 등 발주기관별로 이루어지는 설계평가 과정에서 평가위원의 전문성 부족, 과도한 로비 등으로 평가 결과에 대한 신뢰성 및 공정성 시비가 빈발해 소송까지 가는 사례가 최근 자주 발생하고 있다. 설계평가의 공정성을 제고하기 위해 미관 등 주관적 요소가 작용되는 사항 외에는 경제성 지표 등 객관성 있는 지표를 마련하며, 주관적 평가에서 일부 평가자에 의해 평가가 좌우되지 않도록 그 기준을 정비하고, 설계평가 결과에 대한 이의신청 절차를 제도화 할 필요가 있다.

4.3.3 중·장기적 활성화 방향

(1) 건설생산체계 개편

건설공사 단계별로 형성되는 건설시장의 진입규제로 작용하고 있고, 건설산업의 업역화의 주요인이 되고 있는 건설공사 면허제도를 점차적으로 개편하여야 한다. 그리고 건설관련면허를 가진 업체들은 모든 건설공사 시장에 참여할 수 있도록 입찰자격 기준도 함께 완화할 필요가 있다.

건설분야의 면허제도를 등록 또는 신고제로 전환하고 CM 분야에 대한 등록 또는 신고제를 신설하여야 한다.

건설공사, 전기공사, 설비공사 등으로 다원화되어 있는 건설공사 분야를 단일화하고 일반건설업과 전문건설업을 건설시공으로 일원화하여야 한다. 현재 건설규제 개혁 차원에서 건설면허제도를 등록제도로 전환하고 있으나, 건설산업을 보다 견실하게 육성하기 위해서는 건설업체 업역별로 설치되어 있는 건설 관련단체들을 주축으로 건설업체들의 등록업무를 이들 단체로 이관하고 이들 단체에서 인증을 해주는 체계로 전환하여야 할 필요가 있다.

건설업 면허제도를 등록제도로 전환 및 등록업무를 건설관련 단체의 인증제도로 전환시키면서 가장 고려하여야 할 사항은 건설업체의 난립과 건설업체간의 과다경쟁을 억제할 수 있는 제도적 장치를 강구하여야 하는 것이다.

발주방식의 다양성을 뒷받침하는 유연한 생산체계의 형성을 위한 전제조건으로는 업역을 해체해야 한다.

건설생산 체계가 발주방식을 규정하는 국내의 경우, 유연한 건설생산 체계의 구축은 발주방식 적용의 다양성과 밀접한 관계가 있는 것이다. 특히 건설생산 체계의 개편과 관련하여 CM 제도의 도입이 건설생산 방식을 규정하는 소관부처에서 주도적으로 이루어지는 상황에서 건설생산 방식의 토대 위에 발주방식을 적용하는 측면이 아주 강하다.

건설생산 조직의 형성없이 발주방식을 다양하게 적용하는 것은 한계가 있다. 따라서 발주방식을 다양화하기 위해서는 건설생산 방식의 다양화가 전제되어야 한다.

하지만, 이와 같은 건설생산 방식의 다양화는 기능별로 업역화 된 시장이 아니라 발주방식 및 시장의 수요에 따라 건설생산 주체의 입장에서 그들에게 적합한 생산조직을 구성할 수 있도록 하는 것이다.

정부의 제도 및 규제에 의한 시장의 형성보다는 정부의 발주 및 시장의 수요에 따라 건설기업의 유형과 생산방식이 자유롭게 형성되도록 하는 것이 필요하다. CM 제도의 형성은 이와 같은 시장의 수요에 따라 다양한 유형으로 이루어질 필요가 있으며, 이에 따라 다양한 건설생산 조직이 형성될 필요가 있다.

현재 추진 중인 건설생산 체계의 개편은 바로 인위적인 업역 규제를 해체하여 시장의 수요에 따라 업역이 전문화, 특화될 수 있도록 하는 데 있다. 이러한 시장의 수요는 바로 다양한 발주제도의 적용을 통해 이루어지며, 이러한 발주방식의 다양화에 따라 건설생산 방식이 결정이 되도록 하자는데 있다.

건설공사를 효율적이고 계획적으로 추진하기 위해서는 안정적인 예산의 확보가 필수적이다. 예산의 확보가 유동적인 경우, 건설공사의 생애주기(Life-Cycle)를 고려한 합리적인 공사비 집행 및 사업계획이 불가능하여 오히려 예산의 낭비를 초래하게 된다. 특히 정부 발주자의 입장에서 공기의 단축이 시급한 과제인 경우, 현행의 예산제도의 틀 속에서 공사를 수행하는 데는 한계가 있으며 특히 공기단축 계약제도의 적용도 예산의 확보가 이루어진 상황을 전제하는 것이다.

따라서 공기단축 및 효율적, 합리적인 사업추진을 위해 이와 같은 장기계속비 계약제도의 운용방식에서 탈피하여, 일본의 경우와 같이 "완성에 수 년을 요하는 사업에 대하여 특히 필요가 있을 경우는 국회의 의결을 거쳐 수 년간(원칙적으로 5년 이내 다만, 재의결을 통하여 연장가능)에 지출할 수 있는 근거를 마련하거나, 미국과 같이 다년도 예산지출승인제(Multi-Year Appropriation)」 외 예산의 전액 사용 또는 사업의 완료에 이르기까지 채무부담이 가능한 「무기한 예산지출승인제(No-Year Appropriation)」를 채택하는 것이 바람직하다.

이를 해결하기 위한 가장 효과적인 방안은 계속비 계약이다. 그러나 현실적으로 이를 추진하기 위해서는 국회의 승인이 있어야 하는 등 번거로운 절차가 필요하다. 따라서 제도 보완을 통하여 계속비 계약의 활용을 용이하게 하는 것이 바람직하다. 계속비 계약 건설사업에 CM을 적용함으로써 사업기간 단축과 예산절감을 비롯한 성공적인 효과를 적극적으로 추구하여야 한다. 다만, 이와 같은 방향으로의 전환은 예산부서와 사업부서간의 이해관계의 차이가 첨예하여 그간 예산부처의 입장에서는 계속비 제도의 적용이 예산의 경직성을 초래하는 문세 소지가 있다.

이에 대한 대안으로 제시될 수 있는 것이 예비비의 활용이다. 예비비 제도를 도입하면 당해 연도 사업비의 고갈 등에 의한 공사의 중지에 대한 리스크를 최소화할 수 있고 CMr가 사업을 관리하는데 있어 불확실성에 대한 리스크를 최소화할 수 있는 등의 장점이 있다. 따라서 사업 예비비를 활용하여 공사의 예산운용에 융통성을 확보하는 것이 바람직하다.

(4) CM at Risk 방식 도입[26)]

용역형 CM의 경우는 용역계약으로 국내의 현행 입찰제도 내에서도 적용이 가능하지만 현행 국가계약법 및 건설산업기본법에는 CMr의 직접적인 시공업무 수행을 허용하는 조항이 없어 시공업무를 직접 수행해야 하는 CM at Risk 방식의 도입을 어렵게 하고 있다.

미국의 발주방식은 크게 설계·시공분리방식(DBB; Design-Bid-Build), 설계·시공일괄방식(Design-Build), CM at Risk의 세 가지로 나눌 수 있다. 한편 우리나라의 발주방식은 설계·시공분리방식과 설계·시공일괄방식의 두 가지로 구별할 수 있다.

우리나라의 발주방식의 경우에는 너무 제한된 발주방식을 사용하고 있는데, 현재의 CM 발주 형태를 살펴보더라도 용역형태의 CM for Fee만을 사용하고 있으며, 건설사업의 특성에 따라 효과적인 결과를 얻을 수 있는 CM at Risk 방식은 사용하지 못하고 있는 실정이다. 따라서 발주방식으로서의 CM at Risk의 근거 규정을 마련하고, 이를 단계적으로 공고부문에 시범적으로 적용해 보는것이 바람직하다.

현재 건설산업기본법상의 건설사업관리는 건설공사에 대한 기획·타당성조사·분석·설계·조달·계약·시공관리·감리·평가·사후관리 등에 관한 관리업무를 전부 또는 일부를 수행하는 것으로 정의하고 있어, 실제 시공을 겸해 수행하는 CM at Risk 법규의 내용으로 보아 현재에는 수행할 수 없는 것으로 되어 있다.

하지만, 국가계약법의 대형공사 계약에서는 건설사업관리계약을 계약의 한 형태로 정의하여 공사에 관한 기획·타당성조사·설계·시공·감독·유지관리 등에 관하여 그 전부 또는 일부를 종합 관리하는 업무를 수행하는 자와 건설사업관리에 관한 계약을 체결할 수 있도록 하고 있지만 구체적인 세부 지침이 마련되어 있지 않아 활용되고 있지 못한 실정이다.

26) 한미파슨스 서울시립대학교 산업기술연구소, 미국 건설산업의 CM 벤치마킹 연구, 2004.12.

따라서 발주방식의 다양화 차원에서 사업관리자가 시공을 동시에 수행하도록 함으로써 책임을 지고 사업을 관리할 수 있도록 하는 제도의 도입을 위해 건설산업기본법 상의 시공관리 업무 이외에 시공의 업무를 포함하여 규정하는 것이 바람직하다.

이 경우 CM at Risk 사업관리제도는 발주기관이 발주업무의 핵심인 시공까지도 사업관리자에게 맡기는 형태로 사업관리자가 공사의 이행에 책임과 위험을 동시에 가지도록 하는 것이다.

그러나 CM at Risk는 전통적인 계약방식의 3자(발주자/설계자/시공자) 관계를 허무는 것으로 다양한 형태가 존재하며 이론적으로도 완전히 정립된 형태라 할 수 없다.

관리와 더불어 시공에 대한 책임을 가지고 업무를 수행하는 CM at Risk 업체는 대상사업의 계획과 조건을 명확하게 파악하여 발생 가능성 있는 위험 요인을 사전에 관리할 수 있는 위험관리(Risk Management) 능력을 갖추고 있어야 한다. 더불어 발주자 역시 적절한 CM을 선정할 수 있는 안목과 재량이 필요하다.

CM at Risk 방식을 도입하기 위해서는 국가계약법, 건설산업기본법, 건설기술관리법 등 관련 법령의 개정이 필요하며, 동시에 주계약자 관리방식 확장형, 설계관리형 등 다양한 사업관리 유형이 제시되어야 한다. 또한, CM at Risk 방식은 시범사업을 통해서 시행한 후 도입해야 하며, 이를 위한 기반으로 건설업역구조, 면허제도 및 일반건설업간의 하도급 금지 등과 관련된 법령 등의 개선이 선행되어야 할 것이다.

(5) CM 활성화 기반 구축[27)]

현재 도입되어 있는 용역형 CM 제도 개선의 핵심에는 현재보다 다양한 방식의 CM 방식을 건설기술관리법 CM에서 수용할 수 있도록 하는 것이다. 이를 위해서는 CM의 업무범위, 용역대가 등의 개선이 필요할 것으로 판단된다. 또한 CM 업체 선정 기준 및 절차 가

27) 한미파슨스 서울시립대학교 산업기술연구소, 미국 건설산업의 CM 벤치마킹 연구, 2004.12.

운데 현행의 단순한 제안서 평가 중심의 체계에서 벗어나 실제 투입될 인력에 대한 평가기준체계 등을 정비할 필요가 있다고 판단된다.

CM 용역대가의 현실화

현재 건설기술관리법의 CM 서비스의 내용은 동법 시행령 제39조의 4(건설사업관리의 업무내용)에서 계약관리, 사업비관리, 공정관리, 품질관리, 안전관리, 사업정보관리, 기타 계약에서 정하는 사항으로 업무범위를 규정하고 있어 외형적으로는 당해 사업에서 필요한 서비스를 융통성 있게 적용하도록 하고 있다. 하지만 동법 제22조의 5(건설사업관리와 다른 용역과의 관계)에 의해 CM 서비스는 설계 및 책임감리업무를 포함하여야 한다는 조항이 있어 감리서비스는 반드시 수행해야 할 업무로 규정되어 있다.

이로 인해 현행 건설기술관리법 CM 서비스는 감리가 주업무이며 실질적인 CM 서비스는 추가업무로 인식될 수 있어 감리업무 이외에 기타 CM 서비스 기능 및 업무량이 높은 사업의 경우 현행 방식의 적용은 오히려 비효율적 관리체계를 조성할 위험이 있다. 또한, CM 서비스 대가 역시 감리대가 중에서 추가업무의 대가 형식으로 사실상 공사규모에 따른 요율이 정해져 있는 실정이다. 즉, CM 용역비의 상당부분은 감리대가이며 여기에 일정부분을 서비스 대가로 지불하는 개념이기 때문에 이 역시 다양한 CM 서비스 적용에 장애가 되고 있다.

따라서 대형 복합시설 사업의 경우는 건설기술관리법에 의한 CM을 적용하기가 매우 어려우며, 실제로 최근의 계획 혹은 실행되고 있는 대형 국책사업 및 민간투자 사업에서는 건설기술관리법에 의한 CM을 활용하지 못하고 있다. 또한 발주기관의 특성 즉, 조직과 무관한 용역형 CM을 강제하고 있다는 한계도 있다.

미국 CM 협회(CMAA)에서 용역형 방식에서의 CM 대가지급 사례를 분석한 결과에서도 이를 뒷받침해 주고 있다. 즉 시설물의 유형에 따라 1.4%에서 18%까지 매우 다양하게 CM 대가가 분포하고 있음이 조사되었다. 또한, 실제 철도공사나 혹은 도로공사에서도 대가 지급기준이 공사비의 27%까지 높아지는 경우도 발생하고 있다. 현행의 국내 기준은 CM이라는 업무 자체를 발주자의 기능 및 역할과 별개로 규정하고 있는 반면에, 미국의 경우는 사업관리의 기능과 역할을 먼저 정해 놓은 다음 발주자와 위탁업체의 역할 분담에 따라 위탁 CM 대가를 결정한다는 점에서 상당한 인식 및 체계의 차이가 있다고 하겠다.

따라서 건설사업에 따른 CMr의 실제 업무범위, 능력, 투입인원, 투입일수 등에 따라 보다 현실성 있는 대가를 산정할 수 있는 노력이 필요하다. 현실적인 CM 대가는 CMr로 하여금 동기부여 등의 효과가 있을 수 있으며 이는 건설사업의 성공적인 운영을 위한 중요한 방안이 된다.

발주안내서 및 업무절차서 개발

공공 건설공사의 경우 정부가 CM에 대한 지속적인 관심을 가지고 있으나 CM과 관련된 요소기술 보급 및 관련 법령의 재정 등이 기초단계이며, 현재 CM 발주와 관련된 체계적인 CM 발주안내서를 보유한 발주기관은 없는 상황이다.

따라서 CM과 관련한 각종 법령, 고시, 훈령을 정리하고 기존에 발간된 각종 CM 입찰안내서를 분석하여 발주자가 효율적으로 CM 용역을 발주할 수 있는 발주안내서를 개발하여야 한다. 따라서 CMr의 역할, 업무내용, 업무절차 및 업무수행방법 등이 규정된 업무절차서의 개발이 되어야 한다.

현재 개발된 CM 업무절차서들은 단일 건설사업에만 적용할 수 있는 업무절차서가 대부분이다. 하지만, CMr의 역할, CM 업무의 수행절차, 업무수행 방법 등과 같은 사항을 정확하게 규정하고 있지 못하며, 규정하더라도 개략적인 업무절차서가 대부분이어서 범용적으로 건설사업에 사용할 수 없는 상황이다.

이외에 발주지침서, (표준)계약서, (표준)입찰안내서 개발 등이 수반되어야 할 것이다.

현재 각 공공기관의 발주담당자들은 CM 방식을 적용하면 좋은 결과를 얻을 수 있다는 것을 인지하고 있으나, 어떠한 준비와 절차를 거쳐서 CM 방식으로 발주하는지에 대한 구체적인 지식이나 경험이 없는 경우가 대부분이다.

따라서 발주기관들이 CM 방식을 적절히 사용하여 건설사업을 성공적으로 수행하기 위해서는 발주기관별 건설사업의 관리능력이 상이하기 때문에 CMr을 선정시 자체 보유한 능력을 제외하고 아웃소싱(outsourcing)을 하기 위한 발주지침서 및 (표준)계약서, (표준)입찰안내서를 개발할 필요가 있다.

또한, 현재와 같이 건설생산이 복잡·다양화되어 가고 건설사업에 관련된 이해당사자들이 복잡하게 얽혀있는 상황에서는 이러한 제반사항을 합리적·효율적으로 관리하여 건설사업 진행을 원활히 할 수 있는 충분한 기술역량과 경험을 가진 CMr을 선정함으로써 얻을 수 있는 편익이 보다 크고 중요하다.

따라서 각 발주자들은 전체 사업비에 비하여 상대적으로 적은 부분을 차지하고 있는 CM 용역대가를 평가의 주요 요소로 판단하지 말고 CMr의 기술역량이나 경험의 정도에 큰 비중을 주어 해당 건설사업에 적합한 업체를 선정하여 건설사업을 성공으로 이끌어야 할 것이다.

CM 수행능력 및 시장의 안정성 확보

CM의 기대효과에 대한 확신을 공공 및 민간 발주자에게 부여해야 한다. CM 방식을 적용하여 비용, 공기, 품질 등에 대한 효과를 얻을 수 있다는 이론적 근거는 많이 있으나, 이를 실증적으로 표현할 수 있는 사례나 자료는 부재한 실정이다. 따라서 CM의 기술 축적 및 배양을 위하여 실적자료의 데이터베이스화가 중요하다.

수요자 측면에서 보면, 발주자의 역량 강화가 필요하며 향후 발주능력을 제고할 수 있는 다양한 교육을 시행하여야 한다. 이와 더불어, CMr에 의한 사업관리로 인해 발주기관공무원들의 업무영역이 침해되고 조직이 축소될 우려를 해소할 수 있는 방안 모색이 요구된다.

CM은 전문적인 기술력과 관리능력이 부족한 발주자를 대신하여 계획 기간 및 예산범위 내에서 발주자가 요구하는 품질수준의 목적을 제공하는 것을 목표로 하기 때문에 CMr에 대한 발주자의 신뢰를 제고해야 한다. 또한, 발주자와 CMr간의 역할 분담이 명확해야 한다. 하지만, 새로운 조달방식으로 인한 발주자가 수행해야 할 역할에 대하여 이해가 부족하여 CMr이 주요 의사결정이나 검토 업무 등에서 배제되거나 중복되어 문제점이 야기되고 있다. 따라서 발주자와 CMr의 역할분담을 명확하게 할 수 있는 운영지침이 마련되어야 한다.

또한, CM의 효용성을 포함하여 CM 개론, 클레임, 원가관리, 공정관리, 의사결정관리 등에 대한 교육을 통하여 발주자의 역할 정립이 필요하고 CM과의 협력 방안 등에 대한 공감대 형성을 하여야 할 것이다.

공급자 측면에서 보면, CMr들의 수준 높은 기술력을 확보해야 한다. CM의 핵심은 시공 전 단계 활동(Preconstruction Activities)에 있다. 즉 공사 시공 전, 기획, 설계, 구매 등이 건설 사업 성패의 70~80%를 좌우하기 때문이다. 따라서 CMr들은 CM 시장에 본격적인 진입 여하에 관계없이 시공 전 단계의 관리기술 향상은 필수적이며, 이중에서도 설계관리(Design Management)기술은 핵심 중의 핵심이라 할 수 있다. 설계관리란 단순히 설계업체 관리, 진행관리, 설계검토 수준뿐만 아니라, 설계 진행시 원가관리, VE, 공법검토, 건설사업 일정관리 등을 설계 단계별로 관리하여 설계 완료시 해당 건설사업의 완성도를 올리는 종합관리 기술로서 CMr들은 이러한 기술력을 세계적인 수준으로 끌어올려야 할 것이다.

또한, 국내업체만으로는 어렵기 때문에 외국과의 합작회사(Joint Venture Company)설립 전략이 좋은 대안이 될 수 있을 것이다. 이외에 건설 사업 단위의 JV나 컨소시엄(Consortium) 방식은 기술이전 효과를 기대할 수 있을 것이다.

이외에 CMr에 대한 발주자의 신뢰성 확보가 필요하다. 민간 전문교육기관에서 CM에 대한 교육을 지속적으로 실시하여 CMr을 배출하고 있으나 각 교육기관들마다 교육시간, 교과과목, 교육이수자의 자격에 대한 규정이 상이하여 객관성이 결여된다. 따라서 교육과정 및 평가기준에 대한 표준화된 기준이 마련되어야 하며, 동시에 자격인증 기준을 마련하여 실시해야 한다. 이는 발주자에게 CMr의 최소 기술수준에 대한 기준을 제공하여 CMr에 대한 신뢰성을 확보하는 방안이다.

그리고 CM 업체의 자격요건을 건설산업구조 개편과 연계하여 추진해야 한다. CM at Risk 방식에서는 건설공사 전반에 걸쳐 효율적으로 기획·관리·조정할 수 있도록 설계·감리·전기·정보통신·소방설비공사 등 관련법령의 요건을 충족하는 경우에 CM을 수행할 수 있는 자격요건을 건설생산체계 개편과 연계하여 추진할 필요가 있다.

아울러, CM 시장에 대한 불확실성을 제거해야 한다. CM 서비스 공급자의 대응전략 수립 및 역량 극대화를 위해서는 CM 시장의 성격 및 규모, 수익성 등에 대한 불확실성을 최소화하도록 예측 가능한 CM 정책·제도 수립이 수반되어야 할 것이다.

4.4 결 언

민간 중심의 종합관리 기능을 활성화하고, 시장 및 기술경쟁을 통한 건설산업의 생산성과 경쟁력을 제고할 수 있도록 하여야 한다. 이를 위해서는 CM을 활성화하되 건설산업의 모든 업역이 참여할 수 있도록 개방하여야 한다. 즉 CM은 설계·엔지니어링업체, 일반건설업체, 전문건설업체, 감리업체 구분 없이 참여하도록 할 필요가 있다.

이를 달성하기 위한 전제조건은 현재 면허제도를 근간으로 하고 있는 건설생산체계를 보다 단순화하면서 건설기능 중심의 개방형 생산체계로 전환을 고려해야 한다. 설계, 감리, 일반건설업체, 전문건설업체 등에 대한 업역 제한을 폐지하여 모든 건설산업 분야에 자유스럽게 참여할 수 있도록 면허제도를 신고제도 수준으로 개편하는 것이다. 그리고 발주자가 유연하게 발주방식을 결정할 수 있도록 관련제도를 개선하고 설계·시공분리방식, 설계·시공일괄방식 외에 다양한 선진발주 방식을 활용할 수 있도록 계약제도의 개선이 필요하다. 한편으로는 사업비의 감액·절감을 강제하여 사업 참여자의 적극적인 노력을 통해 CM의 효과가 극대화 될 수 있도록 규정을 바꾸는 것이 현명할 것이다.

CM 제도가 활성화되기 위해서는 가장 중요한 것이 현행의 발주제도의 개편이다. 발주자가 건설공사 여건과 그들이 보유하고 있는 기술인력 등의 능력을 감안하면서 다양한 건설공사방식을 채택할 수 있도록 개편하여야 한다. 이를 위해서는 우선 조달청의 역할이 재정립되어야 한다. 아울러, 공기단축 효과를 거둘 수 있는 공기단축형 계약방식과 설계·시공병행방식을 허용하는 설계·시공일괄방식 등은 현행 대부분의 정부 발주공사에 적용이 되는 장기계속계약제도에 의해 제약을 받을 수밖에 없기 때문에 동 제도의 개선이 필요하다.

또한, 자유선택형 입찰, 공기단축형 입찰, 성능발주형 입찰, 기술제안형 입찰, 설계 VE, 계약 후 VE 등 다양한 입찰방식이 도입될 수 있도록 발주제도의 개선이 필요하다. 이를 효과적으로 추진하기 위해서는 건설산업기본법, 건설기술관리법, 엔지니어링진흥법, 건축사법, 국가계약법 등의 전면적인 개편이 이루어져야 할 것이다. CM의 저변확대를 위하여 대형 국책사업이나 민간투자 SOC 사업에도 CM 방식을 대거 도입하여 CM을 다각도로 활용하고, 시범사업을 확대 실시하는 등의 노력이 필요하다.

한편, CM에 대한 정당한 대가지불을 통하여 CMr의 긍정적인 반응을 이끌어내고 제도의 정착화를 도모하는 것이 필요하다. 이를 위해서 사업예비비를 활용하는 등 공사의 예산운용에서 융통성을 확보하는 것이 시급하다. 대가산정을 위한 지침을 개발하고 용역대가를 보다 현실화하는 것은 발주자와 CMr 모두가 Win-Win 할 수 있는 방안이 될 것이다.

CM의 범위가 확대될 수 있도록 설계·시공일괄공사, CM 대상공사 등을 확대하여야 한다. 그리고 보다 효율적으로 CM이 이루어지도록 하기 위해서는 사업추진체계도 개선되어야 할 것이다. 기본설계는 설계자가 수행하되 상세설계와 실시설계는 CMr과 시공자가 공동으로 수행하도록 하는 방안도 강구하여야 한다. 이는 현재의 설계업무의 성격을 감안할 때 기본설계와 상세설계를 분리하는 것은 현실적으로 어려움이 있고, 설계업무의 일관성을 확보하지 못할 수 있으므로 건설산업 정보화와 병행하여 추진하면 효과가 있을 것이다.

CM 업무 범위를 재정립하여 업역 위주에서 역할·목표 중심으로 전환하고, CM과 감리의 업무중복 문제를 해결하는 것이 필요하다. 더불어 관계법령을 정비하여 공사의 특성은 물론 발주자의 요구조건을 적극 반영할 수 있는 다양한 발주방식을 도입해야 할 것이다.

CM에 대한 사후평가 시스템의 도입 또한 중요한 문제이다. 객관적인 평가모델을 제시하고, CM의 핵심성과지표를 개발하여 계량적 평가시스템을 도입하는 것이 요구된다. 또한 투명성 확보를 위하여 평가 결과의 공개를 통한 업계의 자구적인 노력이 지속적으로 이뤄지는 것을 유도해야 할 것이다.

5

CM 전문인력 육성 전략

서울대학교 교수 이현수

5.1 서 언

최근 시설물의 규모가 방대해짐에 따라 건설프로젝트의 모든 라이프사이클 단계에서 건설기술자의 역할이 더욱 중요해지고 있다. 이러한 건설프로젝트를 성공적으로 완수하기 위해서는 프로젝트를 담당하는 건설사업관리(CM) 전문인력의 자질과 능력이 가장 핵심적인 요소로 작용한다. CM 전문인력은 자재, 공법 등을 개발하고 활용하는 요소기술뿐만 아니라 프로세스 중심의 관리기술에 대한 능력과 이해가 요구된다. 아울러 급변하는 세계 건설환경에서 차세대의 CM 전문인력은 창의성과 과학기술에 근거한 기획능력을 보유하는 것은 물론, 글로벌 프로젝트를 수행할 수 있는 경영마인드와 리더십을 갖추고 있어야 한다.

이와 같은 추세에서 건설산업의 기술수준을 향상시키고 산업경쟁력을 높이려면 정부와 민간차원에서 CM 전문인력의 체계적인 육성과 관리가 요구된다. 일반적으로 CM 전문인력은 대학의 기본교육과 기업의 계속교육(Continuing Education)을 통하여 양성될 수 있다. 즉, 대학에서는 이론에 근거한 기본기술을 배양하고, 기업에서는 많은 실무경험과 계속교육을 통해 응용기술을 터득함으로써 비로소 전문가로 성장할 수 있게 된다.

국내의 CM 전문인력 육성과정을 살펴보면, 우선 대학의 전공교육이 불충분하고 기업의 경력개발프로그램(CDP; Career Development Program)이 제대로 확립되어 있지 않아서 전문인력 육성체계의 취약성을 내포하고 있다. 특히, 최근에는 기술자의 지위에 대한 사회적인 무관심으로 이공계 기피현상을 야기하여 우수한 인력의 확보가 점점 어려워지고 있는 실정이다.

이 글에서는 이와 같은 문제점을 해결하기 위해서 국내외 주요대학과 기업의 CM 전문인력 육성사례를 살펴보고, 그 결과를 토대로 우리나라 건설기술 교육체계의 정립과 미래지향적인 CM 전문인력 육성 방안을 제시하고자 한다.

5.1.1 CM 전문인력의 범위

우리나라 건설기술관리법에서는 건설기술 전문인력을 "건설기술자"라는 용어로 정의하고 있다. 여기서 정의하고 있는 건설기술자는 국가기술자격법 등 관계 법률에 의한 건설공사 또는 건설기술용역에 관한 자격을 가진 자와 일정한 학력 또는 경력을 가진 자로서 대통령령이 정하는 자를 말한다(건설기술관리법 제2조 8항). 건설기술관리법에서 정의하는 건설기술자의 범위는 ① 토목분야, ② 건축분야, ③ 기계분야, ④ 국토개발분야, ⑤ 안전관리분야, ⑥ 교통분야, ⑦ 환경분야, ⑧ 금속분야, ⑨ 전기분야, ⑩ 전자분야, ⑪ 광업자원분야, ⑫ 산업응용분야의 12개 분야이다. 각 분야는 국가기술자격증을 취득한 기술자와 학력 또는 경력에 의한 건설기술자로 구분되며, 기술수준에 따라 기술사, 기사, 산업기사의 순서로 분류된다.

건설산업에 종사하는 CM 전문인력은 건설기술자에 해당하지만 위에서 언급한 건설기술관리법의 건설기술자 범위에는 아직 포함되어 있지 않다. 따라서 CM 전문인력에 대한 별도의 국가기술자격이 없으며, 기술수준 및 경력기준이 제대로 확립되어 있지 않다. 건설사업관리제도가 1997년 건설산업기본법에 도입된 이후에 부족한 CM 전문인력을 확보하기 위해서 유관단체에서는 임의의 교육프로그램을 운영하고 별도의 민간자격을 부여하고 있다. 최근에는 CM 관련업계 및 협회를 중심으로 CM 업역을 새롭게 설정하고 전문인력에 대한 공인된 자격제도를 신설하여야 한다는 주장이 제기되고 있지만 CM 사업자의 시장진입에 대한 자율성을 보장해야 한다는 측면에서 찬반의견이 양립하고 있는 실정이다.

건설사업관리의 다양성을 고려하면 CM 전문인력의 범위는 매우 넓다고 할 수 있다. 좁은 의미에서 보면 CM 전문인력은 건설사업의 모든 단계에서 요구되는 관리업무의 일부 또는 전부를 담당하는 기술자를 비롯하여 CM의 요소기술을 연구하고 개발하는 전문가를 의미한다. 또한, 넓은 의미의 CM 전문인력에는 건설산업 측면에서 건설업과 연관된 제도 정책을 입안하고, 국내외 건설시장의 분석, 건설회사의 전략수립, 건설클레임 및 분쟁해결 등을 담당하는 전문가도 포함된다고 할 수 있다.

5.1.2 CM 전문인력의 역할

본 절에서는 CM 전문인력을 건설사업을 관리하는 업무를 수행하는 인력, 즉 건설사업관리자로 한정하여 그 역할을 살펴보기로 한다. 일반적으로 건설사업관리자는 기획, 설계, 구매, 시공, 시운전, 안전관리 등의 책임을 지고 있는 각 분야의 전문가로 특정영역의 복잡한 정보를 효과적으로 다룰 수 있는 조직적, 체계적 능력을 보유하고[1], 빠르고 정확한 판단으로 자신의 경험적 영역 내에서 일어나는 변화의 예측에 탁월한 능력을 발휘[2]하며, 광범위한 지식과 경험을 가지고 다수의 기능분야를 관장하고 감독한다. 건설 각 분야의 전문가들이 분석에 숙달되어 있다면 건설사업관리자는 조절에 더욱 숙달되어야 한다. 즉, 각 분야의 전문가는 분석적 접근을 하면서 해당 분야의 기술적 측면에서 직접적인 감독을 담당하는 반면, 건설사업관리자는 체계적 접근을 통하여 건설공사의 조직화, 자원수급, 예산수립, 지휘, 계획, 통제 등의 전체적인 책임을 지고 있다는 사실을 인지하고 그에 상응하는 자질을 갖추기 위해 노력하여야 한다.[3]

건설사업의 참여주체인 발주자, 설계자 및 시공자와의 관계에서 건설사업관리자의 역할을 살펴보면 다음과 같다. 건설사업관리자는 발주자에게 전문가로서 성실하게 조언을 제공하고, 발주자의 대행인으로서 또는 시공의 책임자로서 책임 있는 공사관리를 수행하여야 한다. 또한 설계자와는 철저히 협조관계를 유지하며 설계검토와 가치분석을 수행함으로써 설계 및 공사의 품질향상, 그리고 원가절감의 기회를 높이도록 한다. 그리고 시공자에게는 무엇보다도 설계도면과 시방서를 완벽하게 검토하여 시공상에 문제가 없도록 배려하고, 신속하게 의사결정을 내려야 하며 필요시 추가적인 정보를 제공해야 한다. 무엇보다도 건설사업관리자에게 요구되는 것은 작업의 많은 틀을 짜 맞추어서 하나의 응집력이 있는 전체를 만들어내는 능력이라고 할 수 있다.

---

1) Lakin, J, McDermott, J, Simon, D,P and H, A, Expert and Novice Perfornance in Solving Physics Problems, Science, 208, June, 1980, pp.1335-1342.
2) Chi, M,T,H, Glaser, R, and Rees, E, Expertise in Problem Solving, Sternberg, R,J(Ed), Advances in the Psychology of intelligence, Erlbaum, Hilldale, NJ, 1981.
3) 정영근, 국제화시대의 프로젝트 관리자, 프로젝트 관리기술 월간지, 1995.5.

5.2 CM 전문인력 육성 현황

일반적으로 CM 전문인력은 대학교육 및 계속교육을 통해 육성된다. 그림 5-1은 CM 전문인력을 포함한 건설기술자의 기술교육 진행과정을 나타낸다. 대학교육은 정규대학 및 전문대학의 교육을 의미하며, 계속교육은 학협회에서 제공하는 교육과 기업에서 제공하는 사내교육을 의미한다. 정규대학을 졸업하고 회사에 입사하게 되면 전문인력은 초급관리자, 중간관리자, 고급관리자의 단계를 거치며 전문성을 향상시켜 나간다. 교육제공 주체를 기준으로 대학, 학협회 및 기업의 건설기술 전문인력 육성 체계와 현황을 살펴보면 다음과 같다.

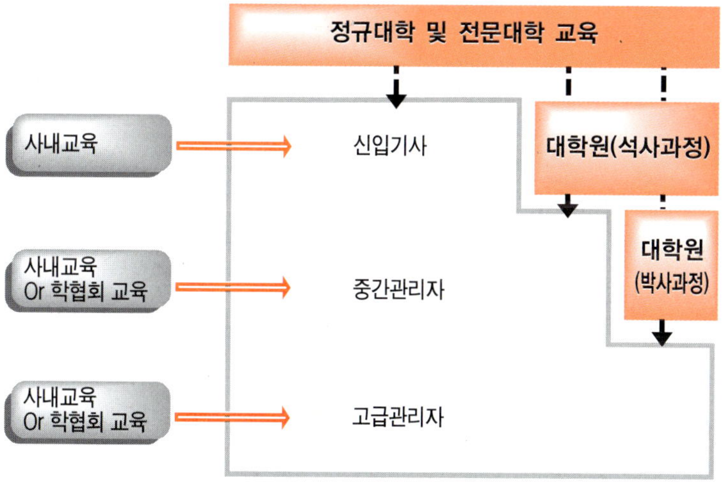

그림 5-1 건설기술자의 기술교육 진행과정

5.2.1 대학교육(국내외 주요대학)

이 글에서는 그림 5-2와 같은 분석 프레임을 기준으로 국내외 주요대학의 대학교육 현황을 살펴보았다. 분석의 주안점으로는 첫째, "어떤 전문가를 육성하고자 하는가"를 통해 어떤 기관에서 어떤 학위를 수여하고 있는지, 즉, 어떤 전문가를 육성하고자 하는지를 고찰하였고, 둘째, "무엇을 어떻게 가르치고 있는가"를 통해 어떤 내용을 어떤 방법으로 가르치고 있는지를 고찰하였다. 일반적으로 정규교육은 중등교육기관인 실업계 고등학교와 고등교육 기관인 대학 및 전문대학과정으로 구성되나 이 글에서는 전문적인 건설 전문교육이 시작되는 대학 및 대학원 과정만을 대상으로 하였다.

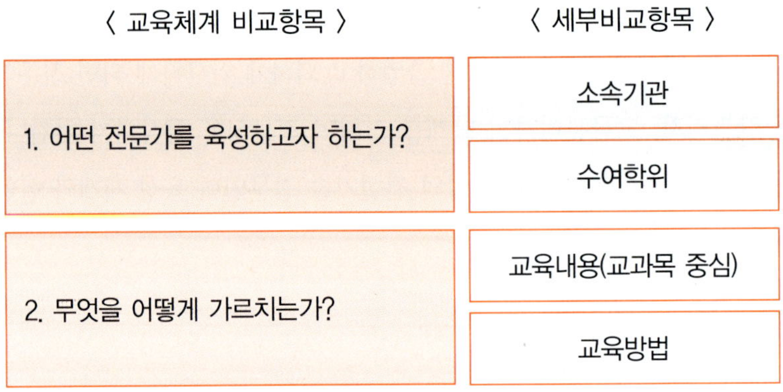

그림 5-2 정규교육 분석 프레임워크

(1) 교육 제공 기관 및 수여학위

건설기술 전문인력을 배출하는 교육기관이 "어떤 전문가를 육성하고자 하는가"를 살펴보기 위해 건설관련교육을 제공하는 기관의 체계와 수여하는 학위를 살펴보았다. 수여학위의 비교는 학과(혹은 학부)에서 제공하는 학위와 해당 학과에서 제공하는 전공프로그램, 학과가 소속되어 있는 단과대를 비교항목으로 하였다.

표 5-1은 건설관련 교육을 제공하는 국내 대학 중 선별한 8개 대학의 수여학위를 비교한 것이다. 국내 대학의 학부과정의 경우에는 건축구조, 건설환경, 건설기술 등 세부 전공 분야별로 차별화 된 전공프로그램을 가지고 있지 않았다. 즉, 학부과정에서는 건축공학·토목공학의 전공별 포괄적인 지식을 교육하고 있으며, 대학원의 경우에는 CM 전문인력 배출을 위한 전공프로그램을 가지고 있다. 따라서 국내 대학 및 대학원의 교육 프로그램 중 학부과정은 건설사업관리 교과목 중심으로 포괄적인 건축공학·토목공학 교과목을 살펴보고, 대학원 과정은 건설사업관리 전공분야에 초점을 두고 교육내용을 분석하였

다. 또한 미국, 영국, 싱가폴, 일본 등의 건설선진국에서 제공하는 대학 및 대학원의 교육 프로그램과 수여학위를 비교하였다.

표 5-2와 표 5-3은 각각 국외 대학과 대학원의 건설관련교육 제공학과/학부 및 수여학위를 비교 정리한 것이다.

표 5-1 국내 대학 및 대학원의 건설관련 교육 제공학과/학부 및 수여학위

학 교	단과대	학부/학과	세부전공(program)	학 위
서울대 (건축)	공과대학	건축학과	(학 부) 건축공학 전공 (대학원) 건설기술	건축공학사 공학석사 공학박사
서울대 (토목)	공과대학	지구환경 시스템공학부[4]	(학 부) 구조 및 건설관리 전공	토목공학사
동국대 (건축)	공과대학	건축공학부	(학 부) 건축공학 전공 (대학원) 건축시공	건축공학사 공학석사 공학박사
서울시립대 (건축)	도시과학대학	건축도시조경학부	(학 부) 건축공학 전공 (대학원) 건설관리	건축공학사 공학석사 공학박사
경희대 (건축)	토목건축대학	토목건축공학부	(학 부) 건축공학 전공 (대학원) 건설기술/관리	건축공학사 공학석사 공학박사
한양대 (건축)	건축대학	건축공학부	(학 부) 건축공학 전공 (대학원) 건축재료 및 건설관리	건축공학사 공학석사 공학박사
한양대 (토목)	공과대학 (도시건설환경공학과군)	토목공학과	(학 부) 토목공학 전공 (대학원) 지반공학 및 건설관리	토목공학사 공학석사 공학박사
연세대 (토목)	공과대학	사회환경시스템공학부	(학 부) 토목 · 환경공학 전공 (대학원) 건설경영 및 정보	토목환경공학사 공학석사 공학박사

표 5-2 국외 대학의 건설관련 교육 제공학과/학부 및 수여학위

학 교	단과대	학부/학과	세부전공(program)	학 위
Purdue University	Schools of Engineering	Division of Construction Engineering and Management	Building Construction Heavy/highway Construction Mechanical Construction Electrical Construction	Bachelor of Science, Construction Engineering and Management
Stanford University	Schools of Engineering	Department of Civil and Environmental Engineering	Civil Engineering	Bachelor of Science, Civil Engineering
Stanford University	Schools of Engineering	Department of Civil and Environmental Engineering	Environmental Engineering	Bachelor of Science, Environmental Engineering
University of Texas at Austin	College of Engineering	Department of Civil Engineering	Civil Engineering	Bachelor of Science, Civil Engineering
University of Texas at Austin	College of Engineering	Department of Civil Engineering	Architectural Engineering	Bachelor of Science, Architectural Engineering
University of Wisconsin at Madison	College of Engineering	Department of Civil and Environmental Engineering	Construction Engineering and Management	Bachelor of Science, Civil Engineering
University of Wisconsin at Madison	College of Engineering	Department of Civil and Environmental Engineering	Environmental Chemistry and Technology	Bachelor of Science, Civil Engineering
University of Wisconsin at Madison	College of Engineering	Department of Civil and Environmental Engineering	Geoengineering	Bachelor of Science, Civil Engineering
University of Wisconsin at Madison	College of Engineering	Department of Civil and Environmental Engineering	Geological Engineering	Bachelor of Science, Civil Engineering
University of California, Berkeley	College of Engineering	Department of Civil and Environmental Engineering	Construction Engineering and Management	Bachelor of Science, Civil Engineering
University of California, Berkeley	College of Engineering	Department of Civil and Environmental Engineering	Environmental Engineering	Bachelor of Science, Civil Engineering
University of California, Berkeley	College of Engineering	Department of Civil and Environmental Engineering	GeoEngineering	Bachelor of Science, Civil Engineering
University of California, Berkeley	College of Engineering	Department of Civil and Environmental Engineering	Structural Engineering	Bachelor of Science, Civil Engineering
University of California, Berkeley	College of Engineering	Department of Civil and Environmental Engineering	Transportation	Bachelor of Science, Civil Engineering
University of Illinois at Urbana-Champaign	College of Engineering	Department of Civil and Environmental Engineering	Construction Engineering and Management	Bachelor of Science, Civil Engineering
University of Illinois at Urbana-Champaign	College of Engineering	Department of Civil and Environmental Engineering	Construction Materials Engineering	Bachelor of Science, Civil Engineering
University of Illinois at Urbana-Champaign	College of Engineering	Department of Civil and Environmental Engineering	Environmental Engineering	Bachelor of Science, Civil Engineering
University of Illinois at Urbana-Champaign	College of Engineering	Department of Civil and Environmental Engineering	Geotechnical Engineering	Bachelor of Science, Civil Engineering
University of Illinois at Urbana-Champaign	College of Engineering	Department of Civil and Environmental Engineering	Environmental Hydrology and Hydraulics	Bachelor of Science, Civil Engineering
University of Illinois at Urbana-Champaign	College of Engineering	Department of Civil and Environmental Engineering	Structural Engineering	Bachelor of Science, Civil Engineering
University of Illinois at Urbana-Champaign	College of Engineering	Department of Civil and Environmental Engineering	Transportation Engineering	Bachelor of Science, Civil Engineering
University of Michigan	College of Engineering	Department of Civil and Environmental Engineering	Construction Engineering and Management	Bachelor of Science, Engineering(Civil Environmental Engineering)
National University of Singapore	Schools of Engineering	Department of Civil Engineering	Geotechnical Engineering (G) Hydraulics Engineering (H) Environmental Engineering (E) Structural Engineering (S) Construction Engineering (C) Transportation Engineering (T)	Bachelor of Engineering, Civil Engineering

표 5-3 국외 대학원의 건설관련 교육 제공학과/학부 및 수여학위

학 교	단과대	학부/학과	세부전공 (program)	학 위
Purdue University	Schools of Engineering	Division of Construction Engineering and Management	Construction Engineering and Management	Master of Science (M.S/M.S.E/M.S.C.E) Doctor of Philosophy
Stanford University	Schools of Engineering	Department of Civil and Environmental Engineering	Construction Engineering and Management	Master of Science Engineer Doctor of Philosophy
University of Texas at Austin	College of Engineering	Department of Civil Engineering	Construction Engineering and Project Management	Master of Science CEPM M..S Doctor of Philosophy
University of Wisconsin at Madison	College of Engineering	Department of Civil and Environmental Engineering	Construction Engineering and Management	Master of Science Doctor of Philosophy
University of California, Berkeley	College of Engineering	Department of Civil and Environmental Engineering	Engineering and Project Management	Master of Science Master of Engineering Doctor of Philosophy Doctor of Engineering
University of Illinois at Urbana-Champaign	College of Engineering	Department of Civil and Environmental Engineering	Construction Management	Master of Engineering Master of Science Doctor of Philosophy
University of Michigan	College of Engineering	Department of Civil and Environmental Engineering	Construction Engineering and Management	Master of Engineering Master of Science Doctor of Philosophy
National University of Singapore	Schools of Design and Environment	Department of Building	Project Management	Master of Science Doctor of Philosophy
University of Reding	School of Construction Management and Engineering	(Construction Management Courses)		MSc in Project Management MSc in Intelligent Building MSc in Inclusive Environment : Design & Management MSc in Construction Cost Managment MPhil & PhD
		(Engineering Courses and Engineering Research)		MSc Engineering Doctor of Philosophy MPhil

(2) 교육내용

건설기술의 기본교육을 담당하는 있는 미국의 대학은 다양한 프로그램을 운영하고 있으며, 내용면에서 학교별로 많은 차이를 보이고 있다. 어떤 대학에서는 건설기술의 기반을 확립할 수 있도록 개념적이고 이론적인 측면을 강조하는 교육을 하고 어떤 대학에서는 컴퓨터를 이용한 실무적인 건설관리기법을 중점적으로 교육하기도 한다. 이러한 건설기술교육의 차이를 미국의 교육자들도 인식하고 교육프로그램의 기본체제를 설정하여

공통적인 과목을 교육하려는 움직임이 젊은 교수들을 중심으로 이루어지고 있다. 이러한 교육 프로그램의 비교에 대한 연구보고(Abudayyeh, 2000)에 따르면 대학교육의 ABET 인증과 연계하여 필수적인 과목을 정의하고 교육 프로그램을 개선하는 사례가 늘어나고 있다. 최근의 몇몇 대학에서는 대학과 기업에서 다양한 프로그램을 개설하여 해당분야의 전문가로 성장할 수 있도록 체계적인 교육을 실시하고 있다.

그 한 예로서 미국 스탠포드 대학의 토목공학과에서는 외부 환경의 변화와 업계의 요구(Need)를 지속적으로 모니터링하고 건설기술 전문가의 역할과 자질에 대한 심도있는 분석을 통하여 미래지향적인 전공프로그램을 유지하고 있다. 또한, 이론에 치우치거나 한 분야의 지식만 겸비한 불완전한 건설기술 전문가가 되지 않도록 인접 전공분야간 다양한 연계프로그램을 개설하고 방학동안 인턴쉽을 적극 권장하여 실무감각을 익히도록 하고 있다. 최근 이 대학에서는 석사과정에 설계시공 통합과정(DCI; Design and Construction Integration)을 개설하여 설계 전공자가 시공기술과 프로젝트 관리기술을 습득할 수 있도록 교육하고 있다.

건설기술 프로그램에서 제공하는 대부분의 강의는 이론과 실습으로 구성되어 있으며, 회사에서 수행하고 있는 실제 프로젝트를 대상으로 그룹과제를 수행하고 그 결과를 해당 회사에 보고하여 평가를 받는다.

그림 5-3과 그림 5-4에서 비교해 보면 미국과 국내 주요대학 교육과정의 이론과 실습 비중에 많은 차이가 있음을 알 수 있다. 특히, 미국 스탠포드 대학의 대학원 과정에서는 학기 중에 매주 한 번씩 전체 학생들이 참석한 가운데 실제 프로젝트를 수행하고 있는 설계 및 시공회사의 전문가들을 초청하여 세미나를 개최하면서 기술자의 역할을 이해하고 전문가로서 직업에 대한 자부심을 갖게 하고 있다.

국내의 대학

국내 8개 주요대학의 교육내용[4]을 정리하면 표 5-4와 같다. 국내 대부분의 대학에서 요구하는 졸업학점은 130에서 140학점 사이이며, 분석대상이 되는 전공학점 내의 전공필수 및 전공선택의 평균 비율은 29%, 71%였다. 전공필수 학점 내의 Engineering, Construction Management, General Management, Computer, 기타 교과목 비율[5]은 각각 70%, 14%, 4%, 4%, 8%로 나타났다. 이중 서울대(건축)의 경우 별도의 인턴십 프로그램을 운영하고 있다.

표 5-4 국내 건설사업에서의 주요 CM 적용사례 및 특징

학 교	졸업요구 학점	분석대상 전공학점내		전공필수내					현장인턴 실습유무
		전공필수 비율(%)	전공선택 비율(%)	Eng 비율(%)	CM 비율(%)	GM 비율(%)	Computer 비율(%)	기타 비율(%)	
서울대 (건축)	130	39	61	50	10	0	13	27	O
서울대 (토목)	130	16	84	77	0	0	15	8	X
동국대 (건축)	140	24	76	50	50	0	0	0	X
서울시립대 (건축)	130	34	66	90	10	0	0	0	X
경희대 (건축)	130	55	45	62	15	0	0	23	X
한양대 (건축)	140	30	70	86	14	0	0	0	X
한양대 (토목)	140	34	66	75	0	25	0	0	X
연세대 (토목)	132	0	100	-	-	-	-	-	X

4) 교육내용의 비교에서는 전공과목이 아닌 교양과목은 분석에서 제외하였다. 자유선택학점의 경우에는 전공필수학점의 전공 대 교양비율을 적용하여 전공과 교양으로 분배한다. 예를 들어 자유선택학점이 50학점이고 전공 대 교양의 필수이수학점의 비율이 60 대 40이면, 전공학점으로 50×0.4=20을 분배하고 교양학점으로 50×0.6=30을 분배한다. 따라서 이 경우 상세 분석 대상이 되는 전공학점은 (전공학점+자유선택에서 분배된 전공학점)이 된다.

5) 필수학점이 없는 연세대(토목)은 제외.

국외 9개 주요대학의 교육 내용을 정리하면 표 5-5와 같다. 졸업 요구학점이 120에서 180학점 사이에 분포하여 국내보다 편차가 큰 것을 알 수 있다. 분석대상이 되는 전공학점 내의 전공필수 및 전공선택 비율의 평균은 각각 72%, 28%이었다. 전공필수 학점 내의 Engineering, Construction Management, General Management, Computer, 기타 교과목 비율평균은 각각 73%, 14%, 2%, 7%, 4%인 것으로 나타났다. 미국의 Purdue University, Stanford University, University of Wisconsin at Madison의 경우에는 별도의 인턴쉽 프로그램을 운영하고 있다.

표 5-5 국외 대학의 건설관련 교육의 교육내용 비율

학 교	졸업요구 학점	분석대상 전공학점내		전공필수내					현장인턴 실습유무
		전공필수 비율(%)	전공선택 비율(%)	Eng 비율(%)	CM 비율(%)	GM 비율(%)	Computer 비율(%)	기타 비율(%)	
Purdue University	132	76	24	41	27	16	5	11	O
Stanford University	180	74	26	86	14	0	0	0	O
University of Texas at Austin (AE)	126	91	9	75	17	0	8	0	X
University of Texas at Austin (CE)	124	73	27	88	6	0	6	0	X
University of Wisconsin at Madison	126	68	32	71	17	0	0	12	O
University of California, Berkeley	120	58	42	82	8	0	10	0	X
University of Illinois at Urbana-Champaign	133	62	38	79	7	0	14	0	X
University of Michigan	128	87	13	70	19	0	11	0	X
National University of Singapore	160	62	38	62	15	0	8	15	X

국내외 대학원(CEM 전공)

국내 7개 주요대학원의 CEM(Construction Engineering & Management) 프로그램의 교육내용을 정리하면 표 5-6과 같다. 졸업 요구학점은 석사는 24학점에서 30학점 사이, 박사는 30학점에서 36학점 사이였으며, 분석 대상이 되는 전공학점 내의 전공필수 및 전공선택 비율의 평균은 각각 2%, 98%로 대부분의 교과목들이 선택과목이었다.

표 5-6 국내 대학원(CEM 전공)의 건설관련 교육의 교육내용 비율

학 교	졸업요구학점		분석대상 전공학점내		전공필수내					비 고
			전공필수 비율(%)	전공선택 비율(%)	Eng	비율(%)	CM	비율(%)	GM	
서울대 (건축)	석사	24	0	100	–	–	–	–	–	과내 개설과목 1/2 이상 수강
	박사	60 (석사연계)								
동국대 (건축)	석사	24	0	100	–	–	–	–	–	
	박사	36								
서울 시립대 (건축)	석사	24	0	100	–	–	–	–	–	석사는 과내 개설과목 2/3 이상 수강
	박사	60 (석사연계)								
경희대 (건축)	석사	24+ 논문지도4	0	100	–	–	–	–	–	논문지도는 졸업요구학점에는 불포함
	박사	36+ 논문지도6								
한양대 (건축)	석사	24	0	100	–	–	–	–	–	전공최소이수기준 (석사 15, 박사 21)
	박사	60 (석사연계)								
한양대 (토목)	석사	24	13	87	0	0	0	0	100	
	박사	60 (석사연계)								
연세대 (토목)	석사	30	0	100	–	–	–	–	–	석사는 1학기 이상 논문지도 받아야 함.
	박사	30								
	통합	54								

국외 9개 주요대학원의 CEM(Construction Engineering & Management) 교육내용을 정리하면 표 5-7과 같다. 석사과정의 졸업 요구학점은 수여학위에 따라 큰 차이가 있었으며, 같은 학위의 경우에는 논문옵션에 따라 3~9점 정도의 차이가 있었다. 박사과정은 요구학점이 14학점~45학점으로 학교별로 큰 편차를 보이고 있었다. 즉, 국내 대학들보다 학교별로 교육 프로그램의 특성화가 뚜렷한 경향이 있었다. 분석대상이 되는 전공학점 내의 전공필수 및 전공선택 비율의 평균은 각각 48%, 52%로 필수와 선택비가 유사하였으며, 전공필수 학점 내의 Engineering, Construction Management, General Management, Computer, 기타 교과목 비율평균[6]은 각각 0%, 86%, 8%, 3%, 3%이었다.

6) 필수학점이 없는 Stanford University 제외.

표 5-7 국외 대학원(CEM 전공)의 건설관련 교육의 교육내용 비율

학 교	졸업요구학점		분석대상 전공학점내		전공필수내					비 고
			전공필수 비율(%)	전공선택 비율(%)	Eng	비율 (%)	CM	비율(%)	GM	
Purdue University	MS	21 (논문) 30 (비논문)*	77	23	0	39	35	0	26	
	DP	48 (MS연계)								
Stanford University	MS	45*	0	100	–	–	–	–	–	-MS는 비논문옵션 -MS는 스탠포드내 이수학점만 인정 -Engineer와 DP는 45까지 외부학점 인정
	Engineer	90 (MS연계)								
	DP	135 (MS연계)								
University of Texas at Austin	MS	30(논문) 36(비논문)	40	60	0	50	25	25	0	-CEPM은 P/R/T, Q/S/B의 분야에서 분야별 두 영역에서 한 과목 이상 수강
	CEPM MS	30*								
	DP	48 (MS연계)								
University of Wisconsin at Madison	MS	24(논문) 30(비논문)* 40(학부비전공)	40	60	0	100	0	0	0	-학부비전공자는 최소 30학점 전공과목 수강
	DP	10–12								
University of California, Berkeley	MS	20(논문) 24(비논문)*	50	50	0	100	0	0	0	-MS(년), ME(2년) -최소CEM전공과목수강기준(MS논문 8, MS비논문 12, ME 16)
	ME	24								
	DP	–								
	DE	–								
University of Illinois at Urbana–Champaign	MS	32(논문) 36(비논문)*	56	44	0	100	0	0	0	-MS 최소 12학점 이상 CEM 전공과목 수강
	DP	96 (MS연계)								
University of Michigan	ME(CEM)	30*	40	60	0	100	0	0	0	-ME(CEM)은 6학점 이상 건설 외 분야 수강
	MS(CEM)	30 또는 33								
	DP	21								
National University of Singapore	MS(PM)*	40	50	50	0	100	0	0	0	
	DP	48								
University of Reding	MS(PM)* MS(CCM) MS(IE) MS(Engineer)	–	80	20	0	100	0	0	0	
	MPhill DP	–								

· 교육내용 비율은 *표시된 과정을 분석한 것임.

· MS(Master of Science), ME(Master of Engineer), DP(Doctor of Philosophy), DE(Doctor of Engineering)

수업방법

수업방법의 비교에서는 건설관련 과목 중에서 CM 전문인력의 교육과 연관된 과목으로 분석 범위를 제한하였다. 수업방법 비교의 틀로는 Eschenbach(1997)의 연구를 활용하였으며, 학습효과에 영향을 미치는 요소들을 도출하였다. CM 전문인력의 교육방법에는 이론교육과 실습교육이 있으며, 교과목의 특성에 따라 효율적인 교육방법이 다르게 된다. 국내외의 학부과정과 대학원과정의 교과목 중 순수이론 과목을 제외한 교과목 즉, 실습과 이론이 동시에 필요한 주요 교과목들의 교육방법 현황을 도식화하면 그림 5-3[7]과 그림 5-4[8]와 같다.

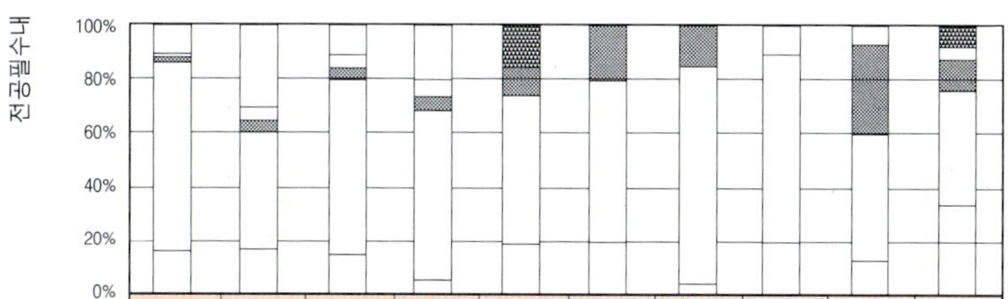

	서울대(건축)	동국대(건축)	서울시립대(건축)	경희대(건축)	Perdue	Stanford	UT	Wisconsin	UCB	Illinois
▦ Field exercise	0%	0%	0%	0%	0%	0%	0%	0%	0%	7%
▩ Laboratory	0%	0%	0%	0%	15%	0%	0%	0%	0%	0%
□ Lecture(출석, 참여도)	10%	30%	10%	20%	0%	0%	0%	10%	0%	5%
□ Case analysis & presentation	2%	5%	5%	6%	0%	0%	0%	0%	7%	0%
▩ Termproject & presentation	2%	5%	5%	6%	10%	20%	15%	0%	33%	12%
□ Exams	70%	43%	65%	62%	55%	60%	80%	70%	47%	42%
□ Homework	17%	18%	15%	6%	20%	20%	5%	20%	13%	35%

그림 5-3 건설기술 교육 과정의 이론과 실습 비중(학부과정)

7) 학부과정의 교육방법에서 분석된 각 학교별 교과목은 다음과 같다. ① 서울대(건축) : 건설기술, 건설시공, 건축경영, ② 서울시립대(건축) : 건설관리 및 경영, 건축시공학, ③ 동국대(건축) : 건설재료및공법, 건설관리, 공정관리, ④ 경희대(건축) : 건축재료 및 시공1 · 2, 건축공법, 사업관리기초, 건설관리1, 건설관리2, ⑤ Purdue : Construction Management, Construction Plans and Estimates, ⑥ UT : Construction Materials, Cost Estimating in Building Construction, ⑦ UCB : Engineering, Project Management, Construction Estimating, Construction, Maintenance and Design of Civil Engineerd System, ⑧ Stanford : Building Systems, ⑨ Illinos : Construction Engineering, Construction Productivity, ⑩ Wisconsin : Construction Systems.

8) 대학원과정의 교육방법에서 분석된 각 학교별 교과목은 다음과 같다. ① 서울대(건축) : 건설경영공학, 건축기술특론, 건설생산공학, 건축공사관리론, 건축재료 및 공법특론, ② 동국대(건축) : 건설프로젝트관리, 건설품질관리, ③ 경희대(건축) : 건설관리기법연구, 건설사업관리, 공사생산성분석론, 건설재료 특론, 건설사업관리, 건설품질 경영, 건설공정관리, ④ Purdue :Construction Project Control Systems, Design of Construction Operations, Construction Productivity Improvement, High-tech Construction, Selection and Utilization of Construction Equipment, Underground Infrastructure Construction Technologies, ⑤ UT : Project Management, Constructability & Modularization, Quantitative Method for Project Analysis, Construction Productivity, ⑥ Wisconsin : Construction Project Management, Constructability Analysis, Integrated Project Estimating and Scheduling, ⑦ UCB : Construction Estimating Analysis, Civil System & Environment, Advanced Construction Engineering.

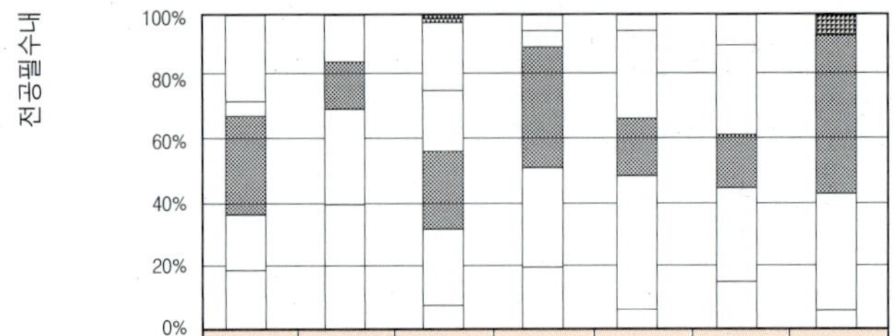

	서울대(건축)	동국대(건축)	경희대(건축)	Perdue	UT	Wisconsin	UCB
Field exercise	0%	0%	2%	0%	0%	0%	7%
Laboratory	0%	0%	0%	0%	0%	0%	0%
Lecture(출석, 참여도)	28%	15%	22%	5%	4%	10%	0%
Case analysis & presentation	4%	0%	19%	5%	29%	28%	0%
Termproject & presentation	31%	15%	24%	38%	19%	17%	50%
Exams	18%	30%	24%	32%	43%	30%	37%
Homework	19%	40%	8%	20%	6%	15%	7%

그림 5-4 건설기술 교육 과정의 이론과 실습 비중(대학원)

주요 비교항목은 과제(Homework), 시험(Exams), 조별 프로젝트 및 발표 혹은 사례분석 및 발표(Team Project and Presentation, Case Analysis and Presentation), 실험 및 실습(Laboratory, Field Excercise), 강의 도구(교재) 및 빈도 등이다.[9]

5.2.2 전문교육(국내외 학협회)

우리나라의 계속교육은 학·협회, 그리고 기업 내에서의 교육으로 구분되어 제공되고 있다. 학·협회의 교육은 주로 정해진 장소에서 강의식으로 이루어지며 건설관리 및 기술에 대한 전반적인 사항을 교육한다. 기간은 1~2일 과정에서 3~4주 과정까지 교육기관에 따라 다르며, 대학 교수 및 특급기술자 등이 강사로 활동한다. 주요 교육기관으로는 한국건설기술교육원, 한국프로젝트관리기술회, 건설생산성본부, 한국기술사회 등이 있다. 기업 내에서 이루어지는 계속교육은 대형 건설회사일수록 체계적인 교육시스템을 갖추어 기술자들의 경력경로를 지도하고 있다. 그리고 이러한 교육시스템을 갖추고 있지 못한 중소업체의 경우에는 직원들을 학·협회에 위탁하여 교육하고 있다.

외국의 계속교육도 학·협회, 그리고 기업 내의 교육으로 구분되어 진행되고 있다. 외

9) 본 비교표는 교과평가 비율을 토대로 교과진행 방법을 분석한 것임. Purdue, Wisconsin, Illinois, 서울대는 별도의 인턴쉽 프로그램을 가지고 있음. 이 조사에서는 교과평가 비율을 토대로 수업의 진행방법을 살펴보는 것이 목적이었기 때문에 물리적인 수업진행의 이론/실습 시간과 같은 것은 아니나, 수업진행 과정의 많은 정보를 알 수 있었다.

국의 학·협회 교육은 정해진 장소에서 이루어지는 강의식 교육 이외에도 온라인 강의, 온라인 세미나, 오디오 테입이나 CD 등 멀티미디어를 이용한 교육 등 다양한 교육시스템이 갖추어져 있어 원거리에 있는 사람들도 교육을 받을 수 있는 특징이 있다. 교육의 종류도 부문별로 특성화 되어 있는 경우가 많으며, 교육시간도 다양하다. 경우에 따라 석사학위가 주어지는 과정도 있다. 대학의 교수 및 전문 강사진을 보유하고 있으며, 온라인 강좌가 활성화되어 있으므로 유명강사의 강의를 직접 방문하지 않더라도 수강할 수 있다. 계속교육을 실시하고 있는 주요 학·협회는 PMI(프로젝트 관리협회), AIA(미국 건축가협회), ASCE(미국토목학회), CII(건설산업연구원), AACE(미국 비용전문가 협회) 등이다. 회사에서의 교육은 국내의 경우와 비슷하나 좀더 전문화되어 있는 것으로 나타났다.

우리나라의 계속교육은 학·협회는 건설기술교육원과 한국기술사회, 한국프로젝트관리기술회, 한국생산성본부, 대한건설협회 등 5개 기관에서 주로 이루어지고 있으며, 대학에서는 서울대학교에서 PM 최고경영자 과정이 개설된 바 있다. 국내외 학협회에서 제공하는 전문교육을 교육과정, 교육방법을 중심으로 정리해보면 표 5-8과 같다. 건설기술교육원의 CM Academy와 한국기술사회의 CM 전문가 과정은 교육과정도 세분화되어 있고 모두 150시간 이상의 강의[10]를 수강하도록 되어 있어 다른 기관의 계속교육 프로그램에 비해 체계적이고 효율적인 교육이 이루어지고 있다. 특히 1998년에 개설된 한국기술사회의 CM 전문가 과정의 경우는 교육대상이 엄격히 제한되어 있고, 교육내용에는 공학윤리 등 전문가가 갖추어야 할 품성이나 윤리에서부터 기술공학적인 부분과 다양한 사례분석까지를 포괄하고 있어 우수한 계속교육 프로그램 모델이라 할 수 있다.

국외에서는 ASCE, PMI, AIA, AACE, CII 등 5개 기관과 스탠포드, 텍사스, 퍼듀, 위스콘신 대학 등 4개 대학에서의 계속교육을 사례로 들어 제시하였다.

교육대상은 우리나라의 경우는 건설실무자 전체를 대상으로 하는 경우가 대부분이었으며, 특정 업체나 업무영역에 종사하는 사람을 대상으로 하는 경우는 한국기술사회의

---

10) 건설기술교육원의 CM Academy는 154시간,
한국기술사회의 CM(Construction Management)과정은 180시간.

CM 과정이 유일했다. 외국의 계속교육도 건설실무자로서 교육을 원하는 누구나 교육받을 수 있는 기회가 주어진다. 그러나 경우에 따라서는 원가관리전문가나 매니저급을 대상으로 하는 특화된 교육들이 개설되어 있어 일반 교육과정과 다른 고급교육을 받을 수 있다.

표 5-8 국내·외 계속교육 기관 및 교육과정 현황

분류	교육기관	교육과정	교육방법			기 타		비고
			on-line	off-line	seminars	수료인증관련	업계와의 연계	
국외 학·협회	ASCE	distance learning	8개의 분야별로 비디오테입, CD, 온라인 강의 개설(총100개 강좌). 원하는 과목을 구입하여 수강.		9개의 주제별 세미나 CD가 있음. 원하는 CD구입하여 수강.	없음	없음	
		on site training	9개의 주제영역별 온라인강의 진행. 각 과목선택 수강.			없음	없음	
		seminar		9개의 주제영역이 있고 그 영역 안에 5~10개의 세부과정 있음. 각 세부과정(2~4일 과정) 중 선택하여 수강.		없음	없음	
	PMI	Certifications		PMP와 CAPM 자격증 취득을 위한 강의.		자격시험을 거쳐 PMP와 CAPM 자격수여.	없음	
		Seminars World		각 지역을 순회하며 비교적 큰 규모의 세미나가 연간 28회 진행됨.		없음	없음	
		e-Seminars World	웹상에서 세미나가 진행되며 토론과 그룹과제가 부여된다.			없음	없음	
		web based self study		PMBOK를 기본교재로 하여 실무에 적용가능한 지식을 강의.		없음	없음	
	AIA	AIA e-Classroom	20개의 온라인 강좌이며 선택가능하다.			없음	없음	
	AACE	Corporate Educational Opportunities		CEO 프로그램 9개 강좌, 자격증관련 코스3개 개설.	21개의 세미나 진행(최근3년간)	일부 과정 이수 후 CCC /CCE /ICC 등의 자격수여.	없음	cost 관련 과정이 많음.
		AEP Program		2개 분야 9개 과정 개설. 각 분야의 교수, 컨설턴트, 실무진이 강의.		없음	없음	
	CII	COURSE 1,2,3		1~2일과정 강의 3~7개가 하나의 COURSE를 구성.		없음	애리조나, 텍사스 대학과 연계	

국외대학	스탠포드	The introductory CIFE Summer Program		3일 과정으로 본과정의 소개와 팀 프로젝트가 실시된다.		없음	없음	
		3개의 core courses	온라인 강의와 과제 및 팀 프로젝트가 실시된다.			Stanford Virtual Design and Construction mastery certificate 수여	없음	
	벡사스	Masters Degree Programs		강의식, 토론식 수업이며 총33학점 이수해야 함.	Engineering Management Seminar 한 과목 개설 (3학점)	석사학위가 수여됨.	없음	
		Conferences		2일간 6개 과목 강의.		없음	없음	
		Short Course	1개의 온라인 세미나. (Pavement Preservation Seminar)	9개의 과정 중 선택 수강		없음	없음	
	퍼듀	Professional Development Programs	비디오테입강의(30개)와 Tele-conferences강의(1개), Live on-site programs(4개)가 있음.	Engineering management와 CEE producted programs이 있음.		없음	프로그램 중 2개 과정은 외부 기업에서 강의함.	주1회 교육
		Graduate Programs		Master of Science in Engineering과 Master of Science 과정이 있음.		석사학위가 수여 됨.	없음	
	위스콘신	400 short course		22개 카테고리로 구성되어 있고, 각 카테고리 마다 다시 10~20개의 강좌로 세분화 됨. 이 중 선택수강.		없음	없음	각 강좌는 2~5일 코스
		Distance learning	학위과정과 일반과정으로 나뉘며, 인터넷으로 진행됨.			학위과정 이수하면 석사학위 수여.	없음	
국내 학·협회	건설기술교육원	CM Academy		5개 과정 154시간의 교육을 이수하여야 함. 강의와 사례연구위주의 수업이 진행.		건설기술관리법에 의한 전문교육 과정(최초 및 승급)을 이수한것으로 인정	한국건설관리학회와 연계	
	한국기술사회	CM 전문가 과정		9개 과정 35개 수업을 이수해야 함. 총180시간이며 강의와 사례연구 중심의 수업이 진행.		건설기술자 경력관리에 등재. 기술사회 주관 CMP 응시자격 부여	없음	
	프로젝트관리	PM 과정		3일에 걸쳐 9개 과목의 강의기 진행됨. 총23시간.		없음	없음	
	한국생산성	PMP과정		3일에 걸쳐 5개 과목의 강의가 진행됨. 총 20시간.		없음	없음	
	대한건설협회	CM실무과정		10개 과목 28시간의 강의로 진행된다.		없음	없음	
국내대학	서울대학교	건설관리기술 교육과정		하루 3과목 6시간씩 주5회 강의. 총 20주 과정.		없음	금호건설 위탁	특강 및 교양과목 포함.해외현장견학(5일간)

5.2.3 회사의 기술인력 육성 사례

미국의 여러 건설회사에서는 표 5-9와 같이 경력 년수별로 기술자의 요구능력을 정의하고 그에 따른 교육목표를 설정하여 계속교육을 실시하고 있다. 그림 5-5는 미국 건설회사에서 운영하고 있는 CDP[11] 기반의 기술능력 평가사례를 보여준다. 세계적으로 유명한 미국의 벡텔사에서는 전문인력의 직급에 따른 숙련도 기준을 5단계로 구분하고 직무별 전문성을 향상시키기 위한 자체 교육프로그램과 CDP를 운영하고 있다. 이 회사에서는 전문부문별, 직급별로 기업특성에 맞는 기술인력 관리체계를 보유하고 있어 회사에 필요한 인력양성과 개인의 성취도 향상에 큰 효과를 거두고 있다. 또한 CM 사업에 치중하고 있는 미국의 터너사는 초급기술자에서 고급기술자에 이르는 경력개발 Map을 제시하고 각 직급별로 요구되는 지식과 기술을 습득할 수 있도록 계속교육을 실시하고 있다. 터너사에서는 프로젝트의 주요 관리 프로세스에 대한 교재를 자체 개발하여 직원들의 교육에 활용하고 있다.

표 5-9 미국 건설회사의 기술자 경력관리 사례

경력년수	1-8	6-17	9-23	12+	15+
(직위번호) (직위) (요구사항)	· 21-24 · 기술자 · 설계사	· 25-26 · 선임 기술자 · 선임 설계자	· 26-27 · 기술전문가 · 자동화관리사 · 설계실장 · 사업팀장	· 27-29 · 기술사 · 자동화전문가 · 기술팀장	· 28-32 · 선임기술자
핵심 프로그램	· 교육레벨 1 · 교육레벨 2 · 풍동분석 · 지진분석 · 기초공학 · 구조공학 · 하드웨어 · 자동화 기초설계 · 자동화 기초설계 고급 · 구조 모델링, 분석 및 설계 · 고급 구조분석 · 소프트웨어	· 교육레벨 2 · 고급 구조분석 · 설계 · 동적 기초설계 · 외부 교육세미나 · 기업문화 · 대인관계	· 리더쉽 · 대인관계 · 시공생산성공학 · 계약 · 사업관리지식	· 기업전문조직 · 기술교육	· 기업위원회

11) CDP(Career Development Programs; 경력개발 프로그램)

교육목표	· 기업자동화 도구 · 교육/기능 자동화 도구 · 리더쉽 · 의사소통 · 핵심그룹 · 작문교육 · 효과적 회의전략 · 리더쉽 과정 · 문화의 이해 · 대인관계	(좌측 내용 포함) · 업무/주도적 리더쉽 · 효과적 발표기법	(좌측 내용 포함) · 가치공학 · 안전 및 환경 · 입찰 및 실행	(좌측 내용 포함) · 외부 교육프로그램 · 실행계획 · 수익성 창출	(좌측 내용 포함) · 파트너링 개념 · 법률 체계

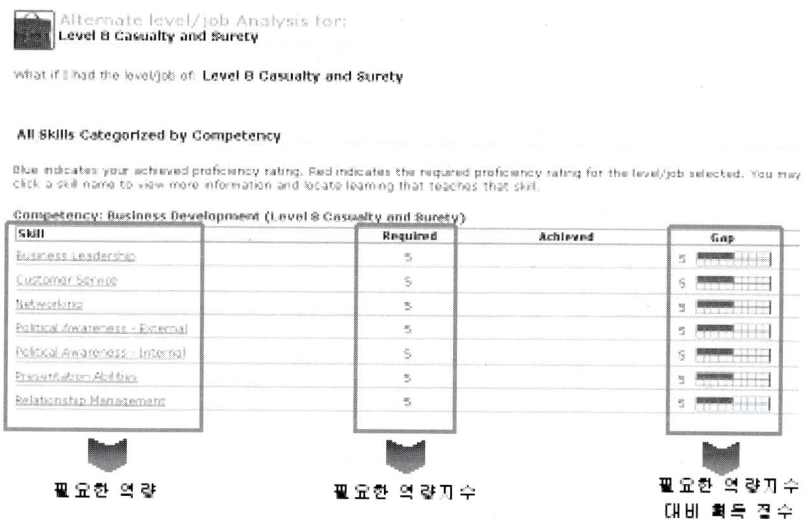

그림 5-5 미국 건설회사의 CDP 기반 기술능력 평가사례

국내는 대기업을 중심으로 기술인력을 적극적으로 육성 개발하려는 노력을 하고 있다. 대표적으로 S사는 CDP 개념을 도입한 전문가제도를 운영하고 있다.

S사의 CDP 제도는 다음의 세 가지 기본방향을 토대로 운영되고 있다. CDP 제도는 전 직원의 전문성 향상을 지원하는 기반시스템으로 충실히 CDP 단계를 이수하여 자연스럽게 전문가로 성장되도록 하는 것이 목적이다.

• EC화 추진에 필요한 전문인력을 육성: 핵심상품/기술 중심으로 전문인력을 육성하고, 수주상황에 따른 인력운영의 유연성 확보

• 직원 개인의 성장비전 실현을 지원: 분야별로 다양한 성장경로를 제시하고 대외적으로도 인정받는 전문인력을 양성

• 직무중심의 인사관리를 실현: 체계적인 직무관리로 전문성에 입각한 적재적소의 인력운용을 지향

S사의 CDP 개념을 도식화하면 그림 5-6과 같다.

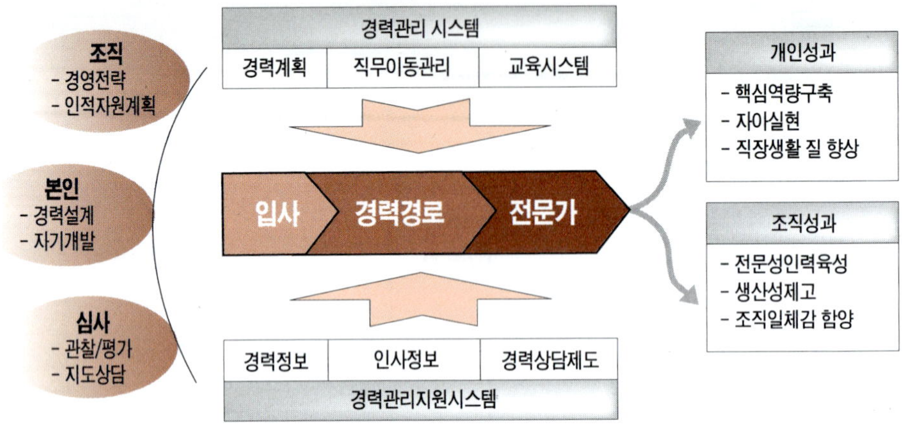

그림 5-6 S사의 CDP 개념

또한 이러한 CDP는 직급체계와 대응하여 3단계의 육성과정을 통해 전문가로 성장하도록 설계되어 있다.

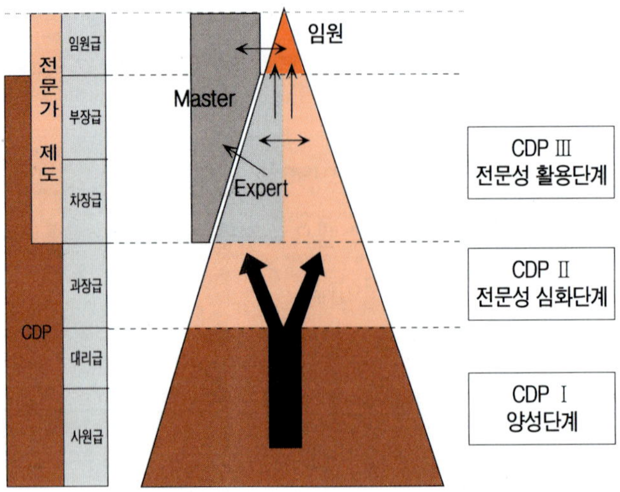

그림 5-7 S사의 CDP와 전문가 제도

CDP는 경력육성기, 경력심화기, 경력활용기의 세 단계로 구분된다. CDP Ⅰ단계의 대상은 사원, 대리, 과장급이 해당되고, CDP Ⅱ단계는 차장과 부장급이 대상이 해당된다. 각 단계별 육성대상과 육성착안사항을 살펴보면 표 5-10과 같다.

표 5-10 국내 건설사업에서의 주요 CM 적용사례 및 특징

CDP 단계	육성대상	육성착안사항
1단계	대리 · 사원	– 직군별 채용 및 적재적소 배치 – 직군/직무 이동을 통한 다양한 실무경험 축적 – 기초 실무능력 및 기술연수 – 경력설계 워크샵(1차)을 통한 경력경로 설계(대리)
2단계	과장	– 상품별/직무별 전문분야 선정 – 전문직능교육 및 자기개발을 통한 전문역량 심화 – 경력설계 워크샵(2차)을 통한 전문성 심화계획 수립
3단계	차 · 부장	– 전문가 선발 및 활용 – 해당 전문분야에서 전문역량 및 리더십 발휘 – 경력설계 워크샵(3차)을 통한 전문성 활용방안 수립

S사의 사내 교육 프로그램은 크게 CDP 제도와 전문가 제도의 큰 틀 안에서 이루어지고 있다. 177개의 단위 직무별로 직무개요, 주요과업 및 수행에 필요한 기술·지식/요구역량/이수교육/경험직무/자격증/이동가능직무를 직무역량서를 통해 제공하며 전문역량 개발의 가이드라인으로 활용하도록 하고 있다. 이러한 직무역량서 예를 살펴보면 그림 5-8과 같다.

직 군	기술직**(예시)**	직무그룹	설계 ENG	직 무	도로설계

직무개요	도로 상품의 사업기획 및 입찰설계를 주도하고 도로현장에 대한 제반기술 지원을 통하여 시설물의 안전 및 품질향상을 도모	주요과업	– 기술경쟁력을 바탕으로 도로TK공사 수주 – 도로공사의 기획 및 핵심설계기술 확보 – TK설계 품질, 원가관리 및 협력업체 리드

직급 CDP단계	필요기술/지식	요구역량	이수교육	경험직무	자격증	이동가능 직무
부/차장급 CDP COURSE 3	–도로계획 기술 –기술영업력 –대안공법제시	–비전제시능력 –전략수립능력 –팀성과관리력 –리더쉽 –혁신추진력	■ CM 과정 ■ 현장소장양성교육 ■ 정보화교육 △ 팀리더가치혁신 △ 경영사례연구	–도로설계 10년	■ 정보자격 △ 어학 3등급 △ 기술사/PMP	–사업관리 현장총괄 –사업관리 PE –사업관리 공무 –영업개발 기술영업
과장급 CDP COURSE 2	–도로관련 법규, 기준 (도로법,교통·환경영향 평가 등) –국가계약법 –회계예규 –타분야 이해	–기획분석력 –정보수집능력 –기술정보활용력 –사업성검토력 –프레젠테이션력	■ 정보화교육 △ 커뮤니케이션 스킬 △ 건설산업기본법	–도로설계 2년 –TK 설계관리 2년 –TK 사업관리 2년	■ 정보화자격 △ 어학 3등급 △ 기술사/PMP	–사업관리 공무 –설계ENG 현장설계 –사업관리 PE –영업개발실 기술영업
대리/사원급 CDP COURSE 1	–도로의 구조시설 기준에 관한 규칙 –도로공사표준시방서 –도로교통용량편람 –도로설계요령 등	–문제발견/해결능력 –이해판단력 –자기관리 –전문S/W운용력 –이문화적응력	■ 신입공무교육 ■ 토목직 3년차 기술교육 ■ 정보화교육	–도로설계 3년 –현장공사 1년 –현장공무 1년	■ 정보화자격 △ 어학 3등급 △ 기사 1급	–사업관리 공무 –사업관리 공사관리 –설계ENG 국내견적 –설계ENG 해외견적

그림 5-8 S사의 직무 역량서

그림 5-8은 경력경로(Career Road Map)를 통해 분야별 전문가로 성장하기 위한 직무 이동경로와 단계별 육성내용을 제시하여 해당 전문가가 되기 위한 교육사항과 자격요건, 직무경험 등을 제공하고 있다. 그림 5-9는 해당 기술자가 되기 위해 필요한 요건들을 보여준다.

CDP단계	CDP Ⅰ(기초기술연수)		CDP Ⅱ(전문직무/기술연수)	CDP Ⅲ(리더십/경영연수)	
직 급	사 원 급	대 리 급	과 장 급	차 장 급	부 장 급
전 문 성	OJT / 직무순환		전문성 심화	전문성 활용 (Expert/Master 선발대상)	
공동교육	-신입사원직무기초교육 -품질관리교육 -안전관리교육 -정보화교육		-과장 승격자 교육(AEX) -전문기술교육	-차장/부장승격자 교육 -경영/리더십교육-현장소장 양성/육성교육	
전 문 직능교육	-원가관리교육 -공정관리교육(권장) -건설기술 아카데미 Junior코스		-직무 소그룹별 직무역량 강화교육 -건설기술 아카데미 Senior코스	-분야별 Expert/Master 능력 심화교육	
필요자격	-e-Professional 2급 -시공/품질안전기사(어학 3급)		-e-Leader 3급	-e-Leader 3급 -기술사/건축사	
직무경험	-권장:시공2년		-필수:시공3년 -권장:공무2년, 기술2년	-필수:시공5년 -권장:공무3년, 기술3년	

그림 5-9 S사 건축시공 전문가의 CDP Road Map

교육은 내용에 따라 크게 기본교육, 전문교육, 특별교육으로 세분화된다. 또한 교육형태에 따라 사내교육과, 외부교육으로 분류되며, 사이버 교육을 통해 경영전문, 경영기초, 외국어, 정보기술, 직무/자격, 시사/교양, 정보기술 등을 교육하고 있다.

직급 분류체계 측면에서 보면 국내기업은 대부분 근무 연한에 따라 직급을 분류하고 있었다. 이는 능력위주의 경력개발 측면에서는 매우 불리한 것으로 직원의 능력수준 파악과 관리가 어렵다. 그러나 국내 건설기업 중에서 한발 앞서 CDP 개념을 도입하고 있는 B사의 경우에는 직급별 요구능력을 설정하고 이에 따른 교육을 실시하는 등 인력개발 측면에서는 매우 앞서가는 사례라고 판단된다. 외국의 D사와 E사의 경우에는 이미 CDP

프로그램을 운영하고 있거나 개념을 도입하고 있었으며, 따라서 요구역량별에 따라 직급을 부여하는 기반을 갖추고 있다. 교육프로그램 측면에서 보면 D사의 경우에는 신입사원 교육을 시작으로 인력을 초급, 중급, 고급과정으로 분리하여 교육하는 프로그램을 가지고 있다. 또한 사외 위탁교육프로그램의 활용은 활발하지 않은 것으로 파악된다. CDP 프로그램을 도입하기 시작한 B사의 경우에도 이러한 틀 안에서 교육프로그램을 운영하고 있다. 국외 D사의 교육프로그램은 역량에 따른 필요기술을 정의하고 이러한 기술 습득에 필요한 교육을 실시하고 있다. 또한 개인별 역량획득 점수를 통해 이를 관리하고 있다. 큰 특징은 별도의 신입생 위탁교육프로그램을 두지 않고 바로 실무에 투입해 교육하는 것이며, 단체로 받는 집합식 위탁프로그램을 두지 않고, 개인별 필요한 경우에 한하여 개별 위탁교육을 시키고 있다. 교육효과 측면에서는 개인별 필요한 역량을 확보하기 위해 개인의 능력에 따른 맞춤형(customization) 교육을 제공하는 외국 D사의 사례가 가장 효과적일 것으로 판단된다.

교육방법 측면에서는 우리나라는 대부분이 오프라인 위주로 제공하고 있으며, 일부 외국어나 교양프로그램만 온라인으로 제공하고 있었다. 국외 D사의 경우에는 전체 프로그램을 온라인으로 제공하고 있다. 온라인 교육의 제공은 교육을 위해 이동하는 비용과 시간을 절약하게 해주며, 개인의 시간계획 하에서 교육을 이수할 수 있다는 장점이 있다. 우리나라 건설기업 내 교육프로그램에서도 온라인 교육을 확대하여야 할 것으로 판단된다.

최근 기술과 전문지식의 발전 속도가 과거보다 훨씬 빨라짐으로 기보유하고 있는 지식과 기술의 지속성은 점점 짧아지고 있는 추세이다. 따라서 교육과 경험을 토대로 건설기술 인력들의 지속적인 능력개발이 요구되는 만큼 우리나라 건설기업의 CDP 도입은 무엇보다도 시급하다고 할 수 있다. 즉, 국내 건설기업도 개인의 목표와 조직의 목표를 조화시키고 경력경로를 설계하여 경쟁력 있는 전문가로 성장할 수 있도록 도와주는 인적자원관리인 CDP를 적극적으로 도입하여야 할 것이다. 또한 이러한 CDP는 대학교육과의 연계를 통해 두 교육기관을 연결시키는 고리 역할을 한다.

5.3 CM 직무 분석

CM 전문인력을 체계적으로 육성하기 위해서는 CM 전문인력이 수행하는 구체적인 직무를 규명하고 직무수행에 필요한 역량을 정의할 필요가 있다. 이러한 과정을 통해 구체적인 요구인력을 규정할 수 있고 요구인력을 개발하기 위해 필요한 여러 지원을 할 수 있다.

5.3.1 CM 업무 범위

CM 전문인력인 건설사업관리자가 담당하는 구체적인 업무는 해당 건설 프로젝트의 규모와 특성, 발주자의 요구조건, 건설사업관리자의 참여시기, 기타 공사참여자와의 관계 등에 따라 달라진다. 따라서 건설사업관리자의 역할과 업무를 정형화하여 규정하기는 어렵지만, 미국 건축가협회(AIA; American Institute of Architects)의 건설사업관리자와 발주자간의 표준계약서에서는 건설사업관리자의 업무를 기본업무와 추가업무로 구분하여 표 5-11과 같이 제시하고 있다[12].

표 5-11 건설사업관리자의 업무 내용

구분		업무내용
기본 업무	착공 전 단계 주요 업무	–발주자가 작성한 프로젝트 프로그램, 일정, 예산 등의 검토 –계획설계단계(schematic design)에서의 총공사비에 대한 개산견적(preliminary estimates) –자재 및 시스템 대안에 대한 비용평가 –설계도서 준비시 대지사용, 자재선정, 건축시스템 및 설비, 공사수행체계 등에 대한 검토 –시공법, 자재 · 인력 등의 시장 현황, 구매 및 시공기간에 대한 고려사항, 기타 공사비에 영향을 미치는 요소 등에 대한 제안 –전체 공사일정(project schedule)의 작성 및 정기적인 보완(설계자 검토 및 발주자 승인 요) –설계 및 설계도서 준비(설계자의 업무)가 진행됨과 동시에 공사비 견적의 구체화(설계자 검토 및 발주자 승인 요) –총공사비가 예산을 초과할 우려가 있을 때 대응책의 제안 –시공자 계약방식에 대한 조언 및 관련 문서 검토 –상세공사일정계획작성(각 시공자의 공사기간, 구매 · 조달일정 등 포함) –롱리드 아이템에 대한 관리 –발주자가 측량, 시험 등 각종 전문가 선정을 필요로 할 때 이에 대한 지원 –시공입찰자격자 목록 작성(설계자 검토 및 발주자 승인 요)

12) 임학춘, 국내 건설사업관리 교육 방향에 대한 연구, 성균관대학교 대학원
(재인용) AIA Document B801/CMa Standard Form of Agreement Between Owner and Construction Manager Where The Construction Manager Is Not A Constructor, 1992

시공단계 주요 업무	–입찰 문서의 준비 · 배포, 입찰자 평가 등 입찰관련 업무수행 및 발주자가 낙찰자 선정시 이에 대한 조언 –발주자가 득하여야 하는 각종 허가 취득에 대한 지원업무 –공사 절차, 진척, 일정 등의 협의를 위한 회의주관 –시공자가 제출한 일정계획의 검토 · 관리 및 문제발생시 그에 대한 대책 제안 –총공사비에 대한 실적검토, 관리 및 향후 공사에 대한 원가예측 –기성 및 준공금 신청에 대한 검토 및 처리 –시공자가 제출한 안전프로그램에 대한 검토 및 조정 –공사품질 수준에 대한 결정. 건설사업관리자는 발주자의 결제를 받아 추가 인스펙션이나 시험 등을 지시할 수 있으며 공사결과가 계약문서의 품질요건을 만족치 못했을 때 설계자와 협의하여 이를 거부할 수 있음. –건설사업관리자는 시공자의 공사방법, 기술, 절차, 안전계획 등에 대한 통제를 가할 수 없으며 이에 대한 책임 또한 지지 않음. –설계도면, 시방서에 관련된 문의사항을 설계자에게 전달하고 이와 관련돼 문제가 발생했을 경우에는 설계자를 도와 문제해결을 지원 –시공자의 설계변경 요청에 대한 검토 및 협의. 이와 관련해 설계자와 발주자에게 의견을 제시하고 승인이 날 경우 설계변경 처리 업무 수행 –클레임 검토 및 평가에 대해 설계자를 지원 –현장설계, 각종 데이터, 샘플, 제출서류 등에 대한 검토 및 관련 절차 수립 –공사진척보고서(설계자와 발주자에게 제출) 및 공사일지 작성 –모든 공사관련 기록, 서류, 문서 등을 관리하고 필요시 설계자 또는 발주자에게 제출 –발주자 지급 자재, 장비, 설비 등의 관리 –설계자, 발주자와 함께 시공자의 시운전 입회 –완공 전 미완성 또는 불량 부분에 대한 리스트 작성 –완성 부분에 대한 설계자 검사의 지원 –사전 준공검사를 실시하고 설계자에게 준공검사 실시를 추천하며 준공검사시 설계자를 지원 –인수인계 업무 –준공금 신청서 처리(설계자에게 제출)
부수적 추가업무	–공사 규모, 품질, 복잡도, 또는 발주자의 일정 등의 변경으로 공사가 대폭 수정되어야 할 때 이에 대한 업무 –시공 중 화재 등으로 인해 손상된 부분의 재시공에 대한 자문 –시공자에 의한 또는 공사와 관련돼 발생한 클레임이 과도할 경우 이에 대한 평가업무 –민원 또는 건설사업관리자와 관계없는 중재나 법적 문제 발생시 이에 대한 업무
선택적 추가업무	–향후 시공될 시설물, 시스템, 설비 등에 관련된 업무 –기존의 대지조건, 시설물 등의 조사 또는 실측 도면 작성 업무 –발주자에 의해 제공된 정보 또는 도면의 정확성 검토 –가구 또는 관련 설비의 선정, 구매, 설치 등과 관련된 업무

PMBOK(2004)은 프로젝트관리 지식영역 및 프로세스를 다음과 같이 분류하고 있다.

– Project Integration Management

– Project Scope Management

– Project Time Management

– Project Cost Management

- Project Quality Management
- Project Human Resource Management
- Project Communications Management
- Project Risk Management
- Project Procurement Management

직무는 건설기술이 수행하는 업무 내용 및 전문성 정도를 포함하는 개념이다. 같은 원가관리를 수행하여도 신입사원과 경력 10년 된 사원이 기존의 CM 전문인력들의 업무 규명을 수행하는 일은 전문성 정도의 차이가 있다. 즉, 엔지니어의 직무는 전문성 정도에 따라 일정 단계로 구분될 수 있다.

Hall(1976)[13]은 경력년수와 전문성 및 성과의 상관관계 일반 모형에서 경력발전 주기를 5년 단위로 산정하였다. 즉, 학습효과에 대한 검증기간을 대략 5년으로 보았다. 협업 전문가들도 기술인력의 전문성 향상 주기가 대략 3~7년 사이에 위치한다는 의견이 많았다. 본 연구에서는 Hall의 이론과 협업 전문가들의 의견을 수렴하여 전문성 향상에 필요한 경력주기를 5년 단위로 구분하였다. CM 전문인력의 직무등급을 E(Engineer), SE(Senior Engineer), CE(Chief Engineer), EE(Executive Engineer)의 4단계로 구분하였으며, 등급별 경력년수를 E등급 1~10년, SE등급 5~15년, CE등급 10~20년, EE등급 15년 이상으로 설정하였다. 등급간 경력년수를 오버래핑(overlapping) 되도록 설정하여 단순경력년수를 기준으로 엔지니어 등급이 결정되어 발생했던 기존의 문제를 완화한다. 이러한 엔지니어 등급체계에서는 경력이 오래된 엔지니어라 할지라도 역량 보유여부에 따라 경력이 적은 엔지니어보다 낮은 등급에 위치할 수 있다. 즉, 기본적으로 기술인력의 등급은 역량(경력, 지식, 기능/기술, 업무태도 등)을 중심으로 종합적으로 평가되는 것이 바람직하다.

5.3.2 CM 직무 분석

이 글에서는 CM 전문인력의 직무를 사업관리, 원가관리, 품질관리, 공정관리, 안전관

13) 건설기술연구원(2001) 재인용.

리로 크게 세분화하고 CM 직무 분석을 예로 살펴보고자 한다.

표 5-12 사업관리 그룹의 세부기술

세부기술	사업관리	원가관리	품질관리	공정관리	안전관리

사업관리 그룹의 세부기술은 표 5-12와 같이 분류할 수 있으며, 각 기술에 대한 코드[14]를 표 5-13과 같이 부여하였다.

표 5-13 사업관리 그룹의 세부기술 코드

세부기술	사업관리	원가관리	품질관리	공정관리	안전관리
코드	PM-pm	PM-cm	PM-qm	PM-tm	PM-sm

표 5-14는 사업관리 그룹의 엔지니어 직무명을 정리한 것이다. 세부기술별로 엔지니어를 4단계 등급으로 구분하고(E, SE, CE, EE), 직무명을 부여하였다.

표 5-14 사업관리 그룹의 엔지니어 직무명

개념적 등급 \ 세부업무		사업관리	원가관리	품질관리	공정관리	안전관리
E		–	원가관리지원	품질관리지원	공정관리지원	안전관리지원
SE		–	원가관리	품질관리	공정관리	안전관리
CE		사업관리	계획 · 평가	계획 · 평가	계획 · 평가	계획 · 평가
EE	(1)	관리계획		–	–	
	(2)	사업부문총괄	–	–	–	–
	(3)	사업총괄	–	–	–	–

14) PM(Project Management), pm(Project Management), cm(Cost Management), qm(Quality Management), tm(Time Management), sm(Safety Management).

5.3.3 CM 직무별 요구 역량

직무가 정의되면 직무 내용을 분석하고 요구 역량을 분석하여 해당 직무를 수행하고자 하는 엔지니어에게 구체적인 직무정보를 제공하여야 한다. 직무 내용 및 요구 역량에 대한 분석에서 고려되어야 하는 주요 항목들을 살펴보면 다음과 같다.

(1) 직무 내용

직무는 한 명의 엔지니어가 수행하는 업무의 집합으로 보통 수 개의 업무가 하나의 직무를 이룬다. 따라서 직무 내용을 파악하기 위해서는 엔지니어가 수행하는 업무를 분석하여야 한다. 업무를 도출하기 위해서는 업무의 개략적인 특징을 파악할 필요가 있다. 먼저 업무가 가지는 난이도 및 숙련기간을 파악하며, 업무별 시간소요 비율을 분석한다. 직무 내용 분석 항목을 정리하면 표 5-15와 같다.

표 5-15 직무내용 분석 항목

구 분	설 명
주요 업무	직무를 구성하는 주요 업무 내용
업무난이도	각 업무의 난이도
업무시간비율	한 엔지니어가 수 개의 업무를 하면서 각 업무별 투자하는 시간비율
업무숙련기간	한 업무를 일정기간 수행시 원활한 수행이 가능한 숙련시간

(2) 요구 역량

이 글에서는 한 직무를 수행하기 위해 필요한 엔지니어의 요구 역량[15]을 그림 5-10과 같이 직무경험(경력), 지식(학술/실무), 기능/기술, 업무태도/지적능력의 4가지 차원으로 정의한다. 계속교육 프로그램은 지식 및 기능/기술 습득을 지원하는 기능을 수행한다.

15) 남명수(1999)는 직무수행 자격요건의 구성항목을 지식(Knowledge), 기능/기술(Skill), 업무태도(Attitude), 직무경험, 교육훈련이라고 정의하였다.

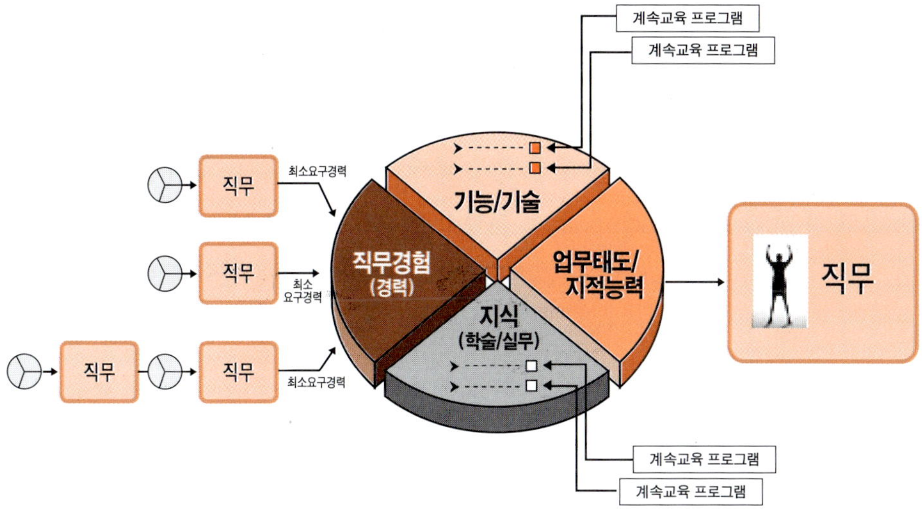

그림 5-10 직무별 요구 역량 분석

직무경험(경력)

직무경험은 엔지니어의 성장을 시간축 상에서 봤을 때 성장 경로를 제시해 줄 수 있는 부분으로 특정 직무를 원활히 수행하기 위해 필요한 선행 직무경력을 의미한다. 산업에 처음 진입한 엔지니어를 제외한 기타 등급의 엔지니어들은 선행 직무경력이 필요한 경우가 대부분이다. 선행 직무경력은 단순히 기간을 의미하는 것이 아니라 선행 직무를 통해 엔지니어링 지식이 구체화 된다는 개념이다. 직무경험은 경로맵을 통해 계획하고 관리하는 것이 가능하며, 선행 직무의 수와 최소 요구경력은 직무의 특성에 따라 결정된다.

지식(학술지식과 실무지식)

임학춘(1998)은 건설사업을 관리하는 건설기술 인력이 업무를 수행하기 위해서 필요한 지식영역을 크게 설계와 설계과정에 대한 지식, 시공기술과 시공과정에 대한 지식 그리고 프로젝트 매니지먼트와 관련된 전반적인 지식 등 세 가지 분야로 나누었다. O'Commell(1996)은 기술적인 검증, 컴퓨터능력과 관련된 훈련을 주요 기술자의 훈련내용으로 설명하였으며, Kinndy(1995) 역시 26개 회사의 교육 프로그램들을 조사하여 엔지니어링, 컴퓨터 기술에 대한 기초의 필요성을 강조하였다. 또한 많은 연구들에서 비즈니스 관점에서의 협상, 감독, 분쟁관리 능력의 중요성을 강조하고 있다(Hecker, 1997)(임학춘, 1998).

Kuprenas(2000)는 엔지니어링 기업의 교육·훈련의 유형을 Formal(Classroom or Seminar)과 Informal(Lunchroom)로 분류하였으며, Formal 프로그램의 유형을 교과목의 주제에 따라 Technical, Non-technical(business), Computer로 세분화였다. 또한 Non-technical 프로그램을 Communications, Financial, Supervision으로 세세분화하고 있다.

미국의 토목학회에서는 최근에 CEBOK(Civil Engineering Body of Knowledge)위원회를 조직하여 21세기 건설기술자들이 갖추어야 할 지식과 자질에 대한 심층 연구보고서를 발표하였다(ASCE, 2004.2). 이 보고서는 건설기술 전문능력을 유지하기 위해서 무엇을(What) 어떻게(How) 누가(Who) 가르치고 배워야 할 것인지를 제시한 일종의 전략적 지침서라고 할 수 있다. 이 보고서에서는 미래의 건설기술자들이 반드시 갖추어야 할 15가지의 능력을 규명하고, 이를 습득시키기 위한 체계적인 교육 방법을 제안하고 있다. 이러한 능력 중에는 "Multi-disciplinary Team"의 일원으로서의 행동, 기술자의 윤리적 책임감에 대한 이해, 효과적인 의사소통, 엔지니어링 결과물이 지구환경과 사회적 맥락에 미치는 영향에 대한 이해, 프로젝트 관리, 건설기술, 자산관리 등에 대한 이해, 경영과 공공정책 및 운영에 관한 기본사항의 이해, 리더의 역할과 리더십 원칙에 대한 이해 등이 포함된다. 또한, 건설기술자로서 관심을 가져야 할 중요한 사항들에 대해 언급하고 있다. 그 내용으로는 공공의 안전, 건강, 복지 등에 대한 지대한 관심을 가지고, 새로운 프로젝트의 창출에 관여하며, 자연을 보호하면서 지속가능한 환경을 창조하고, 세계적 기술개발과 기술 이전을 선도하면서 자기의 경력 개발에 충실할 것을 강조하고 있다.

공학교육 인증을 대표하는 ABET(Abudayyeh, 2000)에서는 공학을 전공하는 대학생들에게 요구되는 능력을 수학 및 과학 기초, 엔지니어링 과학 및 엔지니어링 디자인, 경영, 인문사회과학의 네 분야로 크게 세분화하였다. Kuprenas(2000), CEBOK(2004),

Abudayyeh(2000)의 연구에서 분류한 건설기술 전문인력의 지식 영역을 정리하면 표 5-16과 같다.

표 5-16 건설기술 전문인력 지식 영역

<table>
<tr><th colspan="2">Kuprenas
(2000)</th><th>CEBOK
(2004)</th><th>ABET(2000)</th></tr>
<tr><td colspan="2">기술적
(Technical)</td><td>1.수학, 과학, 공학지식을 적용할 수 있는 능력
2.데이터를 분석하고 이해하는 것뿐만 아니라 실험을 설계하고 수행할 수 있는 능력
4.다양한 기능을 수행하는 팀에서 제 기능을 할 수 있는 능력
5.공학적인 문제를 인지하고, 공식화하여 해결할 수 있는 능력
8.공학적인 문제해결방법을 이해할 수 있는 국제화시대에 적합한 폭넓은 교육
9.지속적인 기술교육에 대한 태도와 능력
12.토목공학과 관련된 특정영역에 지식을 적용할 수 있는 능력</td><td>1.수학 및 기초과학
미적분학, 물리학, 화학, 확률통계, 기타 적당한 과학 및 수학
2.엔지니어링 과학 및 엔지니어링 디자인
다이내믹스, 재료역학, 재료역학 조사, 유체역학, 열역학, 전자공학, 코드와시방서, 건축자재, 구조해석및설계, 토질및기초, 교통공학, 환경공학, 수리수문학, 콘크리트디자인, 스틸디자인, 건설계획 및 스케줄링, 견적및원가공학, 공법및장비, 건설시스템디자인 등</td></tr>
<tr><td rowspan="3">비기술적
(Non-technical, business)</td><td>관리
감독
(Supervision)</td><td>3.요구조건을 충족시키기 위한 시스템, 구성요소, 프로세스 등을 설계할 수 있는 능력
10.현재 이슈가 되는 문제들에 대한 지식
11.실행에 필요한 기술, 현대화된 도구 등을 이해할 수 있는 능력
13.프로젝트, 건설, 자산관리의 요소에 대한 이해 지원 및 지식영역에 대한 품질관리</td><td rowspan="3">3.경영
건설공사관리, 경제공학, 경영/기술커뮤니케이션, 공학법률, 사업, 경영, 회계, 경제

4.인문 · 사회과학
공학윤리,사회에 대한 기술영향 및 역사, 작업환경과 관련된 사회학, 인간행동과 관련된 심리학, 경제</td></tr>
<tr><td>일반 경영
(General management)</td><td rowspan="2">6.전문가적이고 윤리적인 책임의 이해
7.효과적으로 의사소통할 수 있는 능력
14.경영, 공공정책, 행정 등에 대한 이해
15.리더의 역할과 리더쉽의 원칙 및 태도에 대한 이해</td></tr>
<tr><td>커뮤니케이션
(Communications)</td></tr>
<tr><td colspan="2">컴퓨터(Computer)</td><td></td><td></td></tr>
</table>

기능과 기술

기능과 기술은 직무를 수행해나가는 직접적인 역량이라 할 수 있다. 지식을 통해 알고 있는 것을 성과로 구현하기 위해서는 전문적인 기능이나 기술을 갖추고 있어야 한다. IT 기술, 외국어 능력 등이 이에 해당하며, 요구기능 역시 직무 특성별로 달라진다.

업무태도와 지적능력

업무태도는 기본소양으로 개별작업에서 조직관계에 이르기까지 포괄적인 범위에서 요구되는 역량이다. 팀워크, 적극성, 면밀성, 고객/시장지향성, 신속성, 도전의식 등이 요구 업무태도[16]의 평가기준들이다. 어떤 직무를 수행하든지 위의 업무태도들이 많거나 작거나 모두 필요하다고 볼 수 있는데, 직무특성상 특히 필요한 항목으로 규정할 필요가 있다.

지적능력[17]은 기획력, 창의력, 이해력, 전략입안능력, 문제해결능력, 절충력, 판단력, 정보관리능력, 인내력의 항목으로 구성되며, 요구 업무태도에서와 마찬가지로 직무별로 특별히 요구되는 항목만으로 규정할 필요가 있다.

이러한 직무특성 분석을 통해 엔지니어가 자신의 적성 및 성향을 분석하고 이에 맞는 직무를 찾는데 유용한 정보를 제공할 수 있으며, 직무에 적합한 인력을 찾을 때에도 인격적/지적 측면 판단시 정보를 제공한다.

(3) 필요교육 프로그램

4차원의 요구역량 중 요구지식 및 기능/기술은 계속교육 프로그램을 통해 그 역량을 개발할 수 있다. 요구역량이 잘 정의되어도 이를 습득하기 위한 적절한 수단이 없으면 경력개발의 성과는 떨어질 수밖에 없다. 따라서 엔지니어 직무별로 교육프로그램을 개발하여 지식 및 기능/기술 습득을 지원하는 체계의 구축이 필요하다.

16) 남명수(1999).

17) 남명수(1999).

직무내용 및 요구역량

(Job Description & Required Capability)

직무내용 및 요구역량(ID Code)			
전문분야	세부기술	대상률	등급
PM	pm	00	EE2

직무구분	전문분야	사업관리	세부기술	사업관리	직무명	사업부문총괄

수행 엔지니어		
	□ 1-5년차 엔지니어 □ 5-10년차 엔지니어 □ 10-15년차 엔지니어 □ 15-20년차 엔지니어 ■ 20-25년차 엔지니어 ■ 25년차 이상 엔지니어	□ 실무능력보유자급 ■ 전문부문책임자급 ■ 전문경영책임자급

직무내용		주요업무	난이도			시간비율	숙련도달기간	요구 선행직무 경력		
			상	중	하	(%)	개월	직무	업무번호	요구년수
	①	사업부문총괄	■	□	□	40	48	EE1	①, ②, ③	4
	②	사업현황 종합보고	■	□	□	30	24	EE1	①, ②, ③	4
	③	사업별 조정업무	■	□	□	30	36	EE1	①, ②, ③	4
	④		□	□	□					
	⑤		□	□	□					

직무특성			
업무특성	엔지니어링지식/경영지식 미율	100/0 90/10 80/20 70/30 60/4 50/50 40/60 30/70 20/80 10/90 0/100 □----□----□----□----□----□----□----□----■----□----□ 엔지니어링지식 / 경영지식	
	언어력	□-----□-----■ 중요하지 않다 / 중요하다 / 매우 중요하다	
	외국어능력	□-----■-----□ 중요하지 않다 / 중요하다 / 매우 중요하다	
	수리계산능력	■-----□-----□ 중요하지 않다 / 중요하다 / 매우 중요하다	
	계별작업/팀작업 비율	100/0 90/10 80/20 70/30 60/4 50/50 40/60 30/70 20/80 10/90 0/100 □----□----□----■----□----□----□----□----□----□----□ 개별작업 / 팀작업	
	의사결정상황발생빈도	□-----□-----■ 거의 없음 / 가끔 발생 / 빈번히 발생	
요구 업무태도		□팀워크 □고객/시장지향성	■적극성 □신속성	■면밀성 ■도전의식
요구 지적능력		□기획력 □전략입안능력 ■판단력	□창의력 ■문제해결능력 ■정보관리능력	□이해력 □절충력 □인내력

학력				
전문대졸	□반드시필요,	□가능한필요	전공 : ( )
대졸	■반드시필요,	□가능한필요	전공 : ( )
석사	□반드시필요,	■가능한필요	전공 : ( )
석사	□반드시필요,	■가능한필요	전공 : ( )

자격증	자격증명	요구정도	
		반드시필요(법적요건)	가능한필요
	국내기술사	□	■
	국내공인자격증	□	■

그림 5-11 직무내용 및 요구역량 분석(예)

	분류	요구지식	관련 주요업무번호					
			①	②	③	④	⑤	ALL
요구 지식	학술적 지식	경영회계	■	□	□	□	□	□
		건설운영분석	□	□	□	□	□	■
		리스크할당, 보험 및 보증	■	□	□	□	□	□
		경영자 리더십	■	□	■	□	□	□
		전략적 사고	□	□	□	□	□	■
		사업책임자 관리	■	□	■	□	□	□
	직무 지식	프로젝트 현황에 대한 분석자료	□	□	□	□	□	■
		사업조직 운영현황	□	□	■	□	□	□
			□	□	□	□	□	□
			□	□	□	□	□	□
			□	□	□	□	□	□
	사업관리 지식	□ 공정관리	□	□	□	□	□	□
		□ 원가관리	□	□	□	□	□	□
		■ 품질관리	□	□	□	□	□	■
		■ 안전관리	□	□	□	□	□	■
		■ 정보기술(시스템)활용	□	□	□	□	□	■
요구 기능	IT	■ 워드	□	□	□	□	□	■
		□ 엑셀	□	□	□	□	□	□
		■ 파워포인트	□	■	□	□	□	□
		■ 데이터베이스관리툴	■	□	□	□	□	□
		■ SPSS(통계)	■	□	□	□	□	□
		■ 인터넷/통신	□	□	□	□	□	■
		□ (CAD)	□	□	□	□	□	□
	외국어	외국어명 : (영어) 영역 : ■단어, ■독해, ■작문, ■회화	□	□	□	□	□	■
		외국어명 : ( ) 영역 : □단어, □독해, □작문, □회화	□	□	□	□	□	□

그림 5-12 직무내용 및 요구역량 분석(예)-계속

5.4 CM 경력개발 프로그램

Walesh(1998)는 경력개발을 조직적인 계획과 훈련의 실행, 현 상황에서 뒤쳐지지 않기 위한 교육과 경험을 통해 개인과 조직의 경쟁력을 향상시키는 것이라고 정의하였다. 경력개발 프로그램은 조직의 관점에서 보면 기업 경쟁력을 확보하고 유지하기 위해 전문인력을 육성하는 체계라고 할 수 있으며, 개인적 관점에서는 엔지니어 개인의 목표달성을 위한 경력개발체계라고 할 수 있다. 즉, CDP는 결국 개인의 목표와 조직의 목표를 조화시키는 인적자원관리체계라고 할 수 있다(한국건설기술연구원, 2001). 경력개발 프로그램은 그림 5-13과 같은 절차를 거쳐 개발되게 된다. 앞장의 직무분석 결과를 토대로 경력경로를 개발하게 되며, 경력개발 성과를 평가하게 된다.

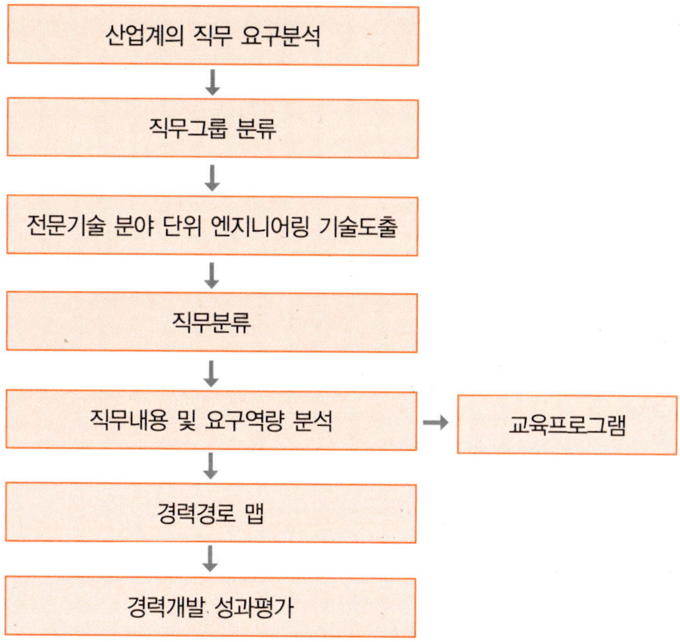

그림 5-13 경력개발 프로그램 구축 절차

5.4.1 CM 경력경로 제안

산업차원의 필요인력 분석을 토대로 직무 분류, 직무 정의, 직무 내용 및 요구 역량이 분석되면 이를 토대로 "CM 전문인력이 성장해 나가는 길"에 해당하는 경력경로를 도출하여 전문인력이 현재의 위치를 점검하고 앞으로의 진로를 설계할 수 있는 체계를 마련하여야 한다. 일반적인 기술자의 경력경로 개념은 그림 5-14와 같다.

세부기술 상에 4가지 등급의 직무가 있고, 하나의 직무는 업무로 세분화되며 세분화된 업무를 기준으로 요구 역량들이 정의된다. 즉, 요구 역량은 개별 업무 수준에서 분석되며, 개별 업무의 요구 역량을 종합하여 직무 수준에서 분석할 수도 있다. 즉, 기업규모나 프로젝트의 크기에 따라 직무 범위가 유동적일 수 있기 때문에 가장 기본이 되는 업무를 중심으로 직무를 분석한 것이다. 이러한 접근법을 활용하면 직무 수준(범위)의 "드릴업(Drill-Up)", "드릴다운(Drill-Down)"이 가능하다. 선후행 직무간의 연계는 업무레벨에서 이루어지며 이러한 경력경로를 활용하면 목표직무에 도달하는 최적경로 및 최단기간을 산출할 수 있다.

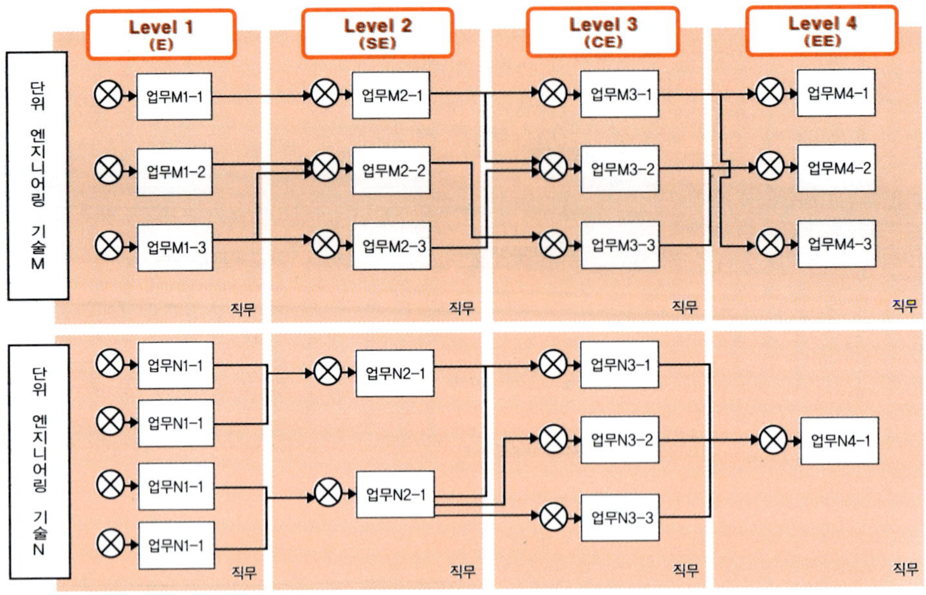

그림 5-14 **경력경로 도출 개념**

CM 전문인력의 경력경로는 건설산업 내에서 다양한 경로가 있을 수 있다. ASCE (2006)는 'Career paths in civil engineering'을 통해 건설기술자가 성장해 나갈 수 있는 경로는 정부(government), 교육(education), 컨설팅(consulting), 산업(industry), 건설(construction) 등으로 구분하였다. 본 절에서는 CDP 구축 결과의 효과성 측면에서 건설기술 활동과 직접적인 관련이 있는 건설사업관리 분야를 대상으로 살펴본다.

직무별로 직무 내용 및 요구 역량을 분석하여 이를 토대로 경력경로맵을 도출하면 그림 5-15와 같다. 각각의 직무는 업무들로 구성되며, 업무간의 경력경로가 전체 직무경로를 이룬다.

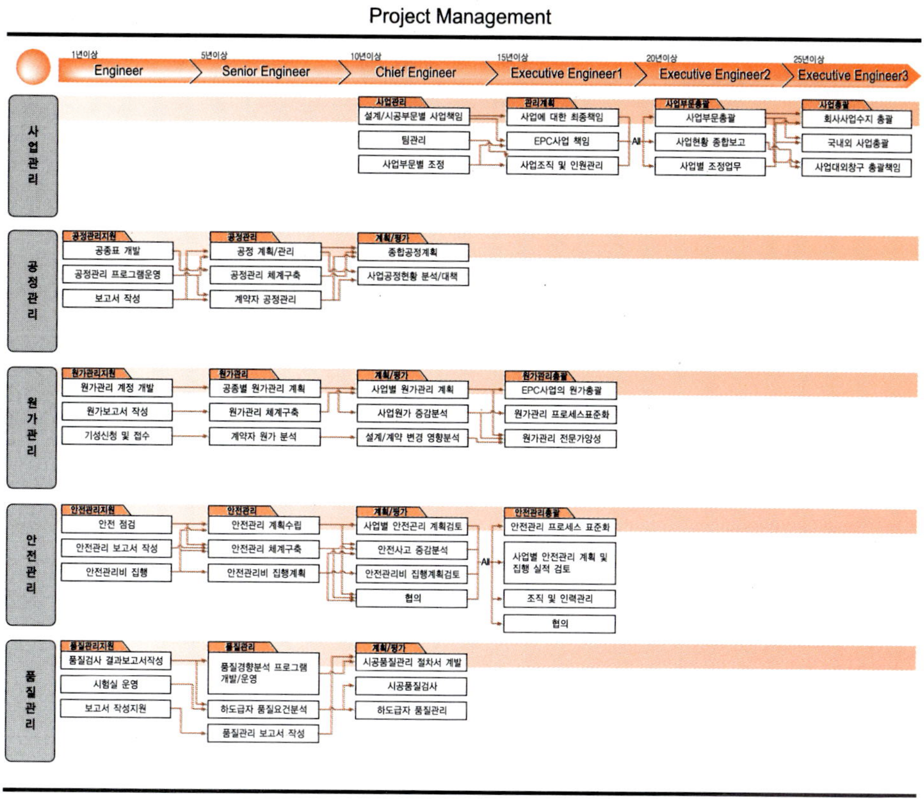

그림 5-15 사업관리 그룹의 경력경로맵

5.5 CM 전문인력 육성 전략

지금까지 살펴본 CM 전문인력 육성 현황 및 경력개발 프로그램 구축 방안을 토대로 정부, 대학, 기업, 학·협회의 교육개선 노력을 통해 건설기술 전문인력의 능력수준이 향상될 수 있음을 알았다. CM 전문인력을 포함한 포괄적인 건설기술 전문인력 육성 프로세스를 도식화하면 그림 5-16과 같다. 그림에서 볼 수 있듯이 무엇보다도 외부환경 변화의 파악과 각 교육제공기관들의 상호연계를 통한 피드백이 교육프로그램의 효율성과 질적 향상에 중요하게 작용한다. 이러한 전문인력 육성 사이클이 효과적으로 반복됨으로써 기술자의 능력이 향상되고 더 나아가 건설산업의 경쟁력이 강화된다.

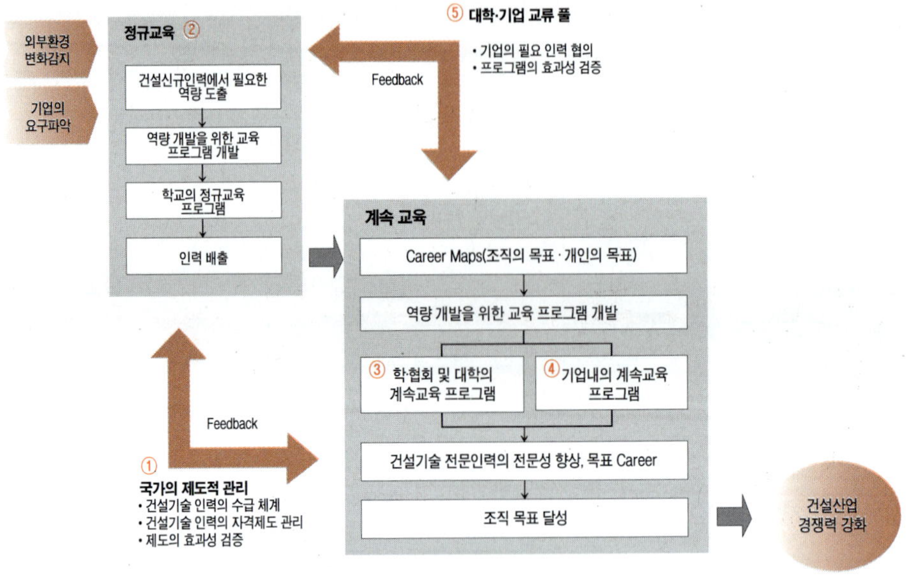

그림 5-16 건설기술 전문인력 육성 프로세스

건설기술 전문인력 육성 프로세스를 토대로 각 세부요소별 세부추진전략을 도출하였다. 세부추진전략의 개략적인 개념도는 그림 5-17과 같다. 1998년 기준으로 선진국 대비 67%인 우리나라 건설기술 수준을 2010년, 2015년, 2020년을 기점으로 85% 수준, 100% 수준, 110% 수준으로 향상시키는 전략이다. 기점을 5년 단위로 설정한 것은 교육프로그램을 개편하는 시간과 피교육자의 교육 이수기간을 고려한 것이다. 최소 1~2년의 시간이 교육체계 정비에 소요되게 될 것이며, 이의 도입에 따른 피교육자의 능력수준 향상, 육성체계 발전에 따른 완숙효과를 고려한 것이다.

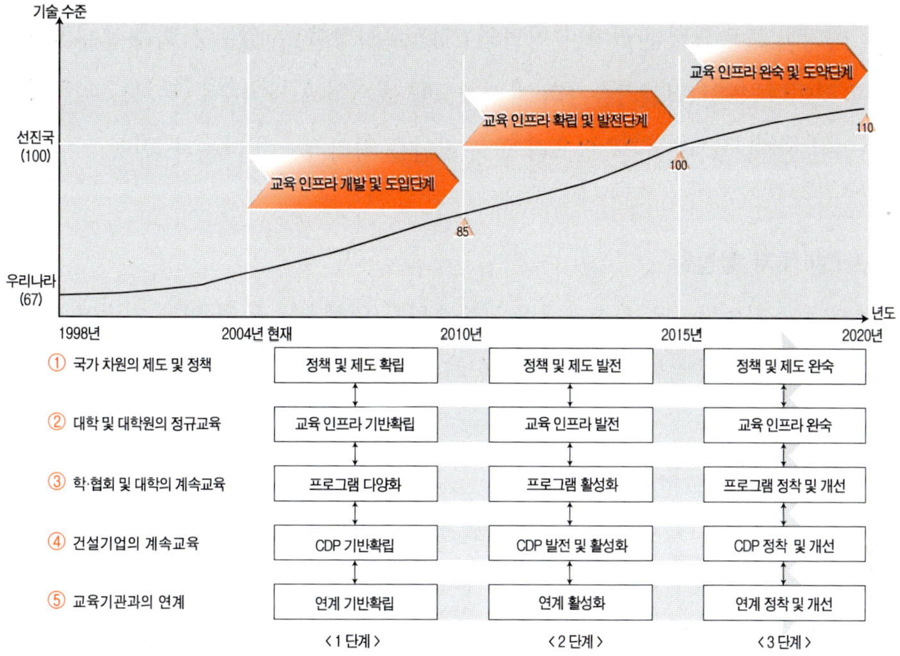

그림 5-17 벤치마킹 결과를 반영한 건설기술 인력육성 추진전략

5.5.1 국가 차원의 인프라 구축

국가적 차원의 인프라 구축은 건설산업의 발전방향 수립, 건설기술교육의 기본체계를 제시, 건설기술인력의 현황과 수준을 관리하는 것이다. 기술능력을 기반으로 하는 건설산업은 경제적 파급효과가 크고 부가가치가 높으므로 국가의 미래 전략산업으로 발전될 수 있도록 정부의 지원이 요구된다. 건설기술 산업이 발전하려면 무엇보다도 과학기술분야에 우수한 인재가 집중되어야 하며, 이를 위해서는 기술자의 사회적 지위와 직업의 영속성이 보장될 수 있는 여건이 조성되어야 할 것이다. 국가경제에서 건설산업이 차지하는 비중을 볼 때 건설 분야의 연구개발 예산은 상대적으로 매우 부족한 실정이다. 기술경쟁력을 향상시키고 능력 있는 기술자를 육성하기 위해서는 연구개발 투자가 활성화될 수 있도록 정부 관련부처의 획기적인 지원이 필요하다. 특히 국내에서 SOC 사업과 같은 대형 프로젝트를 발주할 경우 사업기획, 설계 또는 프로젝트 관리 등을 외국기관에 의뢰하는 관행을 지양하고, 국내 기술자를 신뢰하고 활용하는 정책이 요구된다. 또한 건설기술 전문가로서 프로젝트에 참여하여 기술 활동을 수행하는 것뿐만 아니라, 개인의 자질과

능력에 따라서 프로젝트 관리자나 기업의 CEO로 성장할 수 있는 기회가 충분히 제공되어야 할 것이다. 또한 건설기술자의 자격제도를 정비하고 자격수준 유지를 위한 정책을 제시하여야 한다. 국가 차원의 인프라 구축 방안을 정리해보면 다음과 같다.

연구개발 투자 활성화

건설산업이 지속적으로 기술경쟁력을 확보하기 위해서는 능력 있는 기술자를 육성하기 위해 연구개발투자[18]의 활성화가 요구된다.

국내 건설기업 신뢰기반 형성

국내 대형 프로젝트들을 국내 기술자의 신뢰 기반 아래 진행하는 등 국내 기술수준을 향상시킬 수 있는 정책이 필요하다.

국가자격취득요건의 강화

정규교육 프로그램의 질적 수준이 검증되지 않은 상태에서 국가자격취득요건을 정규대학 졸업 등으로 규정하는 것을 보완하여 자격취득자의 실제 능력 및 경력 검증이 가능하도록 일련의 검증 기준을 제시하여 전문인력 자격제도를 정비한다. 궁극적으로는 정규교육 및 계속교육의 질적 수준 모니터링을 통해 능력 및 경력 검증을 실시하는 것이 이상적이나 도입초기에는 다른 분야와의 연계와 시간상의 제약이 있으므로 선진국처럼 경력심사 요건을 강화하여 '어떤 일을 어떻게 했는지를 평가하는 방법' 과 '이수해야 하는 교육과정 등을 제시하여 이수여부를 심사하는 방법' 을 고려해 볼만하다.

자격취득자의 재교육 강화

자격취득요건의 강화와 더불어 자격취득자의 능력 유지·개발을 위한 재교육 규정을 수립한다. 미국의 기술사 자격유지 조건의 경우처럼 우리나라도 일년에 최소 15시간 이상의 의무교육 시간을 규정하며, 이를 뒷받침하는 교육 프로그램을 개발하여야 할 것이

18) 기술개발 투자 현황(한국건설경제협의회, 건설R&D 활성화방안에 대한 연구, 2003.10).
통계자료에 의하면 1990년도에는 998억원에 불과했던 건설산업의 기술개발투자비가 1999년에는 건설산업 매출액의 1.17%인 8,673억으로 대폭 증가했으나, 전산업의 매출액 대비 평균 기술개발투자비율이 2.1%인 것을 감안하면 타 산업분야에 비해 낮은 편임.

다. 교육 프로그램은 일반적인 전문기술 뿐만 아니라 사업관리, 의사결정, 경영, 사회, 윤리, 경제 등 넓은 안목으로 건설사업을 바라볼 수 있도록 하는 지식들로 구성된다.

위에서 제시한 세부전략들을 추진 단계별로 정리해보면 표 5-17과 같다.

표 5-17 국내 건설사업에서의 주요 CM 적용사례 및 특징

단계	1단계	2단계	3단계
	정책 및 제도 확립	**정책 및 제도 발전**	**정책 및 제도 완숙**
단계별 세부전략	· 건설 R&D 투자 확대 및 기반 확충 · 국내 대형 프로젝트 국내 건설회사 수행 지원 · 기술자격취득을 위한 능력 · 경력 심사기준 강화 · 기술사 재교육 규정 수립(년 15시간 이상, 교육 프로그램 개발) · 전문인력의 수요 안정화 대책	· 건설 R&D 활성화 및 효율성 제고 · 기술자격취득을 위한 심사요건을 교육 프로그램(정규 · 계속)의 질적 수준평가 및 이수수준을 통해 심사 · 기술사 재교육 활성화(교육 프로그램의 다양성 확보, 활용방법의 다양화) · 우수인력의 건설분야 유인	· 기술개발 활용 촉진 · 국가 제도 및 정책의 효과 평가 및 수정보완 · 기술사의 능력수준 평가 및 발전전략 수립 및 시행

5.5.2 전공교육 프로그램 개선

정규교육 인프라의 구축은 외부 환경변화의 파악과 기업에서 요구하는 인력 파악을 토대로 시작되는데 일반적으로 교육인프라에는 교육시설과 교육 프로그램 그리고 교육담당자가 포함된다. 기본교육을 담당하는 대학에서는 전공분야에 대한 이론교육 뿐만 아니라 건설기술 실무를 직간접으로 경험할 수 있도록 실험실습 시설을 보완하고, 강의내용에도 실습의 비중을 높여야 한다. 또한 건설기술자로서의 기본소양은 물론, 프로젝트의 관리능력과 의사결정능력을 배양할 수 있도록 교과과정을 편성해야 한다. 최근 국내외 몇몇 대학에서 시도하고 있는 기술경영, 기술정책 등의 산·학·연 연계프로그램을 적극 확대하여 보다 폭넓은 교육을 실시해야 할 것이다.

현재 건설 관련기관에서 제공하고 있는 교육 프로그램에 대한 분석과 개선이 필요하다. 교육목적과 프로그램 내용의 일치여부를 조사하고 교육효과에 대한 평가와 피드백을

가능하게 하는 교육평가 및 인증체계를 구축해야 한다. 또한 교재개발과 교육을 담당할 강사의 양성에도 관심을 가져야 할 것이다. 건설기술 교재는 이론보다는 실무사례를 중심으로 기술자들이 쉽게 이해하고 따라갈 수 있도록 개발되어야 한다. 건설기술 교육을 담당하는 강사는 강의과목에 대한 높은 전문성과 실무경험을 겸비하고, 전공에 대한 신뢰감과 사명감으로 교육대상자에게 동기부여를 해줄 수 있는 사람이어야 한다. 정규교육 인프라 구축 방안을 정리해보면 다음과 같다.

교육 환경 개선

교육시설 확충 및 교육 담당자의 자질을 향상시키며, 교수/학생 비를 높여 토론 학습 여건을 조성한다. 또한 지속적으로 교재를 개발한다.

교육 프로그램의 특성화

외국의 몇몇 대학의 경우 건축공학 세부전공별 별도의 이수 프로그램을 제공하거나 CEM 전공 별도의 학과를 개설하는 경우가 있었다. 이런 경우 CEM 전공지식과 주변지식의 체계적인 습득이 용이하고 학사과정을 통해서 한 분야에서 일정 수준 전문성을 인정받을 수 있다는 점에서 매우 유리하다. 우리나라의 건설기술인력 교육체계도 세부전공별 별도의 이수 프로그램 개발을 통해 필요지식을 습득하기 위한 체계적인 교육과정을 제시한다.

교육 프로그램의 전문화

CM 전문인력의 수행하는 업무[19]가 과거에 비해 확대되어 감에 따라 공학, 경영, 사회, 인문 등 폭넓은 지식이 필요하나 국내 현실은 교육내용이 공학교육 쪽으로 치중되어 있는 상황이다. 따라서 건설기술 전문인력의 전문성 향상을 위해 먼저 ABET 수준[20]으로 각 지식영역의 필수교과목을 확대시킬 필요가 있다. 그림 5-18은 기존의 국내외 대학 및

19) 건설프로젝트가 기획, 타당성조사, 기본설계, 상세설계, 구매조달, 시공, 시운전, 유지/보수의 단계를 거쳐 수해된다고 했을 때 기존의 한국건설기업은 구매조달-시공의 과정만을 수행해 왔으나, 최근 디자인빌드 방식이 확대되어 가면서 그 업역이 기획-유지/보수까지 확대되어가고 있다.

20) ABET(Abudayyeh, 2000)에서는 Math and Basic science(최소 30-32), Engineering Science and Engineering Design(최소 45-48), Management(최소학점 제시 안함), Humanities and Social science(최소학점 제시 안함)의 이수를 제안하고 있다. (본문 p71-73)

대학원의 필수학점 구성과 국내 교육의 개선방향을 도식화한 것이다. 학부과정의 경우 Engineering(45), Construction Management(15), General Management(9), Computer(6), etc(9)의 필수교과목 구성[21]을 제시한다. 특히, General Management나 인문사회과목들은 타 단대의 교과를 연계 활용하는 것이 바람직할 것으로 판단된다.

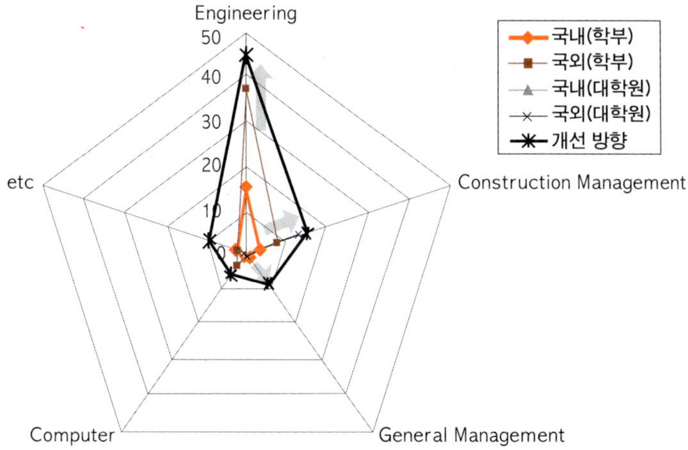

그림 5-18 교육내용 개선 방향(필수교과목 중심)

교육 프로그램의 효과성 향상

기업에 진출한 신규인력들에게 가장 취약한 부분은 이론의 현실적용이다. 이를 극복하기 위해 교육 프로그램의 효과성을 높이는 방법으로 교육방법에서 실험 및 실습의 비중을 높여야 한다. 수업방법에 있어서 현장 전문가를 활용하여 현장감각과 진로를 고민할 수 있는 토론의 시간을 마련하며, 수업의 물리적인 실험·실습 시간을 강화한다. 또한 학점이 인정되는 인턴쉽 프로그램을 개설하여 실제 프로젝트를 접하고 이론과 접목시킬 수 있는 기회를 제공한다. 바람직한 방향은 이론과 실습이 동시에 필요한 수업의 경우 최소 실습 비중이 25%까지 확보되어야 할 것이며, 실험도 5% 수준은 확보되어야 한다. 수업시간에 동시 진행이 힘든 경우 이를 극복하기 위해 적극적으로 인턴쉽 프로그램을 활용하는 것이 바람직하다. 그림 5-19는 건설기술 전문인력 교육방법 개선방안을 제시한 것으로 국내외 대학 및 대학원의 교육방법 현황과 앞으로 나아가야 할 방향을 도식화한 것이다.

---

21) Engineering(45)는 ABET 기준을 참조, Construction Management(15)는 건축시공, 건축경영, 건축기술, 건축재료, 건설관리 등 최소 5개 과목 수강, General Management(9)는 경제, 법률, 재무, 인사 등의 교과목 3개 이상 수강, Computer(6)는 컴퓨터 관련과목 2개 이상 수강, etc(9)는 사회학, 심리학 등 인문사회 교과목을 3개 이상 수강.

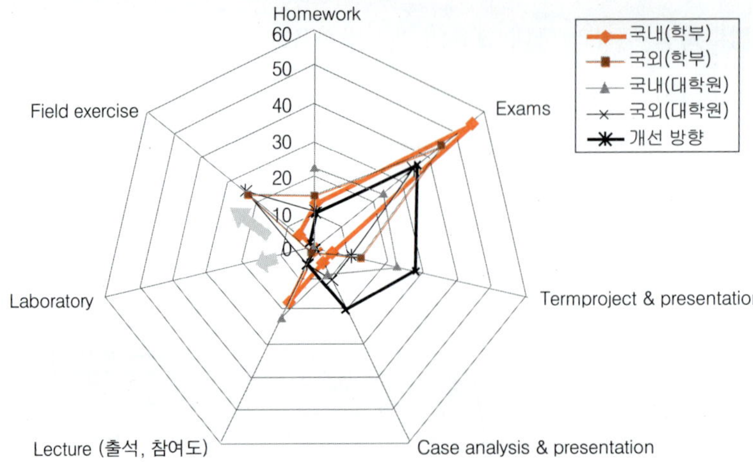

그림 5-19 교육방법 개선방향

교육평가 및 인증체계의 구축

교육을 제공하는 있는 대학에서는 제고하고 있는 교육 프로그램의 분석을 통해 교육목표 달성여부를 평가하고 피드백을 통해 교육목적이나 교육내용을 개선하는 교육평가 및 인증체계를 구축해야 한다. 이 부분에서 특히 기업과의 상호 연계를 통해 신규로 시장에 진입하는 인력들의 필요능력을 모니터링하고 교육목표와 프로그램 구성에 적극적으로 활용하여야 한다. 위에서 제시한 세부전략들을 추진 단계별로 정리해보면 표 5-18과 같다.

표 5-18 정규 교육 인프라 구축 단계별 전략

단계	1단계	2단계	3단계
단계별 세부전략	**교육환경 및 프로그램 기반확립** · 교육환경 개선 I (교육시설, 교육 담당자 확충 및 자질, 교재개발) · 교육평가 및 인증 기반 확충 · 세부전공 프로그램 개발 및 기반 확충 · 필수교과목 확대 및 세부이수항목 규정(E 45, CM 16, GM 9, C 6, 기타 9)의 2/3선 달성 · 타 단대 교과목 활용 연계 기반 구축 · 수업의 실험 · 실습(5%, 25%) 비율 2/3선으로 개선 · 기업과 연계한 인턴쉽 프로그램 개발 및 도입	**교육환경 및 프로그램 발전** · 교육환경 개선 II (교육시설, 교육 담당자 확충 및 자질, 교재개발) · 교육평가 및 인증 활성화 및 효율성 제고 · 세부전공 프로그램 효율성 향상 · 필수교과목 확대 및 세부이수항목 규정(E 45, CM 16, GM 9, C 6, 기타 9) 달성 · 타 단대 교과목 연계 활성화 및 건설특화 교과목 개설 · 기업과 연계한 인턴쉽 프로그램 활성화	**교육환경 및 프로그램 완숙** · 학교, 기업, 학생사이의 연계 프로세스 확립 및 활용촉진 · 교육 프로그램 개발 · 적용 · 평가의 프로세스의 순환루프 활성화 및 정착

5.5.3 계속교육 프로그램 개선

(1) 학·협회 및 대학의 계속교육 활성화

학·협회의 계속교육은 건설기업 내 교육과 상호 보완적인 역할을 담당하며, 기업에서 제공하기에는 한계가 있는 전문인력 계속교육 프로그램을 제공하여 건설기술 전문인력의 능력을 유지 개발하는 중요한 기능을 한다. 우리나라의 학·협회 계속교육은 기업 내 계속교육을 보완하는 기초적 수준에 머물고 있지만 여러 조직에 속한 전문기술자들이 함께 교육을 받으며 정보교환이 가능하다는 점에서 건설기술의 향상과 보급측면에서 매우 중요하므로 더욱 활성화시킬 필요가 있다. 학·협회 계속교육 활성화 방안을 정리해보면 다음과 같다.

기업의 CDP와의 연계를 통한 교육목표 설정 및 프로그램 개발

계속교육은 궁극적으로 CDP상에서 조직과 개인의 경로를 지원하는 역할을 하므로, 학·협회 계속교육 프로그램의 실질적인 활용을 촉진하기 위해서는 기업과의 연계를 통한 프로그램 개발이 중요하다. 따라서 기업, 학·협회 정보교환 풀을 만들며, 이를 활성화시켜야 한다.

교육주제의 다양화 및 전문화

현재 우리나라 대부분의 학·협회 계속교육 프로그램은 수강자의 개인별 능력수준과 교육을 통해 확보하고자 하는 역량에 대한 깊이 있는 고찰이 부족한 형편이다. 따라서 교육의 주제를 다양화하고 수준을 다양화하여 실제로 요구하는 것을 채워줘야 할 것이다. 즉, 특정 분야의 전문프로그램 개설 등으로 기업에서 적극적으로 활용하도록 유도해야 한다.

교육방법의 다양화

특히 학·협회의 계속교육 프로그램을 이수하는 사람들은 조직, 지역 등 물리적인 환경이 매우 상이하여 현재의 오프라인 위주의 교육은 그 활용성과 시간 및 물질 투자대비 효과가 낮다. 따라서 쉽게 계속교육을 주변에서 접하고 활용할 수 있는 다양한 교육방법의 개발이 요구된다. 외국의 사례를 벤치마킹하여 우리나라도 온라인 오프라인 수업을 병행하여 교육수단을 다양화하며, 강의식 수업, 토론식 수업, 현장견학 등 다양한 교육방법을 개발하여야 한다.

고급기술자들의 정보교류 풀(pool) 형성

커뮤니케이션 교육강화, 세미나 강좌 활성화를 통해 고급기술의 상호교류의 장을 마련한다. 외국에는 계속교육 프로그램 내에 많은 세미나 및 토론 강좌가 있다. 우수한 강사를 영입하여 강의를 제공하고 참여자들의 참여도도 높이면 더불어 세미나의 지적, 기술적 수준 또한 높다. 온라인 및 오프라인의 커뮤니케이션 교육을 강화하여 교육수준을 높이고, 교육이수자들끼리의 전문노하우를 교류될 수 있도록 하여야 할 것이다.

위에서 제시한 세부전략들을 추진 단계별로 정리해보면 표 5-19와 같다.

표 5-19 학·협회 및 대학의 계속교육 활성화 단계별 전략

단계	1단계	2단계	3단계
단계별 세부전략	**프로그램의 다양화** · 교육환경 개선 I (교육시설, 강사진) · 기업 CDP와의 연계기반 확립 · 교육주제의 개발 및 전문수준 설정 · 온라인 교육 개발 · 토론식교육 및 세미나 강좌 개발	**프로그램 활성화** · 교육환경 개선 II (교육시설, 강사진) · 기업 CDP와의 연계 활성화 · 교육주제의 다양성 및 전문성 확보 · 온라인 교육 활성화 · 토론식교육 및 세미나 강좌의 활성화를 통한 기술정보교류 기반확립	**프로그램 정착 및 개선** · CDP와의 연계 정착 및 프로그램의 효과성 검증 체계 확립 · 고급기술정보의 순환 촉진

(2) 기업의 CDP 활용을 통한 계속교육 인프라 구축

기업의 계속교육의 목표는 조직측면에서는 조직목표 달성을 위해 필요한 인재를 육성하며, 개인측면에서는 개인의 목표 달성을 위해 필요한 능력을 배양하는 것이다.

건설기술 전문인력의 능력개발의 동기유발

건설기술 CDP가 성공적으로 운영되려면 우선 대상자인 전문가의 동기유발을 통한 개인의 명확한 목표 설정이 필요하다. 즉, 전문가 스스로 자기개발에 관심을 가지고 새로운 지식을 습득하고자 하는 의지와 미래에 대한 비전 및 도전의식을 가져야 할 것이다. 또한 건설기술의 궁극적 목표인 공공의 안전과 건강을 책임지는 올바른 윤리적 가치관을 지녀야 한다. 특히 세계시장에서 경쟁할 수 있도록 문화적 차이와 글로벌 스탠다드를 이해하고 의사소통 능력과 리스크 관리능력을 배양해 나가야 한다.

조직의 명확한 인력개발 목표 수립

인력은 조직의 목표 달성을 위해 필요한 핵심 자원이므로 이를 적극적으로 활용하기 위해서는 조직의 목표를 명확히 하며, 이에 따른 인력양성 계획을 수립한다.

직무를 분석하고 직무별 필요능력 명확화

직무를 구별하며, 개별 직무에 대한 필요지식과 필요능력을 정의한다.

교육 프로그램 개발

직무별로 파악된 필요지식과 능력을 채워줄 수 있는 교육 프로그램을 개발한다. 사내교육과 위탁교육 프로그램을 적절히 병행하여 활용한다. 특히, 앞 절에서 살펴본 외부 위탁교육을 적극적으로 활용하여 프로그램의 다양성을 확보 및 프로그램 개발 부담을 줄인다.

평가 모니터링 시스템 구축

실제로 계속교육 프로그램을 통해 건설기술 전문인력의 능력이 향상되었는지를 모니터링 할 수 있는 시스템을 구축한다. 단순 교육이수 여부로 평가하는 것이 아니라 교육 후 테스트를 통한 평가나 실무 업무의 향상 수준을 파악하고, 이에 대한 평가가 고려되어야 한다.

위에서 제시한 세부전략들을 추진 단계별로 정리해보면 표 5-20과 같다.

표 5-20 기업의 계속교육 인프라 구축 단계별 전략

단계	1단계	2단계	3단계
단계별 세부전략	**CDP 기반 확립** · 조직의 목표 설정 · 개인의 목표 설정 · 직무 분석을 통한 필요능력 도출 체계 도입 · 교육 프로그램의 개발(사내·사외 프로그램 활용, 사내 교육프로그램 위주) · 교육효과 모니터링 시스템 개발	**CDP 발전 및 활성화** · 조직의 목표 및 개인의 목표 확립 · 직무개발 및 개선 · 교육 프로그램 활성화(사내·사외 프로그램 활용, 사외 교육프로그램 위주) · 교육효과 모니터링 시스템 활성화	**CDP 정착 및 개선** · CDP를 통해 대학·학협회 교육과의 연계 활성화 및 정착 · 직무개발 및 개선 · 교육효과 모니터링 시스템 활용 촉진

관·산·학·연의 역할 분담

산업 측면에서 건설기술 전문인력 능력개발 프로그램의 효과는 개별 교육기관의 개선 노력만으로는 미약할 수밖에 없다. 그림 5-20에서 보듯이 대학, 기업, 학·협회의 교육기관은 서로 유기적으로 도움을 주고받고 있기 때문이다. 즉, 서로의 역할을 하면서 상호 협력해 시너지 효과를 발휘해야만 그 효과가 크다. 따라서 교육기관들의 상호 정보 교환을 위한 풀(pool)이 형성되어야 하며, 이를 통해 교육 프로그램을 평가하고 모니터링 하여야 할 것이다. 이러한 풀의 리더는 신규인력을 배출하며, 핵심 연구개발을 수행하고 있는 대학이 되어야 할 것이며, 기업 및 학·협회는 장기적인 안목을 가지고 적극적으로 참여해야 한다. 또한 국가차원에서도 사회분위기를 조성하고 물질적, 정책적 지원을 아끼지 않아야 할 것이다.

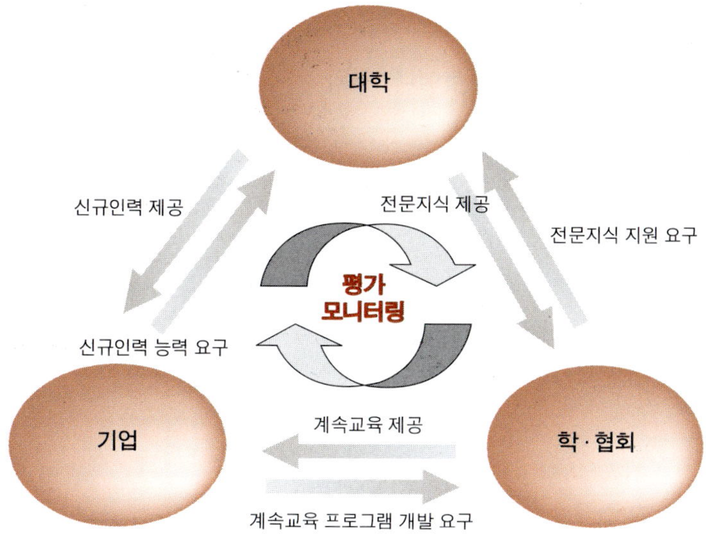

그림 5-20 교육기관의 연계(대학, 기업, 학·협회)

5.6 결 언

건설산업의 국제경쟁력은 기술개발과 전문인력의 기술수준에 의해 결정된다고 할 수 있다. CM 전문인력은 대학의 정규교육인 기본교육과, 기업 및 관련기관에서 제공하는 계속교육을 통하여 육성된다. 본 장에서는 미국의 사례와 비교를 통해 CM 전문인력 육성 방안을 살펴보고 단계적인 추진전략을 제시하였다. 대학의 기본교육은 이론과 실무를 병행하고, 프로젝트 관리기술의 배양에 중점을 두어야 하며, 기업의 계속교육은 직급에 따른 획일적인 교육에서 탈피하여 개인의 전문성을 강화시킬 수 있도록 CDP(경력개발프로그램)를 활용하는 것이 바람직하다. 효과적인 인력양성을 위해서는 대학의 기본교육과 기업의 계속교육이 연계될 수 있도록 상호 협력체제를 구축할 필요가 있다.

건설환경이 급속하게 변화하는 현 상황에서 기술수준의 유지는 후퇴를 의미함을 명심하고 지속적으로 건설기술의 개발과 전문인력의 능력향상을 위해 투자하여야 한다. 성공적인 CM 전문인력의 육성과 관리를 위해서는 교육인프라의 확충, 국가적 차원의 지원, 기업의 CDP 도입 등이 가장 시급하고 중요한 해결 방안이라고 할 수 있다. 특히 정부는 기술자의 사회적 위상을 높이고 기술개발을 유도하여 건설산업이 국가의 전략산업으로 발전될 수 있도록 집중 지원해야 할 것이다. 이와 같이 건설기술 교육체계의 획기적인 개선을 통하여 전문인력을 지속적으로 육성하고 기술자에게 사명감과 기대감을 심어준다면, 우리나라 미래 건설산업의 국제경쟁력을 충분히 확보할 수 있을 것으로 전망한다.

6

건설사업관리와 정보화

성균관대학교 교수 진상윤

6.1 서언

정보기술의 발전과 더불어 건설산업과 건설사업관리 또한 서서히 진화하고 있다. 정보기술은 과거 개인 또는 업무별로 생산성을 향상시키기 위한 도구의 역할에서 이제는 기업의 경쟁력에 절대적 영향을 미치는 전략 도구로 자리 잡았다. 서울월드컵주경기장에 PMIS(Project Management Information System)가 도입된 이후 정부발주프로젝트를 중심으로 PMIS가 도입되었으며, 근래에는 어디에서나 접근이 가능한 Web-based PMIS로 발전하여 그 활용성을 높이고 있다. 더욱이 전문가에 의한 프로젝트의 전반적인 관리업무를 주로 하는 CM 업체의 특성으로 지식경영(KM; Knowledge Management)을 도입하는 등 인터넷 기반의 협업시스템 강화에 노력하고 있다. 이 밖에도 3D CAD 시스템, 유비쿼터스의 활용을 통하여 건설사업관리 업무의 효율성을 높이려는 노력이 배가 되고 있다. 따라서 이 장에서는 기업 내 정보화에서 기업간 정보화로 발전하고 있는 건설기업의 정보화 사례를 고찰함으로써 건설산업의 정보화 현황을 살펴보고 타 산업과 정보화 수준을 비교하여 그 위치를 파악해 보았다. 또한 지속적으로 개발되고 있는 정보기술이 어떻게 건설사업관리 방식을 변화시키고 있는가를 짚어보고 미래 비전을 제시하였다.

6.2 건설사업관리와 정보관리

6.2.1 건설산업의 정보화 수준과 비전

(1) 통합관리 시스템 중심의 기업 정보화

1980년부터 기업에 컴퓨터가 도입된 이래, 이제는 기업이 보유하고 있는 컴퓨터의 수가 그 기업의 직원 수 보다 많아진 시대가 되었다. 또한 기업의 모든 업무에 컴퓨터들이 다양하게 활용되고 있으며, 네트워크를 통해 정보를 공유하고 교환하는 통합관리시스템이 각 산업별로 다양한 형태로 구축되어 운영되고 있다. 건설산업도 예외는 아니다. 건설산업의 정보는 크게 경영정보, 사업관리 정보, 그리고 기술정보 등의 세 가지로 나눌 수 있는데, 각 정보 종류별로 기업이나 프로젝트의 특성에 맞추어 다양한 통합관리시스템을 구축하여 활용하고 있다.

앞에서 언급한 정보 종류 중 첫 번째 경영정보는 기업을 중심으로 한 정보로, 기업단위의 재무, 회계, 인사 등 기업 중심의 정보인데, ERP(Enterprise Resource Planning)를 중심으로 통합 관리되고 있다. 두 번째 사업관리 정보는 프로젝트 중심의 정보이다. 건설기업의 매출이 거의 대부분 프로젝트 단위에서 발생하듯이 건설산업은 프로젝트 중심의 산업이다. 프로젝트를 중심으로 한 계약, 공정, 원가, 자재, 품질, 안전, 환경, 설계도서 관리 등의 여러 가지 업무를 통합 관리하는 것이 바로 PMIS이다. 이 두 가지 시스템의 상호 연관관계 또한 매우 밀접하다. ERP는 기업단위 중심에서 PMIS는 프로젝트 중심에서 정보를 통합 관리하고 있지만 각 프로젝트 단위에서 이루어지는 PMIS의 자재구매와 원가관리 정보는 네트워크를 통해 본사의 ERP로 취합되어 자재구매와 대금결제가 이루어지며, 각 프로젝트별 원가정보는 기업단위에서 취합되어 재무 및 회계정보와 연동되어 경영정보로 활용되고 있다. 세 번째 기술정보는 그 기업이 보유하고 있는 공법이나 특허 그리고 그 회사의 인적자원이 프로젝트 수행을 통해 얻은 경험이나 지식 등을 포함한다. 그동안 이러한 기술정보는 체계화 되지 못한 상태에서 관리되어 개별적으로 관리되거나 없어져버리는 등 제대로 활용되지 못하였다. 그러나 지식관리에 대한 중요성이 대두되면서 이제 기업이 보유하고 있는 기술자료뿐만 아니라 개인별로 습득한 지식이나 경험 등을 공유하게 함으로써 개인의 지식습득에 대한 효과를 극대화하고 이를 통해 기업경영활동의 성과까지 이끌어내기 위한 지식경영 활동이 진행되고 있다. 바로 이러한 활동을 지원하기 위한 시스템이 KMS(Knowledge Management System)이다.

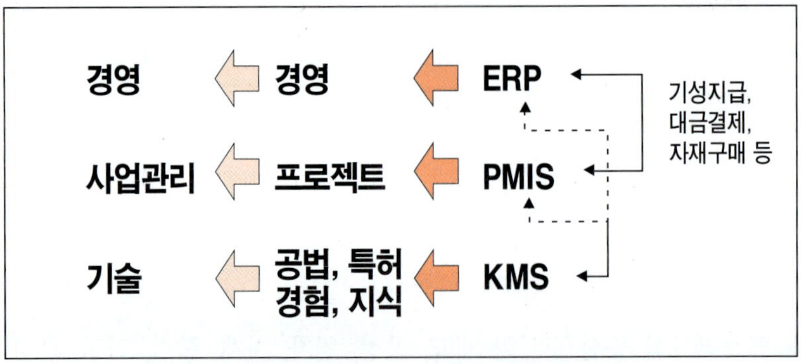

그림 6-1 건설산업의 정보종류와 통합관리시스템

이렇게 건설산업에서 적용되고 있는 통합시스템은 ERP(Enterprise Resource Planning), PMIS, 그리고 KMS(Knowledge Management System) 등 세 가지 종류의 시스템을 중심으로 각 기업별 특성에 맞추어 기업 내 업무를 중심으로 통합관리시스템을 구축하여 운영하고 있다. 이 중 KMS의 경우는 정보기술 측면에서 접근하기 보다는 지식관리나 지식경영 프로세스, 운영적 관점에서 개인이 가지고 있는 경험이나 지식을 어떻게 효과적으로 공유하고 활용할 것인가 하는 전략적 차원에서 다루어져야 하기 때문에 이 책의 범위에는 포함시키지 않았다. 따라서 이 절에서는 ERP와 PMIS를 중심으로 그 특성과 상호 연관관계를 살펴보았다.

Enterprise Resource Planning

ERP에서 'E'가 enterprise를 의미하는 바와 같이 ERP는 기업 중심의 통합관리시스템이다. 우리말로는 전사적 자원관리로 통용되는 ERP는 기업 전체를 경영자원의 효과적인 이용이라는 관점에서 통합적으로 관리하고 경영 효율화를 이루기 위한 수단이자 개념이며, 기업의 회계, 판매, 구매, 생산, 인사, 자금 등 기업활동 전반에 걸친 업무를 유기적으로 전산화하여 경영상태를 실시간으로 파악하고 조정할 수 있게 하는 전사적인 통합소프트웨어로 정의되고 있다.[1)]

1) 윤재봉, 김명식, 권태경 역, SAP코리아(주) 감수, 'ERP, 경영혁신의 새로운 패러다임', 1998, 대청미디어, pp.37.

본래 ERP의 시초는 1960년대 초 미국의 제조업 분야에서 생산관리를 하기 위한 목적으로 개발된 MRP(Manufacturing Resource Planning)에서부터 시작되었다. 이 후 MRP에 계획 및 회계 기능이 추가 되어 MRP II로 발전하게 되고 이후 전사적 규모로 그 적용 범위를 확장하면서 기업의 전반적인 업무활동을 통합관리할 수 있는 시스템으로 발전하였다. 이로 인해 그 명칭도 manufacturing에서 enterprise로 변경되어 ERP로 자리잡게 되었다. ERP는 제조업 분야에서 기업의 경영활동을 향상시키는 효과를 주었고 이후 여러 산업에 걸쳐 ERP가 보급되는 확산기로 접어들게 되었다.

2004년 현재 조사된 바에 따르면 대기업 계열사의 47%가 ERP를 도입하여 활용하고 있으며, 약 36%가 향후 2년 이내 도입할 계획인 것으로 응답하였고, 중소기업 또한 28%가 ERP를 활용하고 있으며 약 18% 정도가 2년 이내 도입할 계획인 것으로 나타났다.[2] 건설기업의 경우도 대기업 계열의 종합건설업체를 중심으로 상당 수가 이미 ERP를 도입하여 운영해 오고 있다.

ERP의 궁극적인 목적이 전사적 차원에서 통합시스템을 구축하는 것이지만, 건설산업에서는 ERP만으로 기업의 통합시스템을 구축하는 것보다는 건설산업의 특성상 ERP와 PMIS, 그리고 KMS를 중심으로 기업정보 통합화가 이루어지고 있으며, ERP는 기업경영정보를 중심으로 재무, 회계, 인사, 조직, 자재 구매 및 계약 등의 내부업무를 기업본사를 중심으로 통합화하는데 초점을 두고 있다. ERP와 PMIS 등의 통합관리시스템은 도입하는 기업의 특성과 업무프로세스에 따라 그 결과물이 다르게 나타난다. 건설사업을 발주하는 기관이 도입하는 경우, 건설회사가 도입하는 경우, 또 해외 건설프로젝트를 많이 수행하는 건설회사가 도입하는 경우, 건설사업관리사가 도입하는 경우 등 각기 기업의 특성과 업무프로세스에 따라 범위와 형태가 약간씩 다르게 나타난다. 따라서 ERP나 PMIS 등 통합관리시스템을 도입하고자 하는 경우 다른 기업이 도입한 시스템을 무작정 모방하여 선택하는 것이 아니라 어떤 것이 우리 회사의 특성과 업무프로세스에 가장 적합할 것인가와 기존 업무프로세스를 어떻게 개선하여 효과적으로 통합관리시스템을 구

2) 기업정보화지원센터, '2004 기업정보화수준평가결과보고서', 2004, (사)기업정보화지원센터, www.itr.re.kr

축할 수 있을 것인가에 대한 고민과 노력이 선행되어야 한다.

Project Management Information System

PMIS는 프로젝트 중심의 사업관리에 관련된 여러 가지 정보를 통합관리함으로써 의사결정을 효과적으로 지원하기 위한 시스템이다. PMIS의 적용범위는 사업현황관리, 사업비관리, 공정관리, 자원관리, 품질관리, 안정환경관리, 자료관리 등 프로젝트 관리의 다양한 업무에 적용되고 있기 때문에 ERP에 비해 건설사업관리자들이 더욱 많이 접하게 되는 시스템이다.

PMIS는 건설 프로젝트에 참여하는 발주자, 건설사업관리자, 감리자, 시공자 등 주요 주체들에 의해 모두 활용되고 있는데, 사용자 유형별로 약간씩 다른 범위와 초점을 두고 있기도 하다. 발주자형 PMIS는 사업기획, 공정관리, 사업비관리에 중점을 두고 정보관리 단위를 크게 설정하여 관리하고 있으며, 건설사업관리자 또는 감리자형은 설계관리, 공정, 원가, 품질관리 등에 중점을 두고 있고, 시공사형은 공정과 원가를 중심으로 자재구매, 작업일보, 품질, 안전, 환경, 설계 도서 등 다양한 시공정보를 통합관리하는데 중점을 두고 있다.

표 6-1은 CM이 적용된 공공공사에서 도입한 PMIS의 적용범위를 보여주고 있으며, 그림 6-2와 6-3은 건설사업관리자의 PMIS 시스템 화면의 예를 보여주고 있다.[3] 또한 PMIS는 프로젝트의 유형, 이해 당사자간의 요구사항, 프로젝트 관리 방침 및 목적 등에 따라서도 달라지기도 한다. 따라서 PMIS 구축 시 프로젝트 특성, 사용주체, 적용업무 범위 등을 고려하여 구축하는 것이 매우 중요하다.

---

3) 한미파슨스, '누리꿈스퀘어 건설사업관리 시스템', 2006, (주)한미파슨스.

표 6-1 시공사 A사의 PMIS 업무범위의 예

업무분류	세부기능
사업현황	사업개요, 공사현황, 조직관리, 현장영상, 기상정보, 코드관리
사업관리	공사비현황, 예산현황, 집행실적, 도급기성현황, 외수기성현황, 공사내역, 코드관리
공정관리	종합공정, 설계일정, 구매일정, 시운전일정, 공정사진관리, 공정회의관리, 조치사항관리, 코드관리
자원관리	주요자재관리, 외주현황, 노무현황, 장비현황, 총무현황, 코드관리
품질관리	품질계획, 품질점검활동, 품질시험, 품질교육, 코드관리
안전활동	안전환경계획, 안전점검활동, 안전교육, 안전당번, 폐기물현황, 무재해운동, 코드관리
자료관리	시공문서관리, 도면관리, 사진관리, 공유자료관리, 개인자료관리, 코드관리
엔지니어링	시운전일반, 시운전공정, 시공완결, 시운전시험, 코드관리
시스템관리	사용자 및 조직관리, 권한관리, 메뉴관리, SMS/메신저, 커뮤니티관리, 일정관리
통합검색	자료통합검색, 문서통합검색

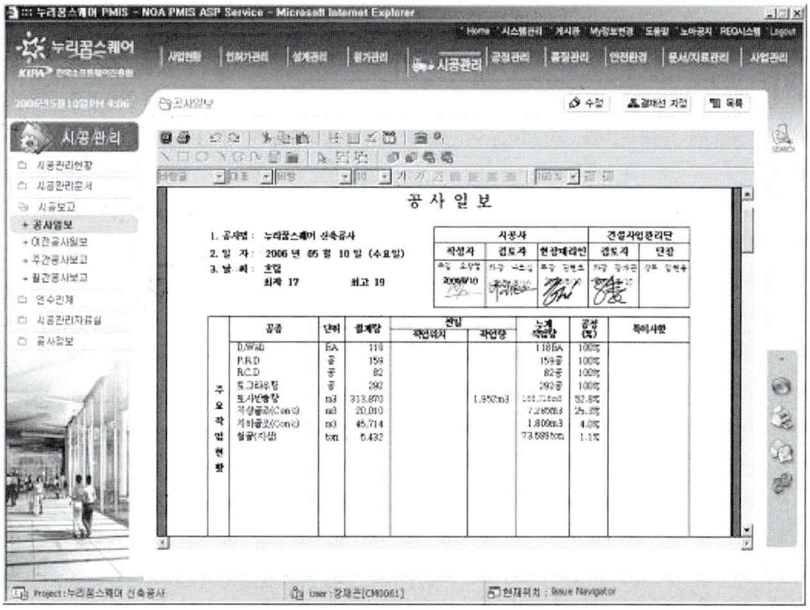

그림 6-2 PMIS 사례 중 공사일보 기능

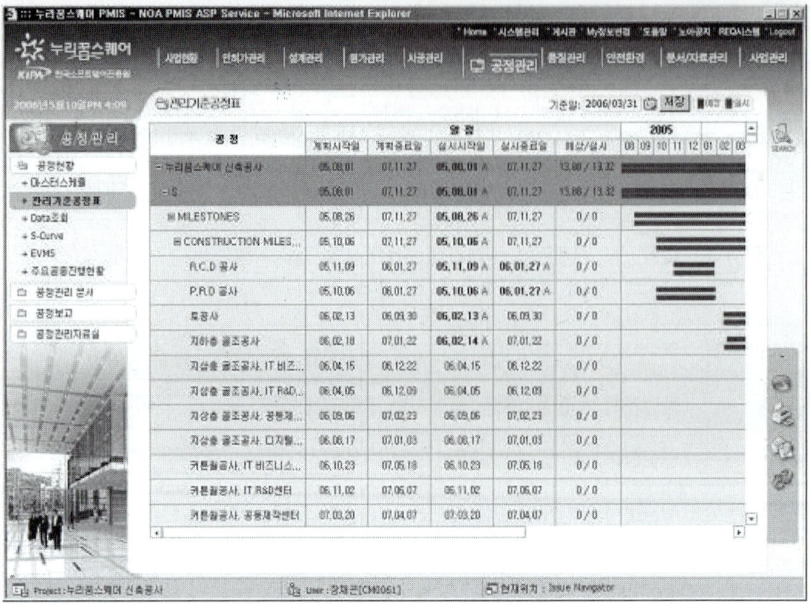

그림 6-3 PMIS 사례 중 공정관리 기능

ERP와 PMIS의 연계성

ERP와 PMIS를 모두 보유하고 있는 회사의 경우 PMIS의 원가관리와 자재관리 기능이 본사의 ERP와 연계되어 활용되고 있다. 각 프로젝트 단위에서 요청된 자재구매 업무는 본사에서 요청 자재 수량, 사용일시 등이 취합되어 구매 조달 프로세스에 따라 대금결제까지 ERP를 통해 이루어진다. 각 프로젝트 단위에서 이루어지는 PMIS의 원가관리 업무는 본사의 ERP를 통해 취합되어 재무 및 회계관리 기능과 연계되고 기업단위에서의 현금흐름과 손익분석 등에 활용된다. 각 프로젝트 단위별로 PMIS가 없이 ERP가 있는 경우, 프로젝트별로 원가관리와 자재관리 기능을 중심으로 한 ERP 모듈이 설치되어 본사의 ERP와 통합·운영되고 있다.

이러한 ERP와 PMIS를 중심으로 한 기업 정보화는 비단 기업 내부적인 통합화에만 그치지 않고 기업간 정보화로 발전하고 있다. 그림 6-4에 나타난 것처럼 자재공급업체나 협력업체 등과 전자구매조달 시스템이나 전자입찰시스템, 각종 정보공유 및 교환을 통한 기업간 정보화가 이루어지고 있으며, 각 프로젝트 단위에서도 발주자, 건설사업관리자, 감리자, 시공자, 협력업체 등 여러 참여주체간 프로젝트에 관련된 정보를 효과적으로 공유 교환함으로써 성공적인 프로젝트 관리를 지원하고 있다.

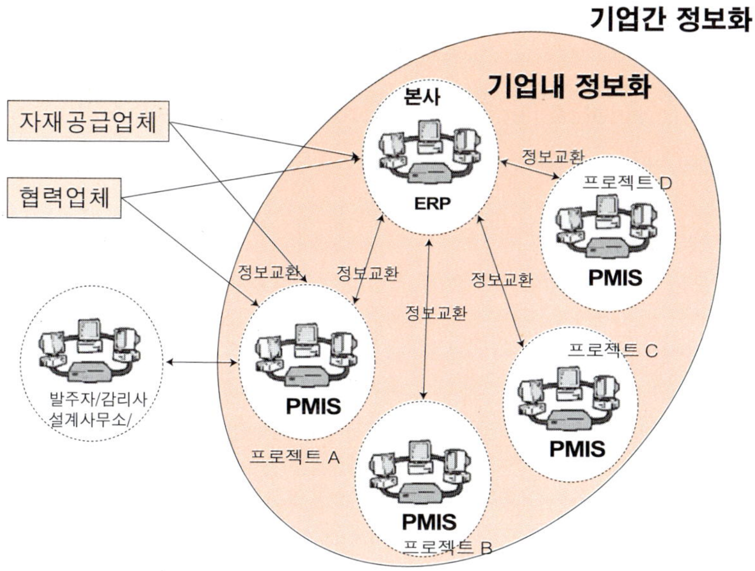

그림 6-4 기업 내에서 기업간 정보화로

Intranet 기반에서 Internet 기반으로 협업체계가 강화된 건설사업관리

1990년대 말까지 대부분의 PMIS는 해당기업의 직원들만 접근이 가능한 인트라넷(Intranet) 기반의 시스템이었다. 그러나 인트라넷 기반의 시스템은 기업 내 업무 통합화에만 적용될 뿐 프로젝트에 참여하는 다른 기업과 정보를 교환하기 위해서는 종이에 의존할 수밖에 없었다. 종이로 출력해서 전달하고 또 그것을 다시 컴퓨터에 입력하는 컴퓨터 → 종이 → 컴퓨터의 정보교환 방식은 정보전달의 속도를 느리게 할 뿐만 아니라 정보를 중복 입력하게 하고 또 이 과정에서 입력오류를 발생시키는 등 여러 가지 비효율성을 야기시켰다.

2000년대에 접어들면서 World Wide Web를 활용한 인터넷(Internet) 기반의 응용 시스템이 활성화되면서 프로젝트 참여주체간 정보를 효과적으로 공유하고 협업할 수 있는 체계구축이 수행되었다. 그 첫 번째 사례로는 건설 CALS/EC(Commerce At Light Speed/Electronic Commerce)사업의 CITIS(Contractor Integrated Technical Information Service)를 들 수 있고, 두 번째 사례로는 건설산업 전반에 걸쳐 폭넓게 적용되고 있는 인터넷 기반의 협업체계 강화를 들 수 있다.

Contractor Integrated Technical Information Service의 도입

건설 CITIS는 건설 CALS/EC 사업의 일환으로 개발되었다. 본래 CITIS는 미 군수산업에서부터 시작된 것으로 미국 국방부의 물류관련 표준으로 계약에 따라 정부는 계약자가 요구하는 정보에 전자적으로 접근할 수 있도록 하고 계약자는 계약내용 관련의 정보를 개발하여 전자적 매체를 통해 납품하고 이를 활용할 수 있도록 유지하는 서비스이다. 이러한 개념을 기반으로 건설산업에 맞추어 개발된 건설 CITIS는 그림 6-5와 같이 건설사업 발주자에게 계약에 명시된 자료를 인터넷을 통해 교환·공유할 수 있도록 공사 수행기간 동안의 건설사업관리를 지원하는 건설계약자 통합기술정보서비스 체계이다[4].

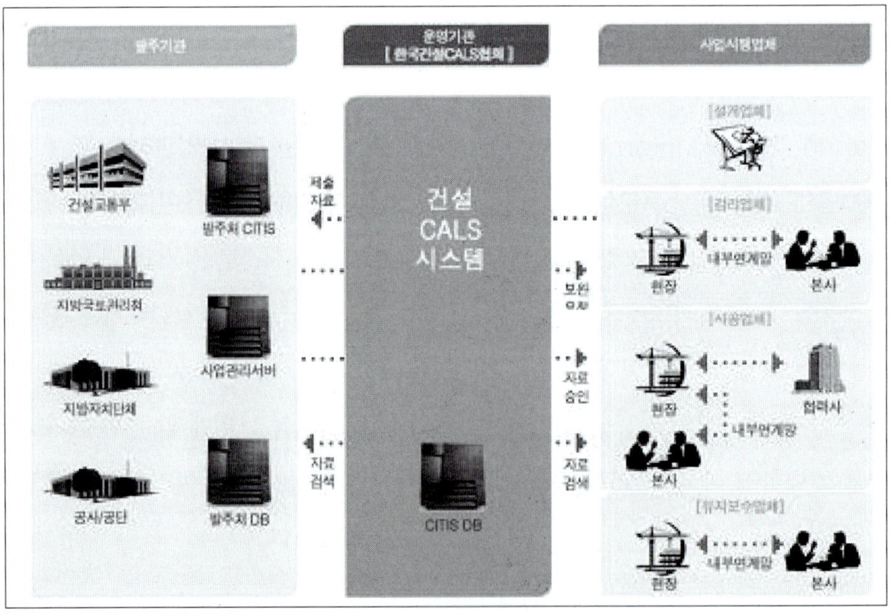

그림 6-5 국내 CM/PM 시장의 규모(2001-2004)

4) 한국건설CALS 협회, www.cals.or.kr, 2006.

지금 현재 이런 CITIS의 개념은 비단 국토관리청뿐만 아니라 대한주택공사, 한국도로공사, 한국수자원공사, 한국토지공사 등 공기업과 관련 유관기업에서도 이미 활용되고 있으며 향후 계약자가 제출해야 하는 모든 서류를 대상으로 CITIS를 통해 제출하고 공유할 수 있도록 개발되고 있다.

Internet 기반의 협업시스템 강화

건설 CITIS가 발주자와 계약자간 전자정보 교환에 초점을 둔 시스템이라면 인터넷 기반의 협업시스템은 건설 프로젝트에 참여하는 수많은 이해당사자들이 신속하고 정확하게 관련된 정보를 공유하고 교환하는데 초점을 두고 있다. 98년 미국을 중심으로 등장한 Web-based Project Management System(W-PMS)이 나오기 전까지 기존의 PMIS는 Client/Server 기반의 인트라넷 환경에서 운영되고 있었고, 사용자 또한 해당 PMIS를 운영하고 있는 기업의 직원들에 한정하여 프로젝트 관리 정보가 공유되는 형태를 띠고 있었다. 그러나 이러한 인트라넷 기반의 정보관리는 기업내부의 업무 통합화를 통한 정보화가 일정 수준에 도달하면서, 자연스럽게 기업간 정보 교환에 대한 필요성이 대두되고 이에 대한 해결방안으로 등장한 것이 W-PMS이다.

인터넷의 활성화는 건설 프로젝트 관리의 범주가 원도급업체의 몇몇 관리자가 아닌 프로젝트에 참여하는 모든 주체간 협업체계로 진화하게 함으로써 참여자간 coordination, 정보공유 및 교환의 효율화를 통해 더욱 효과적인 프로젝트 관리체계를 구축하게 되었다. W-PMS는 인터넷 기반이기 때문에 해당 프로젝트의 관련자들에게 접근권한을 차별화하여 부여하고 관련정보를 공유할 수 있기 때문에 프로젝트 참여자간 정보공유 및 행정처리에 매우 효과적으로 적용되고 있다.

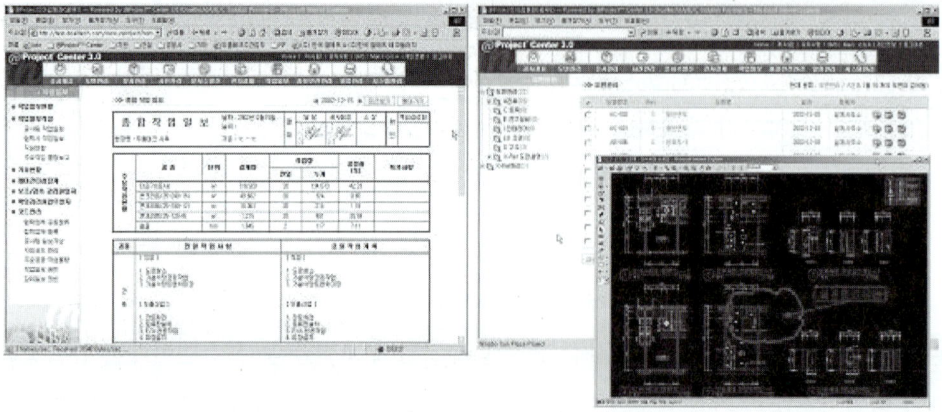

그림 6-6 W-PMS 사례

이제 인터넷기반의 협업체계는 PMIS가 가져야 하는 필수적인 기능 중의 하나로 자리 잡게 되었다. 이 협업체계는 프로젝트 참여자간 문서공유 및 전자결재 프로세스 지원, 설계도서 관리, 전자게시판, 온라인 미팅 및 회의록/스케줄 관리, 각종 서류의 제출, 검토, 승인 등의 문서결재 프로세스 관리 등을 포함하고 있으며, 참여주체간 각종 공문서의 흐름을 기록 관리할 수 있기 때문에 분쟁이나 클레임 발생 시 증거자료 확보에도 매우 효과적으로 활용될 수 있다.

(2) 기업 정보화 성숙단계

(사)기업정보화 지원센터(IT Research & Consulting, 이하 ITR)에서는 1997년부터 건설산업을 포함한 국내 주요 산업의 기업들을 대상으로 정보화수준 평가사업을 수행해 왔다. ITR에서는 기업의 정보화 성숙단계를 아래와 같이 정의하고 기업별 수준평가는 물론 산업별 정보화 수준평가를 실시하고 있는데 간단히 살펴보면 아래와 같다.[5)]

1 단계: 기능 정보화(평가점수: 0–20)

개인별 또는 기능별로 정보시스템이 적용되는 단계로 정보시스템에 대한 관심이 증가하지만, 예산 투입은 미비하다. 건설산업의 경우, 건축설계사무소에서 CAD를 도입하거

5) www.itr.re.kr

나 건설회사에서 공정관리 소프트웨어를 도입하는 등 개별 또는 기능별 전산시스템 도입에 초점을 둔 경우이다.

2 단계: 업무 정보화(20-40)

개인전산화에 이어 재무, 마케팅, 인사, 생산업무 등 작업그룹별 또는 부서별 업무정보화가 추진되는 단계이다. 이때부터 향후 기업차원의 정보화 전략계획에 대한 수요가 발생한다. 건설기업의 경우, 기업 내부업무를 통합관리하는 시스템은 없지만, 주요 부서별로 인사 및 급여관리 시스템, 자재관리 시스템, 재무회계 관리 시스템 등을 사용하고 있는 회사들이 여기에 해당된다.

3 단계: 기업 내 정보화(40-60)

재무, 마케팅, 인사, 생산업무 등 별도로 구축된 시스템간 통합과 의사결정을 위한 정보화가 추진되는 단계이다. 기업차원에서의 정보화 전략계획(ISP; Information Strategy Planning)이 필수적으로 요구된다. 기업체들은 경영목표를 효율적으로 달성하기 위해 경영목표에 연계되고 상응하는 적절한 정보화 전략계획을 수립하고 이를 바탕으로 정보화를 추진하며 주기적으로 평가하고 수정하는데 그것이 바로 ISP이다. ISP에 포함되는 주요내용으로는 경영환경분석, 정보기술 환경분석, 현행 업무분석, 개선업무분석 및 개선과제 도출, 이행계획 수립 등을 토대로 정보화 추진 방향 및 과제 정의 그리고 수행계획수립 등이 있다.[6] 건설산업의 경우 본사를 중심으로 한 ERP와 프로젝트 중심의 PMIS가 구축되어 있는 기업이 이 단계에 해당된다. 이런 기업들은 대부분 ISP를 가지고 있으며, 이를 통해 회사의 경영목표 달성을 위해 어떻게 정보화를 추진할 것인가에 대한 비전을 이해할 수 있다.

4 단계: 기업간 정보화(60-80)

기업 내 정보화를 근간으로 전자거래 등의 형태를 통하여 산업 내 유관기업간 통합을 추진하는 단계이다. 기업들이 안심하고 안전하게 정보를 전자적으로 공유 교환할 수 있

6) 신경철, 노경하, 아이티씨지(주), '알기쉬운 정보전략계획 ISP', (주)미래와 경영, 2003.

도록 하기 위하여 국가적 차원의 정보화 추진전략이 필요하다. 건설산업의 경우 공공기관을 중심으로 한 CITIS가 이 단계에 해당되는 사례라고 볼 수 있지만 4단계 이후는 몇몇 기업의 정보화를 통한 기업간 전자거래가 아닌 해당 업종 내 모든 기업간 전자거래의 의미를 가지고 있다. 그러나 건설산업은 아직 이 단계에는 미치지 못하고 있다.

5 단계: 지식 정보화(80-100)

축적된 자료를 활용하여 새로운 비즈니스를 창출하고 기업의 업무를 재구축하는 등 비즈니스 관련 지식창출과 활용이 가능한 단계를 의미한다. 금융업이나 통신업 등 정보화의 최첨단에 있는 산업의 일부에서 발생하고 있다.

이상 설명한 정보화 성숙 다섯 가지 단계를 중심으로 2004년도 기업정보화 수준평가를 실시한 결과에 따르면 조사대상 12 업종 중에서 건설산업이 대기업과 중소기업에 관계없이 최하위 수준인 것으로 평가되었으며, 정보화 성숙단계에 비추어 볼 때 대기업은 54점으로 기업 내 정보화 단계에 있으며, 중소기업은 약 38점으로 업무정보화 단계에 있는 것으로 나타났다. 또한 대기업과 중소기업의 정보화 격차가 건설산업에서 가장 크게 나타났다.

반면, 정보화 수준이 가장 높은 업종은 보험(64.7)과 은행증권(62.9) 등 금융업종이 가장 높은 것으로 나타났다. 따라서 정보화 수준이 가장 높은 그룹에 있는 금융업의 성숙단계를 살펴보고 이를 건설산업과 검토해 보면 우리 산업의 향후 미래 비전 설정에 도움이 될 것이다.

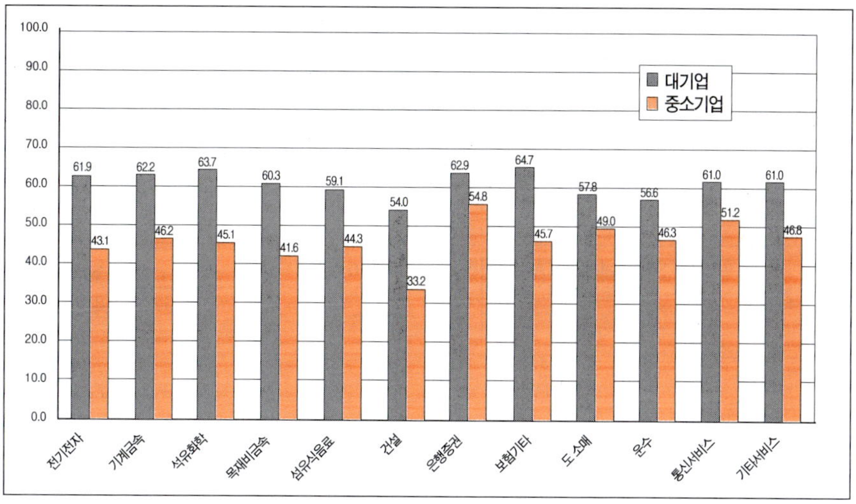

그림 6-7 12업종별 기업 정보화 수준

(3) 건설산업의 정보화 수준

그림 6-8은 앞에서 설명한 정보화 성숙단계 중 1, 2단계를 묶어서 단순화하고 기업간 정보화 단계까지 각 단계별로 금융업이 어떻게 발전하였는가를 살펴보았다. 또 이를 바탕으로 건설산업의 정보화 수준과 향후 비전은 어떤가를 고찰해 보고자 하였다.

먼저, 금융업의 경우 기능 및 업무의 정보화는 계좌관리의 전산화를 예로 들 수 있다. 기억해 보면 70년대만 하더라도 은행창구에 가면 주판을 볼 수 있었으며, 통장의 거래내역은 수기에 의해 관리되고 있었다. 은행업무 자동화의 시초는 계좌관리 전산화에서부터 시작되었지만, 이 당시에는 아직 본점과 지점간 업무전산화가 이루어지지 않아 통장을 개설하지 않은 지점에서 입출금거래를 하고자 하는 경우에는 통장개설 지점에 거래내역을 확인해야 하기 때문에 하루나 이틀 정도의 시간이 소요되었다.

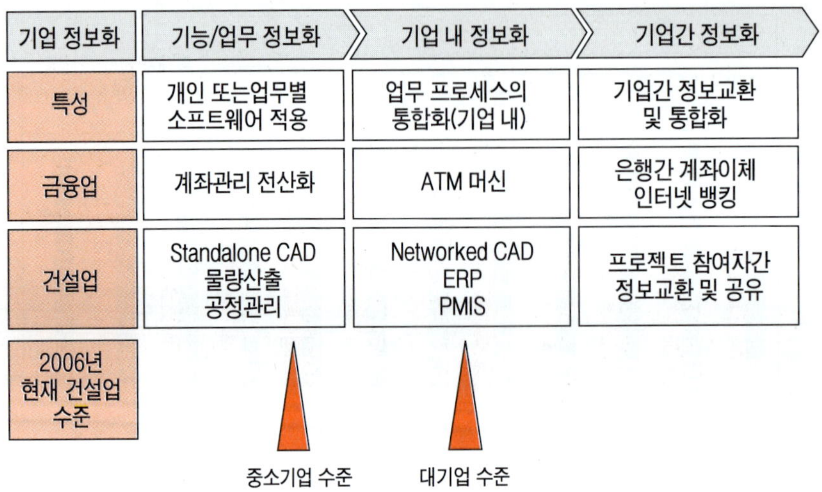

그림 6-8 금융업과 건설업의 정보화 성숙과정 비교

그 이후 은행업무자동화가 자리 잡히면서 본점과 지점간 업무전산화가 이루어지면서 어느 지점에 가더라도 쉽게 입출금을 할 수 있는 프로세스로 발전하게 되었다. 또한 ATM(Automatic Teller Machine)의 도입으로 현금입출금 프로세스가 더욱 빨라지게 되었다. 그러나 이 당시에도 은행 고객은 해당은행의 ATM만 사용할 수 있었고 또한 은행 업무시간에만 ATM 사용이 가능했다. 그러나 금융공동망이 형성되면서 금융업은 본격적으로 기업간 정보화시대에 접어들게 되었다. 금융공동망을 통한 전자거래가 가능해지고 ATM 또한 다른 은행의 고객도 활용할 수 있게 되었다. 또한 타 은행 ATM 사용에 대한 수수료를 부과하게 되면서 예금금리와 대출금리의 차이에 의존하던 은행의 수익 구조가 다양화되게 된다.

이후 금융권은 폰뱅킹과 인터넷뱅킹 등 다양한 전자금융서비스가 개발되면서 은행의 문화까지 달라지게 되었다. 특히, 인터넷뱅킹은 고객 입장에서는 은행에 가야할 횟수가 줄어들게 되고 창구에서 기다릴 필요가 없어지게 되는 효과가 있지만, 은행 입장에서 보면 과거처럼 많은 예금창구가 필요 없게 되고 기존 인력을 수수료 사업이 발생되는 업무로 전환하게 됨으로써 수입 다변화를 통해 더욱 많은 부가가치를 창출할 수 있게 된 것이다. 이제 은행권은 이동통신업계와 업종간 전산망 통합을 통해 모바일뱅킹까지 제공하게 되었으며, 보험업종과 전산망 통합을 근간으로 방카슈랑스라는 새로운 상품까지 개발하게 되었다. 또 2006년 현재를 기준으로 은행권의 전자금융서비스를 이용한 전자자금 이체는 총 자금이체 건수의 77% 정도까지 도달하게 되었다.[7] 이렇게 금융거래의 상당부분이 정보의 전달만으로 완료될 수 있게 됨에 따라 금융업은 정보집약산업이 되었다. 이런 정보집약산업화는 금융업의 비용수익 구조와 서비스 내용도 근본적으로 바꾸게 되었으며 이제 정보기술은 금융기관의 핵심역량으로 자리잡게 되었다.[8]

그에 비해 건설산업의 정보화는 아직 낮은 수준에 있다. 대기업의 경우 ERP 도입 및 정착을 중심으로 기업 내 정보화 단계에 머물러 있으며, 대형 프로젝트나 대기업 계열의 시공회사가 수행하는 프로젝트를 중심으로 PMIS가 도입되고 협업체계가 강화되어 프로젝트 단위 내 참여자간 정보공유와 교환이 이루어지고 있다. 이렇게 대기업군은 전반적으로 기업 내 정보화 단계에 정착해 가고 있지만, 아직 중소기업군의 경우에는 업무정보화 단계 혹은 기업 내 정보화 초기 단계로 진입하는 단계에 있는 것으로 판단된다.

이러한 정황은 2001년도에 실시된 다른 조사에서도 나타났는데, 시공능력 80위 이상의 기업 정보화 수준과 200위 이하의 기업 정보화 수준이 차이가 많이 나는 것으로 나타났으며, 하위 그룹의 경우 정보화에 대한 필요성을 인지하고 있으나 이에 대한 투자와 개발이 따라주지 못하고 그로 인하여 정보시스템 활용도가 매우 떨어지는 것으로 나타났다. 또한 정보화 수준이 상대적으로 높은 기업의 경우도 아직 기업간 정보교환이나 공유보다는 기업 내 업무 통합화에 초점을 두고 있는 것으로 나타났다.[9]

현재도 정보화 수준이 높은 건설기업들을 중심으로 기업간 정보화를 향한 개발과 투자가 꾸준히 이루어지고 있다. 공공발주기관을 중심으로 한 CITIS 체계의 도입, 협업체계가 강화된 PMIS를 기반으로 한 프로젝트 참여자간 전자문서의 공유 및 교환, 자재공급

7) 이정환 기자, '은행 전자거래액 11% 증가', 전자신문, 2006년 3월 21일.
8) 김경원, 최희갑, '디지털 금융 대혁명', 삼성경제연구소, 2002.
9) Youngsoo Jung, Sangyoon Chin, and Kyungrai Kim, 'Informatization Index for the Construction Industry', ASCE Journal of Computing in Civil Engineering, 18(3), pp.267-276, July, 2004.

업체를 대상으로 한 전자구매조달시스템 등은 기업의 정보화가 기업내부 업무통합화에 이어 기업간 정보화로 서서히 정보화의 범위가 확장되고 있음을 보여주고 있다. 그러나 기업간 정보화로 확장되는 상황에서 중요한 것은 협력업체의 정보화 수준이다. 왜냐하면 협력업체가 정보시스템을 이용하여 정보를 제공하고 관리할 수 있는 능력이 없다면 기업 간 정보화를 위한 노력과 개발이 헛되기 때문이다. 따라서 이제 정보화 선도기업은 기업 간 정보화에 대한 참여주체가 해당 기업의 직원들뿐만 아니라 프로젝트를 같이 수행하는 모든 참여주체임을 인지하고 협력업체를 포함하여 모든 참여주체의 정보화 수준을 끌어올릴 수 있는 방안을 도출 및 적용할 때 그 기업의 정보화에 대한 투자효과가 제대로 발생될 수 있을 것이다.

6.2.2 IT 기반의 건설사업관리 패러다임 변화

지금 이 시간에도 새로운 정보기술이 지속적으로 개발되고 있으며, 이것들은 새로운 건설사업관리 환경과 방식을 유도하고 더 나아가 새로운 건설 문화를 창출하며 건설산업의 정보화 수준을 서서히 진화시키고 있다. 따라서 이 절에서는 건설사업관리 패러다임 변화에 큰 영향을 미치고 있는 정보기술 네 가지를 선정하여 이것들이 어떻게 건설사업관리 방식을 변화시키고 있는지 살펴보았다.

(1) Multimedia 기반의 건설사업관리

"사진 한 장에는 수천 개 이상의 단어가 포함되어 있다"라는 말이 있듯이 건설 프로젝트에서 사진은 매우 귀중한 정보를 포함하고 있다. 디지털(Digital) 카메라의 등장과 급속한 발전은 기존 아날로그(Analog) 방식의 일반 카메라를 과거 유물로 만들어버렸으며, 현장사진이 관리되는 방식 또한 인화지에서 파일로 달라졌고, 거의 실시간에 걸쳐 현장사진이 PMIS에 등록되고 프로젝트 관련자들이 권한만 있다면 얼마든지 접근하여 활용할 수 있게 되었다.

그림 6-9 Web Camera를 통한 현장 monitiring

CCTV(Closed Circuit TeleVision)를 응용하는 웹 카메라(Web Camera)는 프로젝트 정보를 동영상으로 전달함으로써 프로젝트 관리에 많은 도움을 주고 있다. 웹 카메라는 CCTV 모듈, 웹서버, 네트워크 장비로 이루어져 있으며 네트워크를 통해 디지털 이미지를 캡처하고 전송할 수 있는 기능을 가지고 있다. 또한 카메라 자체가 웹서버의 기능을 하기 때문에 다른 서버로 연결이 필요 없으며 간단한 설치로 원격지에서의 이미지 모니터링이 가능하다. 이 웹 카메라는 프로젝트 상황을 Video나 Image 등 다양한 형태로 표현할 수 있도록 함으로써 프로젝트 정보를 더욱 정확하게 표현하는 것뿐만 아니라 인터넷을 통해 전달함으로써 프로젝트 참여자간 의사소통과 정보공유에 큰 공헌을 하고 있다. 또한 안전 사각지대에 대한 지속적인 모니터링으로 사고예방 및 안전관리 등 다양한 분야에 도움이 되고 있다.

건설정보의 멀티미디어화는 정보의 표현 방식을 변화시키고 있다. 과거 정보시스템에서 표현방식이 주로 글자와 숫자에 의존했다면, 이제는 Video, Audio, Text, Image 등 다양한 매체를 통해 정확한 정보를 수집하게 할 뿐만 아니라 건설지식을 수집하는데도 많은 도움을 주게 될 것이다. 이러한 멀티미디어 정보는 비단 진행 중인 건설 프로젝트의 관리뿐만 아니라 향후 프로젝트에 대한 계획수립, 클레임발생 시 증거물 확보 등 여러 가지로 활용될 수 있기 때문에 수집된 정보의 가치와 효용은 과거에 비해 훨씬 높아지게 될 것이다.

(2) 3D CAD model의 응용

CAD(Computer Aided Design)는 건설산업에 가장 큰 영향을 미친 소프트웨어임에 틀림없다. 그러나 CAD는 제도(Drafting)나 프리젠테이션(Presentation) 외에는 그 활용 범위가 매우 한정적이었다. 심지어 설계분야에서도 초기 설계단계를 CAD가 효과적으로 지원하지 못하기 때문에 2D 도면을 생성하기 위한 도구에 그치는 정도로 그 활용범위가 매우 한정적이었다. 3D CAD Model과 프로젝트 스케쥴 정보가 통합된 개념인 4D CAD라는 용어가 90년대 초반부터 등장하였지만[10], 현업에 적용되는 경우는 매우 제한적이었으며 국내외 여러 연구 프로젝트에서도 3D CAD의 응용에 관해 매우 매력적인 vision을 제시해왔으나, 현업 실무자들이 받아들일 만큼 충분히 그 현실적 타당성을 보여주지는 못했던 것이 사실이다.

그러나 최근 3D CAD의 사용방식이 건설산업의 Context에 더욱 잘 맞도록 객체기반 모델링(Object-Based Modeling)과 파라메트릭 모델링(Parametric Modeling)화 됨에 따라 그 응용분야가 넓어지고 있다. 객체기반 모델링이란 3차원 CAD 모델이 그래픽정보만 담고 있는 것이 아니라 그 모델이 표현하는 부재에 대한 속성까지 포함하고 있는 것을 나타내며, 파라메트릭 모델링은 CAD 모델의 형태와 크기 정보가 매개변수(Parameter)화 되어 있어 객체를 만든 후에 그래픽적으로 변경하는 것뿐만 아니라 매개변수의 값을 변화하여 변경할 수 있는 모델링을 뜻한다.[11]

이제 3D CAD는 효과적인 건설사업관리를 위해서도 다양하게 활용되고 있다. 3D

---

10) Kathleen Mckinney, and Martin Fischer, 'Generating, evaluating and visualizing construction schedules with CAD tools, Automation in Construction, 7(1998), 433-447, Elsevier.

11) Charles M. Eastman, 'Building Product Models: Computer Environments Supporting Design and Construction', CRC Press LLC, 1999.

CAD model은 건축사나 건축설계 담당자가 만들어온 Design Model이 주를 이루던 것에서, 시공성 검토나 공정 시뮬레이션(Simulation)을 수행하기 위한 Construction Model로 활용 목적이 확대되고 있다. Design Model이 완성된 건물을 대상으로 모델링 하는 것에 비해, Construction Model은 실제로 건설되는 부재단위로 모델링을 하는 것이다. 예컨대, 철골구조물의 경우 실제로 조립되는 기둥의 절 단위, 그리고 건물의 외장 커튼월도 설치되는 유닛 단위로 모델링하여 시공 시뮬레이션이나 시공성 검토 등을 수행할 수 있도록 하는 것이 Construction Model이다.

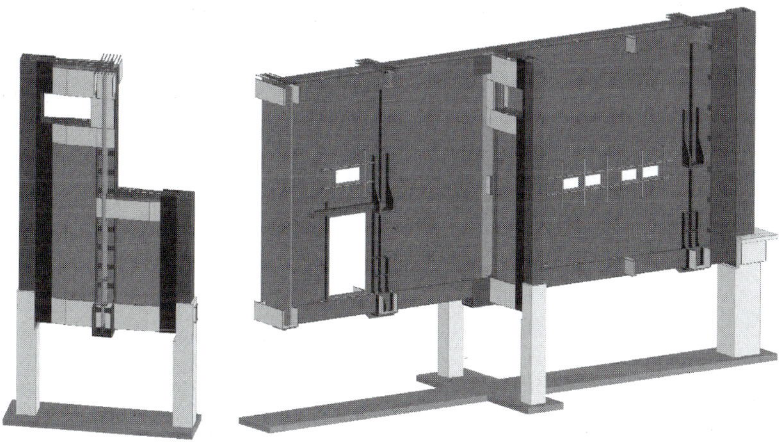

그림 6-10 construction model을 이용한 시공성 검토 사례

그림 6-10은 어느 건설 프로젝트에서 Transfer Wall 구조에 대한 공사와 관련하여 그 구조가 복잡하여 2D 도면으로는 해석과 원활한 의사소통이 어려운 문제를 해소하기 위해 Construction Model을 구축한 사례이다. 해당 현장에서는 Construction Model 구축을 통해 2D 도면에서는 파악하기 어려운 문제점들을 쉽게 인지할 수 있었고, 협력업체와 정확하고 원활한 의사소통이 이루어졌으며, 심지어 공사과정의 Simulation을 이용한 시공 도상훈련까지 실시하여 시공 risk를 최소화하고 효과적인 시공계획을 수립할 수 있었다.[12)]

또한 그림 6-10과 같이 3D CAD를 활용하여 기계실과 전기실의 면적과 공간을 보다

12) 조창연, 건설현장 3차원 CAD 적용사례, 삼성물산 건설부문, 2004년 10월.

효과적으로 활용하고 각종 설비간 간섭을 사전에 해소한 사례도 있다. 2차원 도면에서는 파악하기 어려운 간섭을 3D Model 구축을 통해 간섭 검토 및 해소는 물론 장비 재배치를 통해 공간을 보다 효율적으로 사용하도록 설계변경을 실시하였으며, 이를 통해 해당 현장의 기계/전기실 부분에 건축비 절감 효과를 보았다.[13)]

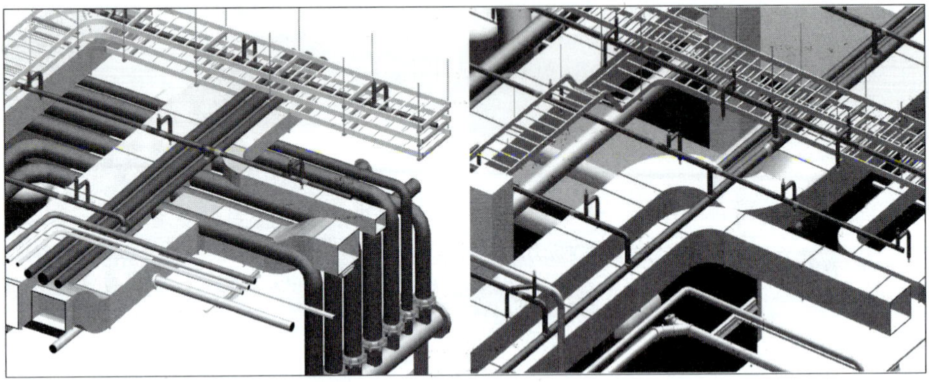

그림 6-11 기계 및 전기 설비에서의 간섭체크 사례

3D CAD 모델의 응용은 설계를 수행하는 담당자가 다루는 것이지 건설사업관리자는 활용할 일이 없다는 기존 관념을 바꾸고 있다. CAD의 사용 환경 또한 이러한 응용을 보다 쉽고 효과적으로 수행할 수 있도록 발전되어 약 2-3일의 교육만 받으면 누구사 쉽게 3D model을 구축할 수 있다. 이제 건축설계사무소에서 3차원 Model을 만들어 줄 때까지 기다릴 필요도 없으며, 또 만든다 하더라도 그 Model은 Design Model이기 때문에 결국 건설사업관리자가 Construction Model을 만들어야 한다. Construction Model을 통해 건설사업관리자는 설계도면 검토, Value Engineering, 공정계획에 대한 타당성 검토, 진도관리 등 다양한 건설사업관리 서비스를 보다 효과적으로 제공할 수 있게 될 것이다. 이와 더불어 이미 미국의 조달청에 해당되는 General Services Administration이 2006년 10월부터 입찰에 참가하는 회사들이 프로젝트를 BIM(Building Information Model)으로 - 쉽게 말해 건물의 부재 속성 정보가 포함된 3D CAD model - 제출할 것을 요구할 것이라고 하며, 점점 더 많은 건축주들이 3D CAD model의 활용을 요구하고 있

13) 신세계건설 공사담당 기전팀, 3D 프로그램을 활용한 기계실/전기실 SPACE 검토, 2004년 12월.

다고 한다[14]는 점도 유의깊게 볼 필요가 있다.

지금까지 건설 기술자 또는 관리자가 가져야 할 가장 기본적인 소양 중의 하나가 설계도서를 이해하는 것이라면, 앞으로는 설계도면을 이해하고 3D CAD를 이용하여 Construction Model을 구축하고 설계사무소나 협력업체 등 관련된 이해 당사자와 효과적으로 의사소통을 할 수 있는 능력이 21세기 건설사업관리자가 가져야 할 소양 중의 하나가 될 것이다.

(3) 종이와 펜에서 컴퓨터와 펜의 시대로

컴퓨터의 발달로 그 크기와 무게가 계속해서 소형화 되고 있으며 그 사용방식과 더불어 건설사업관리 방식까지도 변화시키고 있다. 지금까지 일반적으로 컴퓨터를 이용하여 정보를 관리하는 방법은 먼저 종이와 펜을 가지고 정보가 발생하는 지점, 즉 건설현장의 경우 작업지점에 가서 필요한 데이터를 종이에 기입하고, 사무실에 돌아와 그 데이터를 다시 컴퓨터에 입력하는 방식이었다. 그러나 컴퓨터의 크기와 무게가 급격히 줄어들면서 건설산업도 이제는 종이대신 직접 Tablet PC나 PDA(Personal Digital Assistant) 등의 컴퓨터와 펜을 가지고 현장에 가서 정보를 수집하고 관리할 수 있는 시대로 진화되고 있다.

여기서 잠깐 데스크탑 컴퓨터에서 PDA까지의 발전사를 살펴보자. 1980년대 데스크탑 컴퓨터(Desktop Computer)가 등장하면서부터 본격적으로 컴퓨터가 기업에 도입되기 시작했다. 데스크탑 컴퓨터는 말 그대로 컴퓨터를 책상 위에 올려놓을 수 있다는 의미인데 최초의 컴퓨터가 웬만한 집 한 채 크기만 했다는 사실에 비하면 놀라운 발전이 아닐 수 없다. 이름은 잘 기억나지 않지만 그 당시 외국의 한 유명인사는 컴퓨터의 발전속도와 관련하여 "만약 자동차가 컴퓨터와 비슷한 속도로 발전했더라면 자동차의 크기는 성냥갑만 하고 가격은 롤스로이스의 경우 20원 이하로 되어야 할 것"이라고 말할 정도였다.

14) Mary Buckner Powers, 'Features:Issues & Trends, Contractors Scrambling To Master 3-D Modeling Technologies,' The Association of General Contractors of America, September/October, 2005.

책상 위에 올려놓을 정도로 작아진 데스크탑 컴퓨터는 한번 설치해 놓으면 이동시키기가 쉽지 않기 때문에, 이동성이 뛰어난 노트북(notebook) 컴퓨터가 개발되었다. 노트북 컴퓨터는 그야말로 공책처럼 접었다 폈다 하면서 쉽게 가지고 다닐 수 있는 장점이 있지만, 산업현장처럼 서있는 상태에서는 사용하기가 수월치 않은 한계가 있다. 이런 한계는 Tablet PC의 개발을 이끌어냈으며, 이제는 더 나아가 안경이나 옷처럼 착용한 상태에서 사용할 수 있는 Wearable Computer까지 등장하고 있다. 또한 모든 PC의 기능을 가지고 있지는 않지만 데이터 수집능력과 휴대성이 뛰어나며 PC에 비해 가격이 훨씬 저렴한 PDA(Personal Digital Assistance)의 등장은 산업현장에서 컴퓨터 활용을 더욱 활성화시켰다.

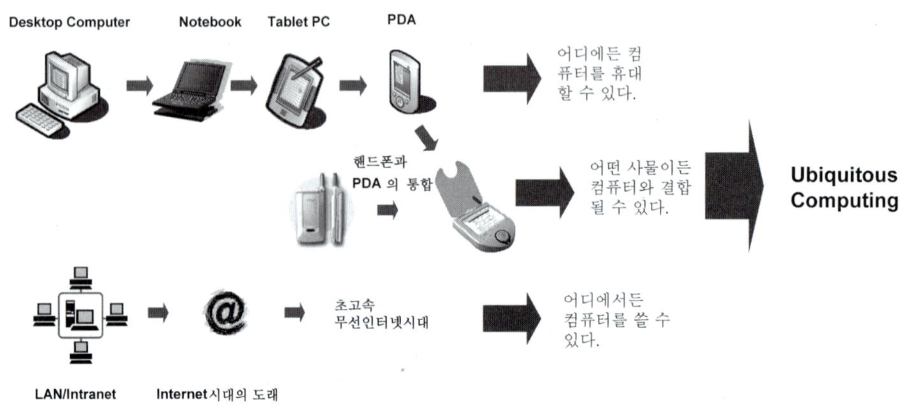

그림 6-12 유비쿼터스를 향한 computer의 진화

이런 컴퓨터의 발전은 건설산업에도 많은 영향을 미쳤다. 이미 몇몇 건설회사들은 PDA를 이용하여 아파트 입주 전 하자 점검 및 보수를 관리하는 정보시스템을 적용하고 있다. 이 시스템에서는 PDA에 모든 하자 유형과 아파트 단지 정보가 입력되어 있기 때문에 각 세대별로 하자발생 정보를 구체적으로 수집할 수 있다. 이렇게 수집된 정보는 서버를 통해 다시 하자 유형별로 취합되기 때문에 원도급업체는 해당 협력업체에게 하자를 보수할 것을 지시하고 관리할 수 있다. 또 모 건설회사는 현장소장들에게 PDA와 핸드폰

을 통합한 개념의 Smart Phone을 나누어 주어 현장 사무실 내에 있지 않더라도 업무내용을 검토하고 결재가 가능한 현장 소장 결재 시스템을 운영하고 있다. 그 밖에도 많은 건설 현장에서 안전관리, 품질관리, 진도관리 등 다양한 프로젝트 관리 분야에서 PDA를 활용하고 있으며, 이렇게 수집된 관련 정보가 곧바로 협력업체에 공유되어 지적사항에 대한 조치를 취할 수 있는 체계까지 가능해지게 되었다.

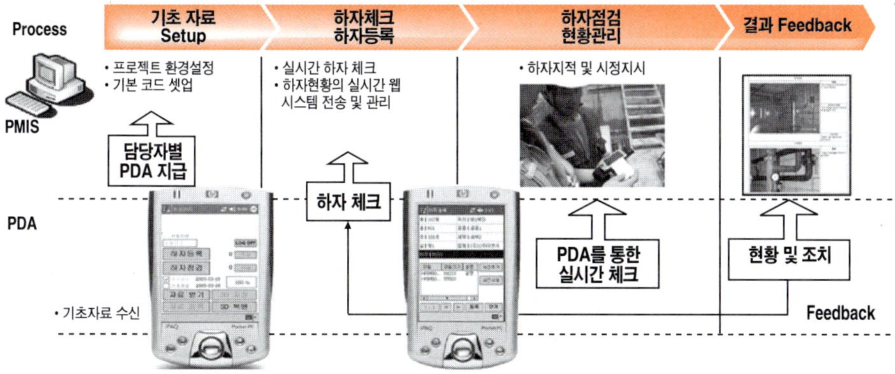

그림 6-13 유비쿼터스를 향한 computer의 진화

(4) 유비쿼터스 Computing을 이용한 건설사업관리 u-Construction

그림 6-12에서 보여준 컴퓨터의 발전은 우선 디지털 가전기기와의 통합이라는 개념으로 발전하여 TV와 컴퓨터가 통합되고 핸드폰과 컴퓨터가 통합되며, 냉장고, 가스렌지 등 컴퓨터가 여러 가전기기와 통합되는 Digital Convergence까지 이르게 되었다. 이러한 컴퓨터의 소형화는 휴대성 향상에 그치지 않고 크기가 작아지면서 이제는 이종(異種) 기기간의 통합으로 발전하고 있어 컴퓨터는 컴퓨터에만 존재하는 것이 아니라 사람까지 포함하여 어떤 사물에도 존재할 수 있는 개념으로 진화하였으며, 무선 네트워크 기술의 발전으로 사물에 결합된 컴퓨터들이 서로 통신을 할 수 있게 되고 있다. 이를 종합해 보면, 장소에 구애받지 않고 자유롭게 네트워크에 접속하며, 모든 사물에 다양한 기능을 갖는 컴퓨터 장치를 심고 이들이 네트워크로 연결되는 유비쿼터스(Ubiquitous) 환경으로 진화하고 있는 것이다.

유비쿼터스란 물이나 공기처럼 시간과 공간을 초월해 '언제 어디에나 존재한다.' 는 뜻의 라틴어로 사용자가 컴퓨터나 네트워크를 의식하지 않고 장소에 상관없이 자유롭게 네트워크에 접속할 수 있는 환경을 뜻한다. 유비쿼터스 환경에서는 사람뿐만 아니라 모든 사물도 네트워크를 통해 연결된다. 특히, 사물의 네트워크화는 컴퓨터, PDA(Personal Digital Assistant), 핸드폰, RF(Radio Frequency) module 등 다양한 단말기에 센싱모듈(sensing module)을 부착하고 Wi-Fi(Wireless Fidelity), Bluetooth, Zigbee, UWB(Ultra Wide Band), WiBro(Wireless Broadband) 등의 다양한 무선 네트워크 기술을 통하여 연결하는 것과 사물에 RFID(Radio Frequency IDentification) tag를 심고 그것을 센싱(sensing)함으로써 연결하는 것의 두 가지가 대표적인 경우이다.

건설산업에서도 위에 언급한 다양한 단말기간의 연결뿐만 아니라 인력, 자재, 장비 등 자원에 적용되는 RFID tag를 센싱하여 추적·관리하는 유비쿼터스 환경에서의 시공 및 건설관리(이하 u-Construction이라 칭함)화가 비록 부분적이지만 적용되고 있다.

u-Construction의 대표기술 RFID

RFID는 바코드(bar code)나 마그네틱 카드(magnetic card) 등 접촉식 인식기술의 차세대 기술로 인식되고 있는 비접촉식 인식기술로 태그(tag)라는 아주 미세한 무선통신 칩과 안테나로 된 모듈 그리고 reader/writer 장치간에 전파를 이용하여 칩으로부터 데이터를 읽거나 반대로 데이터를 써 넣는 기술이다.[15] 우리 일상생활에서 이미 많이 활용되고 있는 교통카드도 바로 이 기술에 해당된다.

데이터 송수신방식 또한 RFID tag는 칩에 배터리가 장착되어 데이터를 송수신할 수 있는 active 방식과 배터리 없이 reader가 발생한 전파신호로 발생한 에너지를 이용하여 데이터를 송수신할 수 있는 Passive 방식이 있다. RFID 기술은 현재 다양한 주파수대역에서 활용되고 있는데 125KHz, 134KHz, 13.56MHz 등의 저주파수대역에서는 1.8m 이내에서 인식이 가능하며, 915MHz나 2.4GHz 등의 고주파수대역에서는 27m 이상도 인

15) Klaus Finkenzeller 저, 이근호, 한호현, 강병권, 조영빈 공역, RFID Handbook, 영진닷컴, 2004.

식이 가능한 것으로 보고되고 있다. 그러나 전파나 사물간섭이 많은 건설현장에서는 Technical Specification상에 나타난 것보다 훨씬 낮은 인식거리를 나타낸다.

그렇지만 바코드의 경우 종이에 인쇄되어 활용되기 때문에 표면에 먼지가 많이 쌓이거나 물기가 있는 경우, 직사광선이 내리쬐는 상황 등에서 읽히기 어려운 단점이 있는 반면, RFID는 필요 용도에 따라 형태를 코인형, 막대형, 카드형, 라벨형, 캡슐형 등 다양하게 제작할 수 있고 또 그로 인해 외기환경으로부터 보호성이 뛰어나기 때문에 악조건의 건설환경에서도 효과적으로 인식될 수 있다는 점이 큰 장점이다. 이러한 장점으로 RFID 기술은 건설자재의 물류관리에 있어서 자재의 단계별 현황을 추적하게 함으로써 생산단계부터 자재의 생산현황과 시공단계의 시공현황을 시공자와 생산자간에 공유할 수 있도록 해주는 공급사슬관리체계를 구축하는데 활용될 수 있다.

국내외 RFID 적용동향

건설산업에서 RFID 기술의 적용가능성에 대한 연구는 1995년 미국 Iowa 대학 Jaselskis 교수가 콘크리트 타설, 장비나 자재관리 등에 RFID를 적용할 수 있음을 제안하면서부터 시작되었다.[16] 그 이후 Jaselskis 교수 팀이 2003년에는 Bechtel과 정유시설 공사에서 active RFID를 이용하여 pipe support와 hanger의 자재입고 검수에 시범 적용한 바 있으며[17], 최근에는 FIATECH과 Austin 소재 Texas 대학이 pipe spool에 active RFID를 적용하는 등 지속적으로 RFID 적용성에 대한 연구가 진행되고 있다.[18]

국내의 경우 시작은 외국에 비해 늦었지만 건설산업에서 RFID 실용화는 더욱 빠르게 진행되고 있다. 40여개 현장에서 RFID기반의 노무관리, 토사반출관리, 레미콘 주문 및

16) Edward J. Jaselskis, Mary R. Anderson, Charles T. Jahren, Yvan Rdoriguez, and Steven Njos, 'Radio-Frequency Identification Applications in Construction Industry,' ASCE Journal of Construction Engineering and Management, Vol. 121, No. 2, June, 1995.

17) Edward J. Jaselskis, and Tarek El-Misalami, 'Implementing Radio Frequency Identification in the Construction Process,' ASCE Journal of Construction Engineering and Management, Vol. 129, No. 6, December, 2003.

18) Jongchul Song, Carl T. Hass, Carlos Caldas, Esin Ergen, Burcu Akinci, 'Automating the task of tracking the delivery and reciept of fabricated pipe spools in industrial projects,' Automation in Construction, 15(2006), 166-177, Elsevier.

반출입관리 시스템이 적용되고 있으며[19], 2004년부터는 철골 물류 및 진도관리 분야에 RFID와 4D CAD가 연계된 개념의 관리시스템이 개발되어 현장에 적용하고 있고[20], 또 RFID를 이용한 커튼월 품질 및 물류 통합관리 분야에 산·학협동 연구를 통해 시범적용 중에 있다.[21] 한편, Box에 Packing된 마감자재에 RFID를 이용한 자재관리 시스템을 개발하고[22] 있는 등 국내에서도 다양한 분야에서 RFID 적용을 위한 활발한 연구개발이 수행되고 있다. 현재 이미 적용 또는 개발 중인 RFID 사례 중에서 노무관리, 레미콘 관리, 철골, 커튼월 물류 관리를 대상으로 RFID기반의 관리 프로세스와 특징에 대하여 살펴보면 다음과 같다.

RFID 기반의 노무관리

RFID 기반 노무관리의 경우 현장의 모든 근로자에게 RFID ID카드가 지급되고 출퇴근시 현장게이트에 설치된 센서를 통해 출역관리가 되고 있다. 이렇게 수집된 출역정보는 PMIS를 이용하여 작업일보를 작성할 때 자동 집계되며, 기성산출시 근거자료로도 활용되고 있다. 또한 센서에 디지털카메라를 장착하여 RFID card를 읽을 때 자동으로 근로자 사진을 찍기 때문에 정확한 출역인원산출과 생산성 분석은 물론 현장보안에도 활용하고 있다. 또 각종 교육 시에는 PDA나 리더를 이용하여 출석체크를 대신하고, 또 현장에서는 안전규칙 위반자에 대한 벌점관리 등에 활용하며, 최근 노동부의 고용보험을 건설현장의 일용직 근로자에게도 확대적용하면서 노무관리 전산화가 요구되고 있으며 이에 대한 도구로도 사용하고 있다.

---

19) 최철호, '건설분야에서의 RFID 시스템 활용사례 및 발전방향', 제 5회 한국건설관리학회 학술발표대회 논문집, 한국건설관리학회, 2004년 11월.

20) Sangyoon Chin, Suwon Yoon, Yea-Sang Kim, Cheolho Choi, and Chang-Yon Cho, 'Realtime 4D CAD+RFID for Project Progress Management', ASCE Construction Research Congress 2005, San Diego.

21) Sangyoon Chin, Suwon Yoon, Yea-Sang Kim, Cheolho Choi, and Do-Bum Lee, 'Supply Chain Management System for Curtain Walls Using RFID Technology, 'The 1st International Conference for Construction Engineering and Management, Korea Institute of Construction Engineering and Management, Seoul, October, 2005.

22) Jae-Goo Han, Min-Woo Lee, Soon-Wook Kwon, and Moon-Young Cho, 'Development of Material Tracking System Using Wireless Technology in High-Rise Building, 'The 1st International Conference for Construction Engineering and Management, Korea Institute of Construction Engineering and Management, Seoul, October, 2005.

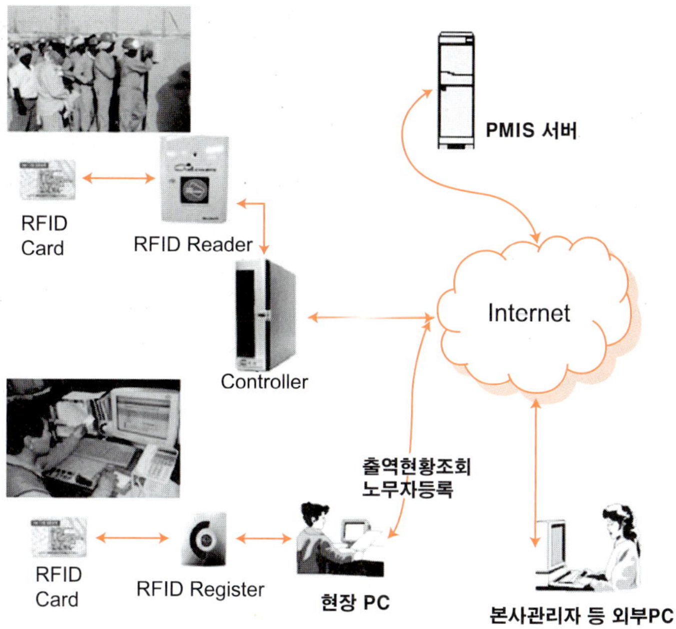

그림 6-14 RFID 기반의 노무관리 시스템 사례

RFID 기반의 레미콘 물류관리

RFID 기반의 레미콘 물류관리의 경우 송장과 RFID카드를 병용하여 자재의 출하, 현장입고, 반출에 이르는 전반적인 과정을 관리하고 있다. PMIS를 통해 주문된 자재정보와 물량을 공급업체가 확인하고 물량 출하 시 송장을 발행하는데, 이때 RFID card를 해당 송장과 연계 등록하여 발행하면 PMIS서버에 물량 출하시간과 차량번호 등 송장정보가 등록된다. 현장에 도착한 레미콘 차량기사는 송장과 함께 발행된 RFID card를 현장 게이트 차량 출입구에 설치된 리더에 인식시켜 차량이 입고되었음을 등록하고 현장 품질검사 및 다설직업을 수행한다. 작업이 완료된 차량은 현장 나갈 때 다시 한 번 리더에 RFID card를 인식시켜 해당 차량이 현장을 빠져나감을 알린다. 이는 차량의 용량만큼 콘크리트가 타설되었음을 알려주어 콘크리트 타설에 대한 실시간 진도분석이 가능함은 물론 콘크리트 공급업체에게도 해당 차량이 공장으로 회송 중임을 알 수 있도록 하여 후속 배차관리에도 활용될 수 있도록 하고 있다. 또한 출하시간과 현장 도착시간이 RFID 센싱을 통해 수집 관리되기 때문에 콘크리트 품질향상에도 많은 도움이 되고 있다.

RFID 송장 | 입고/반출시 RFID 제출 | RFID 카드 스캔

그림 6-15 RFID 송장을 이용한 레미콘 물류관리

RFID 기반의 철골 및 커튼월 부재 물류관리

부재 생산업체와 시공사간에 더욱 적극적인 형태의 정보공유 및 교환이 RFID를 통해 이루어지고 있다. 생산단계에서는 각종 부재의 가공조립, 생산품질검사, 송장발행 등이 관리되고 있으며 시공단계에서는 부재의 입고와 설치 등의 정보가 RFID를 통해 수집되고 이것이 PMIS에 반영되어 물류와 진도를 통합 관리할 수 있는 체계로 활용되고 있다. 효율성을 높이기 위해 생산이나 설치과정에서는 부재별로 관리하되, 부재출하와 입고 시에는 송장단위로 RFID card가 부여되어 수송 Group별로 관리하는 방식으로 수행하고 있다. 현장 게이트에 설치된 센서뿐만 아니라 PDA reader를 이용하여 부재식별과 상태변경 등을 관리할 수 있으며, 4D CAD와 RFID를 통한 부재별 상태정보를 연계하여 개별 부재의 상태를 3D CAD Model의 형태로 색깔을 달리하여 나타냄으로써 진도현황 분석을 보다 효과적으로 할 수 있도록 지원하고 있다.

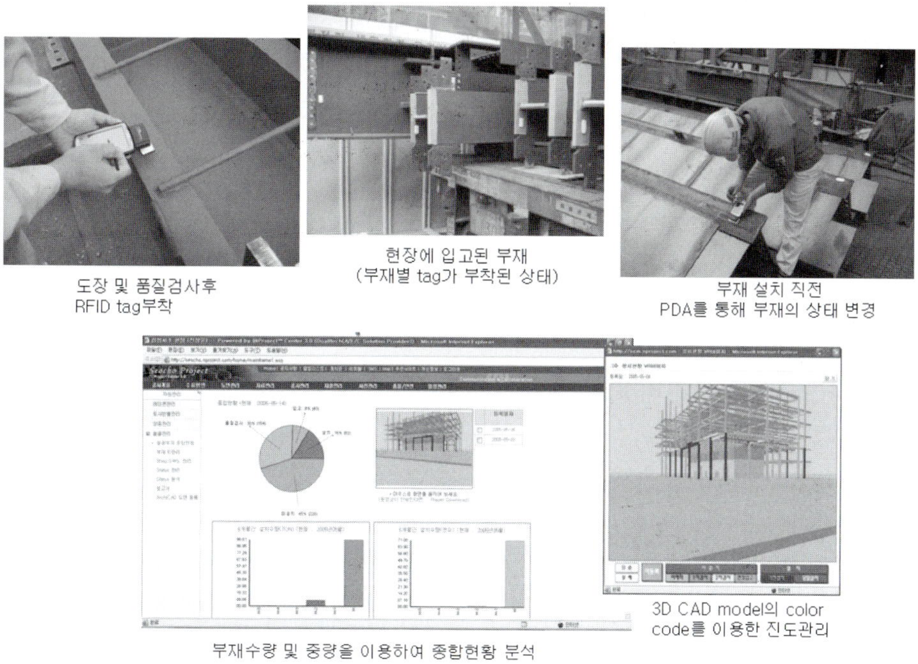

그림 6-16 RFID를 이용한 철골 물류 및 진도관리

그림 6-17 RFID를 이용한 커튼월 물류 및 품질관리

이상에서와 같이 RFID는 노무관리의 경우 효과적인 출역관리와 보안관리 그리고 정확한 생산성 분석을 가능케 하였으며, 레미콘 관리의 경우 실시간 진도분석과 정확한 물량주문 그리고 품질향상에도 큰 효과를 거두고 있다. 철골과 커튼월 부재에 대한 물류관리 경우에도 부재의 생산과정에서부터 출하, 입고, 설치에 이르기까지 전반적인 과정을 보다 적극적인 형태로 관리함으로써 자재손실을 최소화하고 정확한 부재반입으로 시공오류와 공기차질의 risk를 최소화 할 수 있는 효과를 보이고 있다.

그러나 RFID 기술이 비록 부분적으로 여러 공종에 걸쳐 이미 효과가 드러나고 있고 점차적으로 활성화되고 있는 추세이지만, 건설산업에 완전히 정착되기 위해서는 앞으로도 여러 가지의 기술적 한계가 극복되어야 한다. RFID 기술적 측면에서 개방형 체계 구축을 통해 주파수대역별 또는 제품간 호환성이 확보되고, 태그나 리더의 표준화 등이 필요하다. 이러한 문제는 앞으로 여러 공종에 RFID가 적용될수록 그 특성에 따라 서로 다른 주파수대역의 기술이 활용될 필요도 발생할 수 있으며, 생산업체별로 부재에 기술적으로 상이한 태그를 부착하여 생산할 수도 있기 때문이다. 또한 금속재나 전파간섭 요소가 많은 건설산업 특성을 고려한 건설산업형 RFID 기술도 필요하며, RFID 뿐만 아니라 다양한 무선 네트워크 기술과의 상호 연계성을 통한 진정한 유비쿼터스 건설환경체계 구축에 대한 연구와 개발도 병행되어야 할 것이다.

또한 RFID 응용을 단순 기술도입 차원에서 다루면 안 된다. 바로 RFID를 통해 사람 또는 사물단위로 관리할 수 있는 관리방식의 진화를 의미하는 것이다. RFID 기반의 관리방식은 분명 관련 프로세스의 변화와 그 프로세스에 연관된 참여자의 업무수행 방식에도 변화가 요구된다. 전체적인 프로세스 관점에서 리스크가 줄어들고 생산성이 높아지는 효과를 볼 수 있더라도 부분적으로는 어떤 사람에게는 업무가 추가될 수도 있고, 반면 어떤 사람에게는 업무가 줄어들 수 있다. 이러한 과정에서 발생되는 거부감을 얼마나 현명하게 효과적으로 대처하는가 하는 것이 더욱 중요하다. 따라서 건설현장에서의 RFID 도입은 기술도입이 아니라 바로 건설 신문화의 도입인 것이다.

(5) 건설사업관리 관점에서 유비쿼터스에 대한 비전

정보기술의 발전으로 유비쿼터스 컴퓨팅 환경을 건설산업에서 다양하게 응용할 수 있는 기회가 발생하고 있다. 특히, 건설사업관리 또는 기업경영 관점에서 유비쿼터스화는 여러 가지 측면에서 새로운 기업문화를 불러일으킬 것이며, 건설산업에 새로운 상품개발의 기회를 제공할 것이다.

프로젝트 조직의 변화

먼저 건설사업관리에 유비쿼터스 요소기술 응용을 기반으로 한 u-Construction화는 건설 프로젝트 조직을 변화시킬 것이다. 일반적으로 건설 프로젝트 정보는 현장 상주인력에 의해 직접적으로 관리되고 통제된다. 이 인력은 종이와 펜을 이용하여 프로젝트 정보를 수집하며 분석된 정보는 종이로 출력되어 보고된다. 이러한 과정에서는 정보 발생에서 수집 그리고 보고에 이르기까지 시간이 소요되고, 또 실시간 보고가 어렵기 때문에 주기적으로 보고서를 제출함으로써 프로젝트 정보를 프로젝트 이해당사자들에게 전달한다. 그러나 유비쿼터스환경에서는 사람뿐만 아니라 sensor에 의해 정보가 수집·공유된다. 자재의 반입, 출역, 작업 진도 등의 정보는 발생되자마자 바로 실시간에 센서와 무선 네크워크를 통해 서버로 전달된다. 현장 관리자들이 더 이상 보고서를 작성하는데 시간을 소모할 필요가 없다. 왜냐하면 수집된 정보는 PMIS와 ERP에 바로 입력되어 최고 경영자에게까지 바로 보고될 수 있기 때문이다.

u-Construction에서는 지금처럼 현장소장이 상주할 필요가 없을 것이다. 현장소장은 몇 개의 프로젝트를 관리하는 Program Manager 역할을 하게 될 것이다. 현장에서 보고되는 정보는 실시간에 길쳐 밀티비니어 형태로 성확히 전달되기 때문에 현재와 같은 수의 인력이 한 개의 현장에 소속되어 상주할 필요가 없다. 공무담당자가 특정 현장에 소속될 필요도 없을 것이며 공사담당 부서의 직원들만 현장에 상주하여 프로젝트 진행을 관리하게 될 것이다. 이들은 공사수행에 대한 품질과 일정을 확인하며 예기치 못한 각종 상황이 발생될 때 이에 신속히 대응할 수 있는 최소한의 Risk Management Team의 역할을 담당하게 될 것이다. 그에 비해, 기존 현장소장이나 공무 등 현장조직의 일부분은

Moving Office의 형태로 두 개 이상의 프로젝트를 동시에 관리할 수 있게 될 것이다. Moving Office 팀은 관리대상 프로젝트별로 이동하며 PMIS로 실시간에 수집된 프로젝트 정보를 분석하고 무선 네크워크를 통해 참여업체간 화상회의, 작업지시, 구매조달관리 등을 수행하게 될 것이다. 또한 여러 프로젝트를 동시에 관리할 수 있게 됨에 따라 다중 프로젝트 관리 개념이 적용되어 인력과 장비, 자재 등을 관리대상 현장간에 보다 효과적으로 전용하는 것이 가능해질 것이다.

정보관리 단위의 변화

u-Construction에서는 모든 사물의 흐름이 sensor에 의해 포착되기 때문에 정보의 관리단위가 문서단위에서 보다 세밀해지고 작아지게 된다. 관리단위의 세분화란 종이 위주의 업무환경에서는 업무 부담이 증가하기 때문에 현실적으로 효과적이지 못하였다. 유비쿼터스 환경에서는 센서와 무선 네트워크를 통해 특정 작업조가 특정 위치에서 수행하는 매우 구체적인 작업단위에 대한 정확한 공사물량까지 파악하고 이를 실시간에 전달하는 것이 용이해질 것이다. 또한 자원의 흐름은 현재 송장인 문서단위에서 부재, 인력, 장비 등의 실제 사물단위의 흐름으로 파악될 수 있을 것이다. 이런 사물과 작업단위의 프로젝트 정보 관리는 정확한 생산성 분석 및 관리를 가능케 하고 생산성 향상을 위한 전략수립을 용이하게 해 줄 것이다.

먼저 상당수의 공종에서 부재단위별 진도관리가 가능해질 것이다. 앞의 RFID 적용사례에서 보았듯이 철골이나 커튼월 등 Lead Time이 필요한 공종에서 부재단위의 설계, 생산, 출하, 입고, 설치 등의 라이프 사이클 프로세스 관리가 가능해질 것이다. 부재의 야적위치 추적이 가능해지기 때문에 자재의 입고, 야적, 양중, 적치, 설치 등의 프로세스 추적이 야적장, 양중기, 각 층별로 설치된 각종 Sensor에 의해 추적되고 관리됨에 따라 부재단위별 진도관리가 가능해질 것이다. 이는 곧 부재단위 레벨에서의 작업관리가 가능해진다는 것을 뜻한다. 오늘은 어떤 작업이 또 내일은 어떤 작업이 수행되어야 하는지 협력업체와 정확한 의사소통이 가능해진다. 또한 구체적인 작업단위에서 생산성이 파악되고 다중 프로젝트 관리를 통해 타 프로젝트의 유사 작업 생산성과 비교분석함으로써 적정

생산성을 파악할 수 있게 해주며 정보공유를 통해 보다 효과적인 작업수행 계획 수립이 가능하도록 해 줄 것이다.

경보기능의 발달

u-Construction은 프로젝트 관리를 보다 효과적으로 발전시킬 수 있는 다양한 경보기능을 가능케 할 것이다. 실시간에 수집되는 정보를 통해 프로젝트가 계획대로 진행되고 있는지를 파악하고 오차 범위를 벗어날 것을 예측 경보함으로써 보다 능동적으로 프로젝트를 관리할 수 있을 것이다. 또 자재공급업체와 자재 생산일정 및 시공일정을 공유하여 정보관리의 범위를 생산단계까지 확대시킴으로써 자재조달 관리를 보다 효과적으로 하게 함은 물론 JIT(just-in-time) 물류관리를 통해 공장과 현장의 야적공간 소요를 최소화시킬 수 있을 것이다.

또 유비쿼터스 관련 요소기술들은 현장에서 안전관리에 상당히 큰 역할을 담당할 수 있을 것으로 기대된다. 각종 센서를 통해 위험지역 접근이나 근로자의 안전장비 착용여부, 위험사항 알림 등 안전확보를 위한 상시 모니터링이 가능해질 수 있을 것이다. 안전모나 작업복이 유비쿼터스 관련 기술과 통합됨으로써 현장에서 발생될 수 있는 위험에 보다 능동적으로 대처할 수 있도록 도와 줄 것이다.

건설경영환경의 변화

u-Construction은 발주자에게 다양한 정보제공과 프로젝트 리스크를 최소화한 차별화된 서비스를 제공할 수 있을 것이며, 또 기업의 생산성과 수익성을 더욱 경쟁력 있게 만들 것이다. 각 프로젝트로부터 수집된 정보는 보다 구체적인 형태로 실시간에 PMIS와 ERP를 통해 건설기업의 최고경영자에게 보고될 것이다.

그러나 이러한 환경은 자칫 개별 프로젝트에 대한 세부적인 의사결정까지 경영자에게 의존하게 된다는 부작용도 발생될 수 있을 것이다. 프로젝트 관리자는 프로젝트 정보가 실시간에 걸쳐 기업 경영자에게 보고되므로 눈치를 보게 될 것이다. 어떻게 보면 본사의 통제권이 더욱 강화되는 측면이라 최고 경영자에게 매력적으로 보일 수도 있지만 오히려 현장의 자율성이 약화되고 의사결정에 대한 의존도가 높아져 프로젝트 관리의 효율성이 매우 떨어질 것이다. 따라서 유비쿼터스 환경에서는 프로젝트 관리에 대한 허용할 수 있는 자율성의 범위 – 즉 경영자에게 보고되지 않고 프로젝트 단위 내에서 자율적으로 문제를 해결하는 것에 대한 고민이 수반되어야 할 것이다. 이를 위해서는 프로젝트에 대한 성과측정 체계를 보다 세밀하고 객관적으로 구축하여 프로젝트 관리자들이 능동적으로 프로젝트를 관리할 수 있는 여건을 마련해주어야 할 것이다. 유비쿼터스 환경에서는 모든 정보를 실시간에 걸쳐 수집, 분석, 전달할 수 있지만 이 환경이 효과적일 수 있는 범위와 그렇지 못한 범위가 분명히 존재한다는 것을 간과해서는 안 될 것이다. 최고 경영자에서 현장에 갓 배치된 신입사원에 이르기까지 모두가 유비쿼터스 환경을 제대로 활용할 수 있는 기업문화를 정착시키기 위한 고민과 시행착오가 수반되어야 할 것이다.

건설산업의 신상품 u-건설상품

도시, 도로, 빌딩, 주택 등 건설산업의 기존 상품들이 유비쿼터스 관련 요소기술과 통합되면서 u-City, u-Community, u-Building, u-Home, u-Construction 등 다양한 형태로 등장하고 있다. 이것은 금융업과 보험업간 통합 산물인 방카슈랑스나 금융업과 통신업이 통합한 모바일뱅킹 등과 비유할 수 있다. 이런 업종간 통합 상품들은 관련 업종에게 매출 증대와 수수료 증대 등을 통해 새로운 부가가치를 창출시키고 있다. 건설산업에서의 유비쿼터스도 같은 시각에서 바라봐야 한다. 'u'와 결합된 상품은 다른 산업의 상품이 아니라 건설산업과 유비쿼터스 관련 산업간 통합을 통해 창출된 우리의 신상품인 것이다. 필자는 더 나아가 이것을 건설산업이 주도하는 상품이어야 한다고 생각한다.

요즘 행정복합도시나 혁신도시 등의 건설과 더불어 관심을 많이 끌고 있는 것이 u-City이다. u-City란 도시 전체관점에서 거주, 생활, 그리고 도시 관리에 있어서 유비쿼터스 요소기술을 어떻게 통합 응용할 것인가 하는 개념을 기반으로 도시를 건설하는 것이다. 따라서 u-City를 건설하는 것은 각종 Sensor와 IT 장비에 건물이나 도로, 그리고 시설물 등을 얹어서 만드는 것이 아니라 건물, 도로, 그리고 시설물을 건설하고 그곳에서

생활하며 관리하는데 있어서 그 효율성과 효용성을 극대화하기 위해 유비쿼터스 요소기술을 활용하는 것이다. 그렇기 때문에 우리 건설산업이 u-City에 대한 주사업자가 되어 u-City에 대한 모델을 제시하고 관련업계에 u-City 구축에 필요한 유비쿼터스 관련 요소기술에 대한 요구사항을 제시하여야 할 것이다. 기존에 있는 IT나 유비쿼터스 기술을 어떻게 활용할 것인가에서 건설산업에 보다 적합한 형태의 요소기술개발을 요구하고 유도해야 할 것이다.

건설산업이 제공해 온 각종 상품에 유비쿼터스 개념을 적용할 수 있으며 그 범위에는 한계가 없다. 과거 건설산업이 TV나 냉장고, 그리고 세탁기가 들어갈 자리만 만들었다면 유비쿼터스 시대에서는 유비쿼터스 요소기술이 들어간 상태에서 건물과 시설물을 설계하고 이를 건설해야 할 것이다. 건설회사는 건물과 시설물만 지으면 된다는 생각이라면 건설산업은 유비쿼터스 환경을 구축하기 위해 뼈대와 겉모양만 만드는 유비쿼터스 산업의 하청업계로 전락할 것이다. 최첨단에 민감한 우리나라의 젊은이들은 더 이상 건설산업에서 미래에 대한 비전을 찾아보기 어려울지도 모른다. u-City 뿐만 아니라 유비쿼터스라는 부가가치를 어떻게 건설산업의 신상품으로 개발할 것인가에 대한 건설기업의 노력이 절실한 때이다.

또한, u-City, u-Community, u-Home 등이 외부고객을 대상으로 한 상품이라면 u-Construction은 프로젝트 이해당사자 등 내부고객을 대상으로 한 상품이다. u-Construction 서비스를 통해 발주자에게는 프로젝트 리스크를 최소화시키고 참여업체들에게는 생산성을 향상시키는 윈윈(win-win)의 효과를 제공할 것이다. 차별화 된 서비스를 통해 건설기업의 경쟁력을 높일 수 있을 것이다. 어떤 요소기술들을 활용하고 개발하여 어떻게 공기를 단축하고 비용을 절감시키며 품질을 향상시킬 것인가에 대한 중장기적 관점에서의 연구와 개발이 필요하다.

아직 전세계적으로도 유비쿼터스의 건설관련 상품에 대한 모델이 구체적으로 제시된 바가 없다. 또한 진정한 유비쿼터스화를 이루기 위해서는 관련 요소기술의 통합, 그리고 이종 요소기술간 호환성 등 해결해야 할 장애요인도 여전히 존재한다. 유비쿼터스를 이용한 건설산업의 상품개발은 우리 산업의 국제 경쟁력뿐만 아니라 관련 산업에 대한 파급효과가 크기 때문에 국가경제에도 크게 기여할 수 있을 것이다. 이제 유비쿼터스 시대에서는 이런 개념을 상품화할 수 있는 기업이 건설산업을 선도하게 될 것이다. 이러한 진화 과정에 대응하지 못하는 기업은 도태될 것이다. 건설산업의 유비쿼터스화는 변화가 아니라 진화이기 때문이다.

6.3 결 언

정보기술의 발전과 더불어 건설산업과 건설사업관리 또한 서서히 진화하고 있다. 정보기술은 과거 개인 또는 업무별로 생산성을 향상시키기 위한 도구의 역할에서 이제는 기업의 경쟁력에 절대적 영향을 미치는 전략도구로 자리 잡았다. 특히 CM 업체의 경우 정보기술의 필요성은 설계, 엔지니어링, 건설업체보다 그 필요성이 높다고 하겠다.

기업단위의 재무, 회계, 인사 등 기업 중심의 정보를 관리하는 ERP(Enterprise Resource Planning)와 프로젝트를 중심으로 한 계약, 공정, 원가, 자재, 품질, 안전, 환경, 설계도서 관리 등의 여러 가지 업무를 통합 관리하는 것이 바로 PMIS(Project Management Information System), 공법이나 특허 등 기업이 보유하고 있는 지적 자산뿐만 아니라 개인별로 습득한 지식이나 경험 등을 공유하게 함으로써 개인의 지식습득에 대한 효과를 극대화하고 이를 통해 기업경영활동의 성과까지 이끌어내기 위한 KMS (Knowledge Management System) 등은 CM 전문업체가 반드시 갖추어야 할 필수 요건이 되고 있다.

또한 프로젝트 정보를 동영상으로 전달하기 위하여 CCTV(Closed Circuit TeleVision)를 응용하는 웹 카메라(Web Camera)가 현장에서 활용되고, 3D CAD model과 프로젝트 스케쥴 정보가 통합된 개념인 4D CAD라는 용어가 90년대 초반부터 등장하고 있다. 종이대신 직접 Tablet PC나 PDA(Personal Digital Assistant) 등의 컴퓨터와 펜을 가지고 현장에 가서 정보를 수집하고 관리할 수 있는 시대로 진화하고 있으며, 사용자가 컴퓨터나 네트워크를 의식하지 않고 장소에 상관없이 자유롭게 네트워크에 접속할 수 있는 환경을 뜻하는 유비쿼터스의 활용은 건설사업관리 또는 기업경영의 여러 측면에서 새로운 기업문화를 불러일으킬 것이며, 건설산업에게 새로운 상품개발의 기회를 제공할 것이다.

그러나 건설산업의 정보화는 아직 낮은 수준에 있다. 2004년도 기업정보화 수준평가를 실시한 결과에 따르면 보험, 은행증권 등 조사대상 12 업종 중 건설산업이 대기업과 중소기업에서 모두 최하위 수준인 것으로 평가되었다. 따라서 건설산업 전반의 정보화 수준을 높이는 노력이 경주되어야 하며, 이를 통한 건설사업관리의 효율성을 제고는 물론 산업의 발전에 기여할 수 있도록 노력하여야 할 것이다.

7

건설사업관리와 자동화기술

인하대학교 교수 김영석

7.1 서언

수 년 전, 국내 모 방송사의 '신화창조의 비밀' 이라는 프로그램을 통해 싱가폴 건설시장을 석권하고 있던 일본 건설회사의 아성을 깨고 그때까지만 해도 고작 15층 규모 건축물의 시공경험을 지닌 국내 S사가 1986년 완공한 초고층(73층) 규모의 래플즈 시티 프로젝트를 성공적으로 완수하게 된 全과정을 건설인의 한 사람으로써 매우 감동깊게 본 기억이 난다. 싱가폴 초대 총독 래플즈의 이름을 딴 래플즈 시티는 1979년 싱가폴 정부가 10년간의 고심 끝에 국제 입찰시장에 내 놓은 야심찬 국책사업이었기에, 1985년 8월 싱가폴 독립 26주년 기념식에서 당시 리콴유 수상은 이례적으로 한국 건설 기능인력의 우수성에 대해 다음과 같은 말로 찬사를 아끼지 않았다. "Nobody believes that we are equal to Korean workers. I don' t. They are tough. You' ve seen them build Raffles City("어느 누구도 한국 건설인이 래플즈 프로젝트에서 보여준 것과 똑같이 해낼 수는 없다. 한국인은 강인했고 싱가폴 국민 모두는 래플즈 시티에서 그것을 확인했다"). 훗날 사람들은 매우 도전적이고도 실현 불가능하게만 보였던 래플즈 시티 프로젝트 완성의 가장 커다란 성공요인 중 하나를 국내 S사가 현지 기술진과 근로자를 채용하는 대신 100여명의 한국 기술진과 주로 중동지역에서 다 년간에 걸친 시공경험과 고도의 기술력을 지닌 1000여명의 한국 건설기능직 근로자를 직접 채용하여 근면성과 자신감, 기능직 근로자의 기술력을 바탕으로 공사를 수행한 팀 빌딩(Team Building)의 결과라고 회자한다. 필자를 포함한 어느 누구도 이러한 해석에 이의를 제기할 사람은 없을 것으로 생각된다. 건설 프로젝트를 수행함에 있어 프로젝트 관리기술과 더불어 실질적인 공사수행의 주체인 기능 인력의 숙련도와 생산성은 분명 해당 프로젝트의 성공여부를 결정짓는 주요 핵심 요인 중 하나이다. 이는 기능직 근로자의 숙련도와 그에 따른 생산성이 건설공사의 3대 목표라 할 수 있는 공기(Time), 원가(Cost), 품질(Quality)에 지대한 영향을 미치기 때문이다. 따라서 건설산업은 과거에 비해 건설생산기술 또한 발전과 진보를 거듭하고 있

본 장에서는 '건설사업관리' 와 '건설사업관리자' 를 국내 건설업계에서 가장 보편적으로 사용되고 있는 바와 같이 각각 'CM' 및 'CMr' 로 용어를 통일하기로 한다. 단, 제도와 관련된 내용을 설명할 때는 제도에서 규정하고 있는 대로 '건설사업관리', '건설사업관리자' 라는 용어를 유지하였다.

음에도 불구하고 프로젝트 관리기술의 향상과 더불어 타 산업에 비해 여전히 노무인력에 대한 의존도가 높아 고도의 기술력을 지닌 기능인력의 확보가 건설 프로젝트의 성패를 좌우하는 하나의 주요 요인으로 작용하고 있다.

그러나 숙련된 건설 기능인력의 확보 및 건설 생산성 측면에서 지금 우리의 현실은 어떠한가? 과거 우리나라 근대화에 크게 이바지하였던 풍부한 건설 기능직 근로자의 평균 연령은 약 50세로 이미 고령화되었고, 사회가 급속도로 선진화되어가면서 미래 건설시장의 주역인 젊은 기능인력의 건설현장 유입 비율은 크게 저하되어 숙련된 기능인력의 확보가 어려워 외국인 근로자의 채용없이는 공사 수행에 차질을 가져올 수밖에 없는 심각한 건설 기능인력 수급의 불균형 현상이 우리 건설시장을 지배하고 있다. 현재의 추세라면 국내 건설시장에 있어 2010년에는 약 42만명(비숙련공 13만, 숙련공 29만)의 기능인력 공급 부족 상황이 예상되고 있다고 한다. 실로 엄청난 수치이다. 또한, 최근의 각종 보도 자료에 따르면, 국내의 세대별 출산율은 OECD 국가 중 가장 낮은 수준인 1.08명이고 이미 현재 초고속 고령화 사회로 접어들고 있어, 타 산업에 비해 노무인력에 대한 의존도가 상대적으로 높은 건설산업에도 멀지 않은 장래에 엄청난 파급효과를 미칠 것으로 판단된다. 건설업의 생산성 또한 연평균 약 4.8%로 산업 평균 10.5%의 절반에도 미치지 못하고 있고, 40층 주거건물 건축에 소요되는 총 공기도 미국이 터파기로부터 준공에 이르기까지 평균 18개월이 소요되는데 비해 국내의 경우 약 33개월이 소요되고 있는 등, 국내 건설산업의 경우 현재와 같은 기능인력 부족, 생산성 저하, 고 임금의 비용구조 및 중국 등 새로운 경쟁 국가를 고려해 볼 때 향후 국제 건설시장에서의 경쟁력 하락은 가속화될 것으로 사료된다. 2005년 ENR 자료에 따르면, 세계 건설시장에 있어 국내 건설업체의 시장 점유율이 1967년 5.0%에서 2000년 3.1%, 현재 2%대로 지속적으로 하락하고 있는 것도 앞서 서술한 배경과 무관하지 않은 것으로 사료된다. 과거의 근면성과 성실성, 저가의 가격 경쟁력을 기반으로 하여 1970년대에 연평균 20~30%의 고속 성장이나 1980년대에 연 10%대의 성장을 계속하던 건설업계의 중흥시대는 이미 지나가고 국내 건설기업은 국내외 건설시장에서 자사의 생존을 위한 무한 경쟁시대에 돌입한지 오래다. 그리고 이러한 위기의 시발점에는 과거에 비해 절대적으로 부족한 숙련공과 그들의 질적 저하, 이로부터 파생되는 다양한 문제점들이 분명 한 축을 담당하고 있는 것 또한 자명한 사실이다. 위와 같은 당면과제의 해결은 미래를 준비하고 미래를 향해 한껏 도약하고자 하는 국내 건설업계뿐만이 아니라 건설 프로젝트의 사업관리를 총괄하는 우리 건설사업 관리자에게도 시사하는 바가 매우 크다고 하겠다.

7.2 미래 건설생산기술의 발전방향

그렇다면, 국내 건설산업이 겪고 있는 숙련공의 공급 부족과 질적 저하로 인한 문제의 해결 방안은 무엇인가? 최근 이복남(2002)은 이에 대해 (1) 건설인력관리센터의 설립, (2) 기능인력의 경력관리제도, (3) 병역특례제도의 활용, (4) 산업차원의 사회복지 혜택기반 마련 등의 공급 확보 정책, (5) 기술적 접근을 통한 기능인력 수요 절감 등을 국내 기능인력 공급부족 및 질적 저하에 따른 문제점을 해결할 수 있는 대안으로 제시하였다. 이 중 (1)~(4)는 문제의 해결을 위한 단기적 처방이 될 수는 있겠으나 고도로 발전하는 산업사회의 시대적 흐름과 기술 발전에 따른 미래 전망 등을 고려해 볼 때 어느 정도 한계가 있다고 판단되며, 근본적으로는 이와 병행하여 건설 프로젝트 생산과정에 있어 기술적 접근에 의한 중·장기적 건설 기능인력 수요 절감 방안이 제시되어야 할 것으로 판단된다. 이러한 숙련된 건설 기능인력의 공급 부족과 질적 저하의 문제는 1980년대 초반부터 미국과 일본 등 선진 외국이 이미 겪어 왔고 지금도 해결해 나가고 있는 문제이기에 위 문제를 해결하기 위해 선진 외국에서 시도해 온 방법들을 알아보고 대응 방안을 모색해 보는 것은 매우 의미 있는 일이라 하겠다.

숙련공의 공급 부족과 질적 저하의 문제를 해결하기 위해 선진 외국에서 주로 시도하여 왔던 방법들은 1) 건설공사의 자동화 및 로봇 활용기술 개발로 기능인력 대체, 2) 시공 프로세스의 개선 및 기존 중장비의 기능 개선을 통한 작업 생산성 향상, 3) Modularization, Pre-assembly, Pre-fabrication 등 현장 시공생산 방법의 개선을 통한 현장인력 수요 절감, 4) 신기술·신공법의 개발로 현장 작업량 절감, 5) 기능 및 직종

통합에 의한 다기능 건설인력(multi-skilling labors)의 양성 등으로 요약될 수 있다. 이 중 '건설공사의 자동화 및 로봇 활용기술 개발'은 위 당면과제의 해결을 위한 하나의 기술적 접근방법으로 선진 외국에 의해 이미 오래 전부터 안전성, 생산성, 품질, 작업환경의 향상과 특히 미래의 숙련공 부족에 대한 하나의 명백한 해답으로써 공통적으로 거론되어져 왔으며 막대한 R&D가 투자되어 왔던 것이 사실이다. 또한, 2)~4)의 경우도 건설공사의 자동화 및 로봇화를 위해서는 필수적으로 수반되어야 하는 건설생산 기술이기에 광의의 개념에서는 이 모두가 건설공사의 자동화 및 로봇화로 대변될 수 있다고 하겠다. 즉, 미래 건설생산 기술의 변화를 예측함에 있어 하나의 자명한 사실은 현재 우리가 당면하고 하고 있는 숙련공 부족 및 건설생산성 저하의 문제가 미래 건설산업의 생산체계에 미치는 파급효과를 고려해 볼 때, 분명 앞으로의 건설생산체계가 다양한 정보기술(IT), Modularization/Pre-assembly/Pre-fabrication, SCM, JIT 등을 기반으로 한 설계와 시공정보의 통합 및 건설공사 자동화 방향으로 기술발전이 이루어질 것이란 사실이다. 이는 위와 같은 건설생산 기술의 발전 방향이 현장 작업량의 감소, 생산성 향상에 따른 공기단축 및 원가 절감, 안전사고의 저감뿐만이 아니라, 타 산업과는 차별화 된 건설산업의 특수성에도 불구하고 현재 IT, RT, NT 기술 및 이를 활용한 타 산업의 급속한 발전 속도를 고려해 볼 때, '건설공사의 성력화'는 앞으로 건설산업이 나아가야 할 미래의 모습으로 기대되기 때문이다.

7.3 건설자동화의 정의

20세기 말 컴퓨터 및 정보통신 기술의 발달에 힘입어 많은 변화와 새로운 도전에 대한 기대를 가지고 시작된 21세기 건설산업의 두드러진 변화의 모습은 정보화·지식화·기술집약화·고 효율화 등이다. 최근 국내 건설산업은 수요자의 요구가 다양화되면서 시설물이 첨단화 및 복잡화되어 가는 추세이며 이에 대한 기술력의 확보가 경쟁력의 관건이 되고 있다. 건설시장의 전면 개방으로 기술력을 바탕으로 한 고 부가가치 창출이 건설업계의 경쟁력 확보를 위한 지상 목표라 할 수 있다. 미래 건설산업의 비전, 성장 동력, 건설기술력 향상 분야를 언급할 때 빠지지 않고 등장하는 키워드 중의 하나가 "건설자동화(Construction Automation)"라고 할 수 있다. 건설자동화를 통하여 현장 작업량을 줄임으로써 작업현장의 안전성을 제고하고 품질, 생산성 및 채산성을 향상시킬 수 있다. 또한 건설자동화 기술의 개발 및 현장적용을 통해 기대되는 품질, 생산성, 안전성 향상, 원가절감 등의 결과가 궁극적으로는 설계자, 건설사업관리자, 시공자가 설계 및 시공단계에서 가치공학(Value Engineering)의 적용을 통해 얻고자 하는 결과물과 동일한 것이기에 그 필요성 측면에서 건설자동화는 흔히 가치공학과 비교되며, 창의적 발상을 통한 건설생산체계의 혁신적인 변화를 가져올 수 있기에 건설자동화 기술의 도입을 통한 파급효과는 오히려 가치공학의 그것에 비해 크며 앞으로의 무한한 발전 및 응용 가능성이 있다고 하겠다.

그러나 건설, 기계, 전기, 컴퓨터 등이 포함된 복합기술로서 건설자동화에 대한 전문지식 부족, 건설업의 특성상 연구개발 결과에 대한 불확실성 및 첨단 시공기술 적용 결과에 대한 위험 부담 등의 복합적인 요인에 의해 건설자동화의 필요성은 늘 강조되어 왔지만 이에 대한 연구·개발이나 실무 적용은 활발히 이루어지지 못하고 있는 실정이다. 이는 자동화 기술이 비교적 수월히 진행된 제조업에 비해 건설산업만이 지니고 있는 특수성인 수주 생산 방식, 노동 집약적 산업, 기술개발 보다는 단기적 이익을 중시하는 업계의 보수성으로 인한 제반 여건 및 인식의 결여, 또한 건설현장의 특성이 타 산업과는 달리 외부적인 기후나 날씨의 영향을 많이 받고, 특히 주변 환경이 가변적(unstructured environment)이어서 로봇을 활용하기에는 열악한 작업환경을 지니고 있기 때문인 것으로 풀이된다.

일반적으로, '건설자동화'라 함은 컴퓨터 및 전산기술을 이용한 정보화, 통합관리시스템화 등 소프트웨어적인 기술과 시공의 성력화, 기계화를 위한 자동·반자동 형태의 로봇개발 등 하드웨어적인 기술로 구분된다. 현재 국내에서도 건설 CALS, CIC 구축 등을 목표로 건설생산 프로세스별(기획, 설계, 시공, 유지관리) 업무의 전산화, 프로세스간의 정보의 교류 및 공유를 위한 PMIS, ERP 기반의 전산화 시스템 구축 등 소프트웨어적인 자동화 분야의 연구·개발이 활성화되고 있으며 이러한 노력으로 건설사업관리의 효율성 및 투명성이 제고되고, 기술 및 실적자료의 데이터베이스화를 통한 지식의 교류와 공유 및 재활용이 이루어지고 있다. 반면, 고소작업 및 중량물 취급 등 열악한 작업환경과 노무인력의 의존도가 높은 건설공사의 근로자 안전문제 및 작업환경 개선과 지속적으로 저하되고 있는 건설 생산성 문제 등을 해결하기 위한 방안으로 하드웨어적인 건설자동화 분야가 있다. 이와 같은 건설자동화는 원격조종, 통신, 수치제어 등 컨트롤, 다양한 센서에 의한 자료수집 등의 기능을 포함한 인력대체형 또는 인력과 장비가 협력하는 형태(MMI; Man-Machine Interface)의 건설로봇 혹은 장비 개발을 의미하고 있으며, 개발된 장비는 건설자동화 장비 또는 건설로봇이라고 한다. 전통적으로, 산업용 로봇이 생산라인에서의 반복 작업을 기계화하고자 하는 목적으로 머니퓰레이터(manipulator)를 개발하는 것으로부터 시작되었고, 이에 인공지능 등 첨단기술의 접목을 통하여 현재 고도의 지능형 로봇 개발에 관한 연구가 진행 중에 있다. 이에 비하면 건설산업에서의 로봇 개발은 아직 초보적인 단계로서 인간과 장비와의 공동작업 형태 또는 원격조종형(tele-operated) 로봇의 형태인 머니퓰레이터의 개발단계로 판단된다. 일반적으로 건설자동화 장비의 구성은 본체, 머니퓰레이터, 말단기기(end-effector) 등의 1) 구동부/조종 · 피드백·수치제어 등의, 2) 제어부/시각 · 촉각 등을 통한 감지능력의, 3) 센싱부의 요소기술로 이루어지고 있다. 하드웨어적인 건설자동화 분야의 연구·개발은 이와 같은 복합적인 요소기술이 요구되고 있으며, 원척(full-scale)의 현장적용 가능 시스템의 구축을 통한 타당성 분석을 실시하여야 하기에 다양한 학제적(multi-disciplinary) 전문가로 이루어진 산·학·연 컨소시엄 형태의 연구·개발팀의 구성 및 운영이 필수적이다(김영석, 2003).

1980년대부터 최근까지 일본, 미국, 유럽 등지에서 개발된 건설자동화 장비의 유형은 건축·토목시공 및 유지관리 업무와 관련된 단일 공정(Activity) 및 작업(Task)용 장비의 개발이 주를 이루고 있으며, 동일한 작업을 수행하는 유사 장비가 다수 개발된 사례가 있다. 다음은 지난 20여 년간 꾸준히 건설자동화 연구개발을 수행하여 왔던 일본, 미국 건설자동화 분야의 성과를 간략히 살펴보고, 2000년 이후 건설교통부의 지원 하에 국내에서 개발되어 온 건설자동화 연구 성과를 간략히 소개함으로써 건설사업관리 성과 향상을 위한 도구로써 건설자동화의 의미를 살펴보고 첨단시공기술을 도입하고 현장에 적용함에 있어 건설사업관리자의 역할에 관해 논의해 보고자 한다.

7.4 국내외 건설자동화 기술개발 현황

7.4.1 일본의 건설자동화 기술개발 동향

1980년대 초반부터 시작한 일본의 건설자동화 연구는 이미 오래 전부터 제조산업 분야에 있어 자동화시스템의 개발·적용을 통한 안전성 및 생산성 면에서 획기적인 성과를 보여 왔고 핵심기술 또한 보유하고 있다고 판단하였기에 미국이나 서구 유럽과는 형태가 다른 대기업(big 5) 중심의 보다 적극적인 자동화 기술개발이 이루어져 왔으며 민간기술 이전(technology transfer)을 통해 단기간에 많은 개발 실적을 보여 왔다. 일본 건설산업은 기능인력 수급의 불균형, 생산성 저하 및 미래 건설시장에 대비한 막대한 R&D 투자를 통해 지금껏 150여종의 다양한 건설자동화 장비를 개발하여 현장에 적용하고 실용화하여 왔으며 대표적인 자동화 기술개발 실적은 다음과 같이 요약·정리될 수 있다.

1) 내·외벽 도장, 미장, 패널 부착 등 건축물 내·외부 마감 로봇, 2) 철골 조립 및 용접, 중량의 자재 운반 등 조립, 접합 및 자재 운반 로봇, 3) 벽면 타일, 하수관 점검, 수중 구조물 검사, 청소 등 각종 조사, 점검 및 유지보수 로봇, 4) 마이크로 터널링 등 터널 굴착 시스템, 5) 콘크리트 마감 및 면 처리 로봇 (그림 7-1(a)) 등 개별 공정 및 작업에 대한 로봇화와, 6) 건축 및 토목 구조물의 외벽을 기어 올라가는 wall climbing 개념의 유지보수 로봇 등에 다양한 기술개발 실적을 가지고 있다. 특히, 이밖에도 대형 건설업체를 중심으로 공장식 자동화(Factory Automation)의 개념을 응용한, 7) 전자동 고층 건축물 구축 시스템과, 8) 무인 토공자동화 시스템도 개발하여 실무에 성공적으로 적용한 사례 등을 지니고 있다. 그리고 전자동 고층 건축물 구축 시스템 그림 7-1(b)의 경우, 일본 건설산업의 Big 5를 중심으로 고층 건축물을 축조함에 있어 1) Turn the construction sites into a factory for the assembly of prefabricated components(공장자동화의 개념 도입), 2)

Create factory like working environment(작업환경 개선), 3) Automate the entire production system(설계 및 시공정보의 통합을 통한 건설생산 프로세스의 전자동화), 4) Construction plant with shell(기후 조건에 영향 받지 않는 전천후 작업환경)이라는 창의적인 발상의 전환을 통해 제안되어 실용화에 성공하였을 뿐만 아니라, 개발 기술은 가시적인 경제성을 확보하기 위해 현재도 지속적으로 진화하고 있다. 또한, 지진이 빈번하고 화산폭발의 위험성이 내재된 지역에서는 댐이나 제방 건설 등에 활용되는 무인 토공자동화 시스템 그림 7-1(c)이 실용화되어 일본 내에서 그 사용성이 점차적으로 확대되고 있는 추세이며, 관련 기술은 농업 인력의 심각한 부족 현상을 해결하기 위한 농기계 자동화 분야에도 적극 도입되고 있는 실정이다.

최근 무인 토공자동화 시스템 기술은 무선정보통신 및 로봇 기술의 급속한 발전으로 지속적으로 진화를 거듭하여 현장으로부터 약 2km 떨어진 컨트롤 룸(control room)의 설치 없이 장비 조작원이 인근에서 경량의 컨트롤러를 매고 비전 및 센싱 결과를 토대로 레버(lever)를 원격 조작함과 동시에 캐빈(cabin) 내부의 로봇이 그에 따라 작동하는 형태로 단순화 되고 있다. 또한, 혼다의 아시모(ASIMO) 등 현재 세계 로봇 강국이 기술개발에 전력을 다하고 있는 휴머노이드 로봇(humanoid robots) 시장에 있어 기술 우위를 선점하고 있어 최근 humanoid robots을 이용하여 자재를 운반하거나 장비를 조작하는 등 건설현장 적용 가능성 실험이 이루어지고 있다는 것은 매우 흥미로운 사실이 아닐 수 없다(그림 7-1(d)). 참고적으로, Maeda(2005)는 1) Humanoid robot on construction site(건설현장에서의 휴머노이드 로봇 활용), 2) Automation of infrastructure condition assessment and maintenance(사회기반 시설물의 성능평가 및 유지관리 자동화), 3) Robotics for disaster restoration(지진 등 재난 복구용 건설로봇 개발), 4) Automated renewal construction(각종 개보수 작업 생산 프로세의 자동화), 5) Application to construction process of RFID technology(건설생산 프로세스에 있어 RFID기술의 응용)을 일본의 향후 10년간 건설로봇의 중점 연구개발 분야로서 정의하고 있다.

(a)콘크리트 타설 및 면처리 로봇　(b) 전자동 고층 건축물 구축 시스템

(c) 무인 토공자동화 시스템　(d) 휴머노이드 로봇을 활용한 자재운반 및 장비운전

그림 7-1 일본의 건설자동화 기술개발 현황

7.4.2 미국의 건설자동화 기술개발 동향

미국은 우주개발 프로젝트와 같은 국가적 대형 프로젝트의 구성요소로서, 1980년대부터 현재에 이르기까지 건설자동화 분야에 대한 연구개발이 이루어지고 있으며, 초기 건설자동화 분야의 연구개발에 가장 큰 장애요인으로 보여졌던 노동조합(labor union)의 부정적 시각도 이제는 점차 변화되고 있다(Skibniewski, 2000). 즉, 건설로봇과 같은 인력대체 장비의 개발이 단순히 현 노무인력의 직업을 빼앗을 수도 있다는 부정적인 시각에서 개발 장비가 궁극적으로 인명피해를 줄일 수 있고, human-robot collaboration interface로의 접근이 가능하며 이는 결국 노무자의 작업환경 개선, 숙련도, 기술력 등을 향상시킬 수 있다는 긍정적인 시각으로 전환된 것을 의미한다. 최근 국립표준국(NIST)에 의해 철골부재와 같은 중량의 자재운반 및 인양 등 양중능력 향상을 위해 개발된 로보크레인은 첨단 IT기술을 접목한 자동화 기술이며, 유선 케이블로 구성된 머니퓰레이터에 장착된 레이저 센서에 의해 부재의 위치 및 자세(location and posture)를 결정하고 경로계획 프로그램에 의해 부재의 픽업 및 운반행위를 자동으로 제어하는 로봇이다. 또한, 장애물이 있을 경우 이를 감지하고 피해가는 기능까지 추가되어 진보된 로봇으로의 발전을 도모하고 있다. 현재 개발 중인 건설로봇 또한 첨단 컴퓨터 및 전자통신기술(wireless sensors, micro and nano-technology)의 급속한 발달에 힘입어 보다 정밀하고 소형화되는 추세이다. 미국에서는 우주항공국(NASA) 및 국립표준국(NIST) 등 국가 연구기관과 몇몇 대학에서 이러한 건설자동화 연구를 주도하고 있는데 주요 연구개발 성과는 1) MMI 개념의 토공자동화 장비, 2) 위험 작업환경에서의 이동 및 작업가능 로봇, 3) 자재의 취급 및 인양을 위한 원척(full-scale)의 다목적 머니퓰레이터 개발, 4) 도로면 및 교량 유지보수 자동화 로봇개발, 5) 인간공학적 작업개선을 위한 도구 및 장비의 개발, 6) 미래 우주기지 건설을 위한 인간형 로봇 개발 등으로 요약·정리될 수 있다(그림 7-2).

(a) MMI 기반의 토공자동화 장비

(b) 방사능물질 처리 로봇 (c) 로보크레인 (e) 우주기지 건설을 위한 인간형 로봇

그림 7-2 미국의 건설자동화 기술개발 현황

최근에는 3D CAD와 센싱 기술을 접목하여 신속·정확히 작업환경을 모델링(rapid workspace and object modeling)하여 그 결과를 건설자동화 장비 운용에 활용하거나 MEMS(Micro-Electro Mechanical System)를 활용하여 건축, 토목 구조물의 거동을 계측하기 위한 원천 기술 개발에도 지대한 관심을 가지고 연구를 진행하여 가시적인 성과를 거두고 있다. 이와 같은 연구개발은 관련 핵심기술(core technology)의 급속한 진전 즉, 소형화기술(micro and nano-technology), 센싱기술(vision, microwave and ultrasonic 등), 통신기술(wireless communication, GIS, GPS, PDA 등)의 기술진보가 있기에 가능하며 현재 그 개발속도는 더욱 빨라지고 있는 실정이다.

7.4.3 국내 건설자동화 기술개발 동향

국내에서는 1980~1990년대에 한국건설기술연구원(KICT)에서 건설자동화의 필요성 및 적용대상 공사 선정을 위한 이론적인 연구를 수행하였다. 또한 진동롤러의 자동화, 타워크레인의 반자동화 연구 등 현장 적용을 위한 기존 장비의 자동화 방안 연구를 수행하였다. 건설기업 및 관련 연구기관에서 일본에서 개발된 미장로봇을 도입하여 국내에 적용한 사례 발표도 있었고 거푸집 자동화 공법도 소개된 바 있다. 이와 같이 국내의 경우 과거 20여 년에 걸쳐 건설자동화 기술개발에 많은 연구노력을 기울여 왔던 일본, 미국, 유럽의 R&D 투자 규모, 로봇 개발 및 상용화 건수에 비교해 볼 때 그 수준은 매우 미약하다고 볼 수 있으나 국내에서도 안전, 생산성 문제, 경제성 확보, 품질향상을 위해 건설자동화 분야의 연구개발이 간헐적으로 진행되어 왔으며, 특히 2000년 이후 해외에서 건설자동화를 전공한 신진 과학자들이 국내에 유입되면서 메카트로닉스 전문가 집단과의 산·학·연 컨소시엄 구성을 통해 건설자동화 기술개발에 관한 연구가 다시 활기를 찾고 있는 모습이다. 또한, 일본이 대형 건설업체를 중심으로 과감한 R&D 투자를 통해 지속적으로 건설자동화 기술개발을 이루어온 것과는 달리, 국내의 경우에는 건설로봇 개발을 위한 R&D 펀드는 대부분 건설교통부 등 정부기관으로부터 지원되고 있으며, 주로 대학과 국책 연구원을 중심으로 연구가 활발히 진행 중에 있다. 최근 건설 및 로봇 기술개발 분야에 있어 정부의 관심 증대 및 R&D 예산 증가를 고려해 볼 때, 향후 국내 건설로봇의 발전 및 현장 적용 가능성은 매우 클 것으로 기대된다.

다음 표 7-1은 SWOT 분석을 통해 국내 건설자동화 기술개발을 위한 내부 환경의 강점(Strength)과 약점(Weakness)을 발견하고, 외부환경의 기회(Opportunity)와 위협(Threat)요인을 도출한 결과이며, 이러한 SWOT 분석 결과는 건설로봇 기술개발을 위한 내부 환경의 강점을 극대화하면서 외부환경의 기회를 활용(SO전략)하고 위협요인을 최소화(ST전략)함과 동시에, 내부 환경의 약점을 보완하면서 기회를 창출(WO전략)하고 위협을 극복(WT전략)하기 위한 전략을 보여준다.

표 7-1 국내 건설자동화 기술수준 파악을 위한 SWOT 분석

내부요인 / 외부요인	강점(Strength)	약점(Weakness)
	▪건설로봇 기술개발에 대한 산·학·연 관의 관심 증대 및 정부의 R&D 투자 확대 ▪세계 최고 수준의 정보통신 인프라 및 유비쿼터스 기술 구현을 위한 제반 환경 구축 ▪국가의 미래 성장동력 중 로봇기술(RT)분야 포함. ▪저 출산으로 인한 인력 부족으로 미래 건설산업에 있어 건설로봇의 needs, market size 및 marketability 양호 ▪인력 대체형 건설로봇에 대한 긍정적 사고로의 전환	▪신기술·신공법 개발에 관한 국내 건설기업의 전통적 보수성 및 핵심 건설기술에 대한 높은 해외 기술 의존도 ▪건설기술 분야의 무역수지 역조현상 심화 ▪건설로봇 분야의 전문 인력 부족 ▪로봇의 4대 핵심 요소기술에 관한 불균형 발전 ▪미래 국가유망기술로서 건설로봇 기술개발에 관한 마스터플랜/기술로드맵 부재 ▪설계와 시공정보의 통합을 위한 엔지니어링 기술 및 표준화 체계 미흡
기회(Opportunity)	**SO전략**	**WO전략**
▪실용화에 기반을 둔 건설교통부의 지속적인 R&D 투자 확대로 인해 건설로봇의 연구개발을 위한 건실한 기반환경 조성 ▪건설로봇 기술개발 분야의 후발주자로서 선진 외국의 시행착오(Trials and errors)에 관한 벤치마킹 가능 ▪기업 이미지 제고 및 건설산업 이미지를 첨단산업 분야로 upgrade 하고자 의지 심화 ▪미래 건설산업에 있어 고 부가가치 창출이 가능한 새로운 Market sector로서 건설로봇 기술개발의 중요성 인식	▪건설로봇의 연구개발을 위한 정부의 중·장기적이고도 지속적인 투자 확대를 유도하기 위해서는 산·학·연 컨소시엄의 구성 및 건설/메카트로닉스 전문가 그룹간의 협업체제를 통해 건설로봇 기술을 개발하고, 현장 적용 및 성능평가를 통해 파급효과를 정량화하고 개발 기술의 실용화를 실현해야 할 것임. ▪선진 외국의 시행착오 및 건설로봇 기술을 벤치마킹하고, 국내 정보 통신, Robot Technology, 유비쿼터스 기술을 적극 활용하여 성능 우위의 건설로봇을 실용화함으로써 정부의 지속적인 관심 및 투자 확대 유도	▪전통적으로 신기술·신공법 개발에 관해 보수적인 성향을 지니고 있는 국내 건설기업의 R&D 투자 의지를 적극 유도하기 위해 실무 적용성이 높고 고 부가가치 창출이 가능한 자동화 사업대안 도출 ▪건설로봇 기술개발에 관한 마스터 플랜 작성을 통해 중장기적인 관점에서 건설로봇의 연구 개발사업 추진하고 건설기업의 적극적인 참여 유도 ▪건설로봇의 핵심 요소기술 중 취약 기술 개발에 대한 동기를 부여하고 선진 외국의 건설로봇 기술개발 노력을 벤치마킹 함으로써 사업 추진 중 발생 가능한 리스크를 최소화하여 단기간 내에 건설로봇 기술개발환경 구축
위협(Threat)	**ST전략**	**WT전략**
▪정부 및 업계의 단기적 투자 성향 ▪학제간(건설/기계/전기/전자) 공동연구 및 전문분야별 협업체제 미흡 ▪매우 동적이고 가변적인 건설 작업환경으로 인한 로봇 기술개발의 어려움 ▪건설로봇의 활용 및 성능에 대한 숙련공의 부정적 의식 ▪국내 건설업체의 보수성 및 로봇 기술개발 유관 업체의 영세성으로 인한 개발 의지 부족	▪정부 및 업계의 지속적인 투자를 확보하기 위해 건설로봇 기술개발이 고 부가가치 창출을 통한 미래 건설산업 발진의 원동력이 될 수 있다는 인식의 전환이 요구됨. ▪전문 분야별 긴밀한 협업체제 구축을 위해서는 정부 R&D 투자에 의한 과제 선정 시 참여 기관의 적정성 및 주체별 협업 가능성, 대기업 등 최종 사용자 참여여부 등을 판단해야 할 것임. ▪세계 최고 수준의 정보통신기술을 바탕으로 다양한 현장여건에 적합한 건설로봇의 기술개발	▪건설/기계/전기/전자 관련 학제와 업계의 긴밀한 협업을 통해 로봇의 4대 핵심 요소기술의 균형적 발전을 도모함으로써 관련 기술의 해외 의존도를 낮추고 로봇기술 개발을 위한 국제 경쟁력 제고 ▪건설로봇 기술개발에 관한 정부의 확고한 마스터 플랜(기술 로드맵) 하에서, 로봇 기술개발을 포함한 신기술·신공법 개발에 적극 참여하여 안전성, 품질, 건설 생산성 향상에 기여하는 건설기업에 대해 다양한 인센티브 부여함으로써 첨단 시공기술 개발 유도

2000년 이후 현재에 이르기까지 건축·토목시공 및 유지보수 분야에 걸쳐 국내에서 연구·개발된 원척(full-scale)의 주요 건설로봇으로는 '콘크리트 흄관 매설 로봇(2000~2003)', 'PHC 파일 연직도 자동제어 및 두부정리 로봇(2002~2005)', '초고층 빌딩 커튼월 시공을 위한 미니 굴삭 로봇', '도로면 크랙실링 로봇(2001~2004)', '도로면 사인도색 로봇(2001~2003)', '초고압수를 이용한 노면표시 자동제거 로봇(2002~2004)' 등이 있으며, 주로 단일 공정 혹은 작업을 수행하는 건설로봇이 연구·개발되어 현장 적용성 실험 및 현장 실무자들로부터의 피드백을 수렴하여 실용화 가능성을 진단하는 단계에 와 있다고 볼 수 있다. 다음은 위에서 언급된 국내 건설자동화 장비의 몇 가지 연구·개발 사례를 간략히 요약·정리한 것이다.

(1) 콘크리트 흄관 매설 로봇

재래식 흄관 매설 작업이 가지고 있는 터파기 사면 붕괴, 흄관 추락 및 충돌로 인한 안전사고의 위험, 무리한 관이음에 의한 파손 및 접합상태 불량으로 인한 품질 확보의 어려움, 작업 생산성 저하와 인건비 상승으로 인한 채산성 확보의 어려움 등의 문제점을 해결하기 위해 흄관 매설 로봇의 프로토타입이 개발되었다. 개발 로봇의 프로토타입은 흄관 매설 작업을 위해 요구되는 동작 및 성능을 모두 구현할 수 있도록 6 자유도 운동이 가능한 스튜어트 플랫폼 머니퓰레이터(SPM; Stewart Platform Manipulator)을 기반으로 하고 있다. 흄관 매설 로봇은 백호와의 결속 및 해체를 용이하게 하기 위한 연결부, 흄관 매설 작업 시 6 자유도 운동을 지원하는 구동부, 흄관 연결 시 삽입 기능을 담당하는 슬라이딩(sliding)부, 흄관 결속, 운반 및 연결 작업을 수행하는 집게부로 구성되어 있다. 현장 실험 및 성능 분석 결과, 개발 로봇을 활용하여 흄관 매설 작업을 수행할 경우 자동화 시공에 의한 안전성 확보, 품질 향상과 더불어 65%의 생산성 향상 효과, 33% 정도의 공사비용 절감 효과가 있는 것으로 평가되었다(유연택 2004).

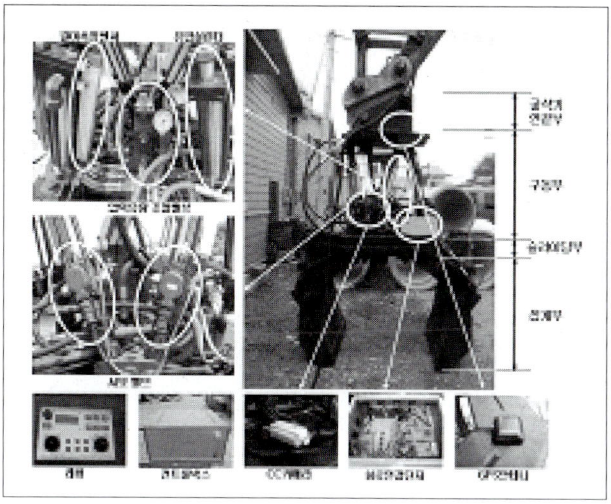

(a) 콘크리트 흄관 매설 로봇의 구성

(b) 콘크리트 흄관 매설 로봇의 현장 실험

그림 7-3 **콘크리트 흄관 매설 로봇**

(2) 기성 콘크리트 파일 연직도 자동제어 및 두부정리 로봇

PHC 파일 항타 시 파일의 연직도를 자동제어함과 동시에 두부정리 작업을 위한 노무비 비율을 낮추고, 노무자간의 숙련도 차이에 의한 작업 품질 및 생산성, 안전성 등을 향상시키기 위해 PHC 파일 연직도 자동제어 및 두부정리 로봇의 프로토타입이 개발되었다. 먼저 PHC 파일 연직도 자동제어 로봇의 프로토타입은 파일 드라이버가 지표면과 수직을 유지하면서 파일 매입을 위한 굴착작업을 수행할 수 있도록 설계되었으며, PHC 파일 두부정리 로봇의 프로토타입은 기존 재래식 작업에서 노무자에 의해 수행되었던 그라인딩 작업을 자동으로 수행할 수 있으며, 원뿔형 및 블레이드 말단장치가 장착된 4방향 유압압쇄 장치의 사용으로 PHC 파일을 종방향 균열 없이 파쇄할 수 있도록 설계·제작되었다.

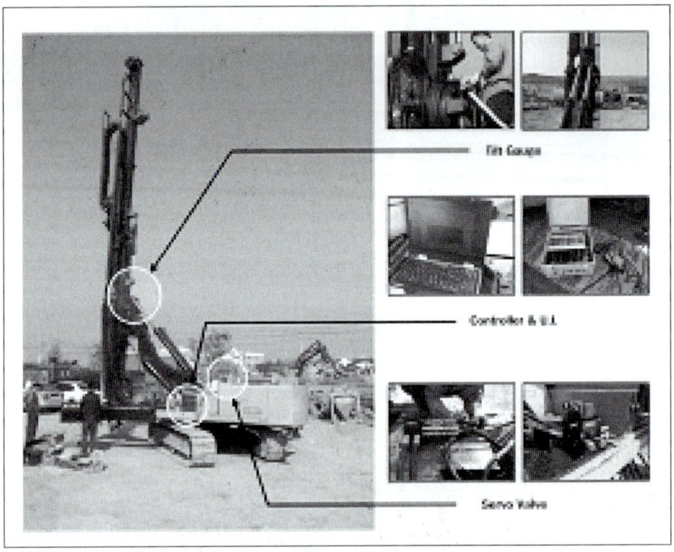

(a) PHC 파일 연직도 자동제어 로봇

(b) PHC 파일 두부정리 로봇

그림 7-4 국내 CM/PM 시장의 규모(2001-2004)

(3) 초고층 빌딩 커튼월 시공을 위한 미니굴삭 로봇

빌딩 건설에 있어 최근의 추세는 고층화, 대형화, 복잡화로 대변될 수 있으며 커튼월 등과 같은 자재의 무게 또한 점차 중량화 되어가고 있다. 일반적으로 커튼월 시공을 위한 장비로는 윈치(Winch)와 크레인(Crane)이 요구되며 약 7명 정도의 노무자가 투입되고 있으나, 커튼월 설치 작업의 특성상 항상 안전사고의 위험이 내재되어 있으며 생산성과 품질의 균일성 확보 측면에서도 문제점이 있는 것으로 인식되어 왔다. 최근 초고층 빌딩을 대상으로 커튼월 자재를 자유로이 핸들링하고 설치하기 위한 자동화 장비로서 흡입장치(suction device)가 장착된 다 자유도(multi-DOF) 미니굴삭 로봇이 개발되었으며 건설현장에 성공적으로 적용된 바 있다. 개발 로봇의 활용은 커튼월 시공 공정의 단순화, 공기단축 및 안전성 향상은 물론 투입 노무자의 수를 기존 7명에서 2명으로 줄임으로써 생산성 향상 및 노무자 감소를 통한 원가절감에도 기여할 수 있을 것으로 기대된다.

(a) 커튼월 시공 로봇의 관절 운동　　(b) 커튼월 시공 로봇의 현장 실험

그림 7-5 초고층 빌딩 커튼월 시공을 위한 미니굴삭 로봇

(4) 도로면 크랙실링 로봇

국내에서는 도로면 유지보수 공법 중 크랙실링 공법의 자동화를 통해 노무자의 안전사고를 예방하고, 품질 및 생산성을 향상시키기 위해 산·학·연 공동연구 개발사업으로 도로면 크랙실링 로봇(APCS; Automated Pavement Crack Sealer)의 프로토타입이 개발되었다. APCS는 시방 규정에 따라 도로면에 3mm 이상 크랙이 존재 할 경우, CCD 카메라를 통해 입력된 도로면 영상을 이진화 및 노이즈 제거 알고리즘을 이용하여 크랙 이

외의 노이즈를 완벽하게 제거할 수 있다. 또한, APCS의 말단장치(turret)가 크랙의 중앙(spine)을 따라 일정량의 실런트를 신속하고 정확하게 분사하도록 크랙 네트워크 맵핑 및 모델링 알고리즘, 최적 경로계획(optimal path planning) 알고리즘을 개발하였다. APCS의 현장 실험 및 성능 분석 결과, APCS의 도입 및 활용을 통해 노무인력의 50% 감소효과, 32.5%의 생산성 향상 및 43.6%의 공사비용 절감효과를 가져올 수 있는 것으로 평가되었다(Lee, 2004).

(a) 도로면 크랙실링 로봇의 구성

(b) 도로면 크랙실링 로봇의 현장 실험

그림 7-6 **도로면 크랙실링 로봇**

(5) 도로면 사인 도색 및 제거 로봇

최근 각종 도로면 사인과 차선을 자동으로 도색할 수 있는 로봇시스템이 개발되었다. 개발 로봇은 갠트리 로봇을 기본으로 하여 한 차선까지 작업영역을 확대할 수 있는 구조로 창안되었고, 자동으로 사인 도색을 지원할 수 있도록 폰트 파일 시스템, 경로 생성 알고리즘, 대형 사인 도색 알고리즘, 로봇 시뮬레이터 등의 모듈을 포함하고 있다. 또한 현재의 노면표시 제거작업은 많은 작업자가 투입되어 수작업으로 진행되고 있으며 수작업은 장시간 교통통제로 인해 불편과 혼잡 비용이 발생할 뿐만 아니라 작업에 투입된 모든 인원들이 작업장 주변의 차량 충격에 무방비 상태로 노출되어 있고, 깎이식 제거기와 가스불을 이용하므로 가스폭발의 위험성이 내재되어 있으며 유해 가스는 작업자나 도로를 이용하는 이용자 모두에게 건강상의 큰 위험을 주는 문제점이 있다. 개발 로봇은 3,000 bar 이상의 초고압 수 분사펌프 시스템 제작과 단일차량 내부에 설비를 구성하여 작업자의 외부 노출을 최대한 줄이고, 운전자가 간단한 컴퓨터 및 레버 조작만으로 노면표시를

2 km/hr 이상의 속도로 노면표시를 제거하도록 설계·제작되었다.

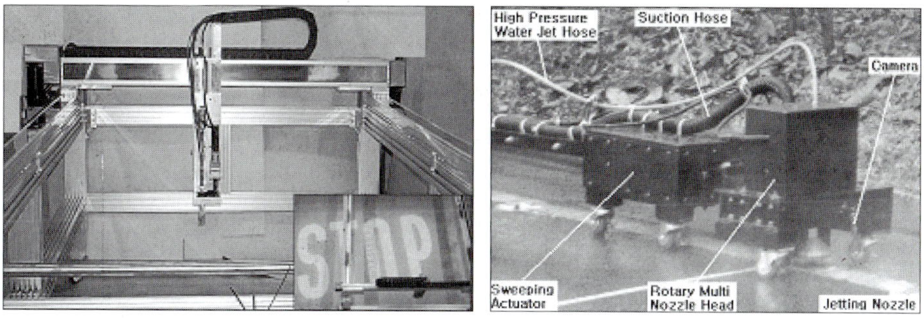

(a) 도로면 사인 도색 로봇 (b) 노면표시 자동제거 로봇

그림 7-7 도로면 사인 도색 및 제거 로봇

7.5 건설자동화 기술개발의 미래 전망

세계 로봇협회에서 건설용 로봇에 대한 구체적인 수요에 대한 전망치는 발표된 것이 없으나, 전체 로봇산업의 수요규모는 1999년 742,500대에서 2003년에는 892,200대로 증가(20.2%)하였다. 또한 산업용 로봇의 개발에 가장 앞서 있는 일본의 로봇공업협회(JIRA)에서는 2005년 제조업용 로봇의 수요를 비제조업용 로봇이 능가할 것으로 전망한 바 있으며, 현재 비제조업 분야 중 건설로봇이 차지하는 비중이 약 2000억엔(약 2조원) 정도로 일본 전체 로봇시장의 약 10% 규모에 해당되는 것으로 추산되고 있다. 이는 열악한 건설 현장의 작업조건, 숙련공 부족 및 인건비 상승 문제를 해결하고 점차 다양화 되는 수요자의 요구에 대응하기 위한 하나의 기술적 접근방법으로서 건설용 로봇의 필요성이 대두되기 때문인 것으로 해석된다. 또한, 건설자동화가 건설산업에 있어 오랫동안 내재되어 왔던 안전, 생산성, 품질문제를 해결하고 급변하는 세계 건설환경 및 무한경쟁시장에서의 기술경쟁력 확보, 대형화·첨단화·복잡화되는 건설 수요에 대한 적극적 기술대응 방안, 우주개발 및 지하개발 등 새로운 도전이 예측되는 미래 건설의 선도형 기술이라는 점에서 앞으로도 건설자동화의 필요성은 더욱 강조되고, 관련 핵심 요소기술의 급속한 발전과 더불어 멀지 않은 미래에 기술 진보에도 커다란 성과가 있으리라 예상된다. 지난 20여 년에 걸친 건설자동화 분야의 국내외 기술개발 동향을 살펴보면, 향후 건설자동

화 연구개발 분야는 다음과 같은 단계로 발전될 것으로 예상된다.

첫째, 정형화된 작업환경을 지니고 있는 공장자동화와는 달리 매우 도전적인 unstructured work environment를 지닌 건설 작업환경을 고려해 볼 때 단 · 중기적으로 완전자동화의 개념보다는 인간과 기계간의 협업체제(MMI)를 활용한 반자동화 형태의 건설로봇 개발이 지속적으로 이루어질 것이다. 타 산업에 비해 건설산업의 인력 의존도가 높은 만큼 안전성, 생산성, 품질의 균일성 및 경제성 확보, 작업환경 개선, 젊은 기술인력의 현장 유입 비율을 증대시키기 위한 동기부여 등 현실적인 문제를 해결하기 위한 건설기계 개념의 인력보조 및 인력 대체용 자동화 장비의 개발이 활발히 진행될 것으로 전망되기 때문이다. 이는 물론 내부 operating 공간의 인간공학적 설계(ergonomic design) 및 GPS[1], nD[2] CAD[3], 각종 센싱 및 계측 기술의 활용을 통한 기존 백호우, 불도저 등 건설기계의 기능 향상 및 지능형 토공자동화 기술개발이 포함될 것이다(그림 7-8).

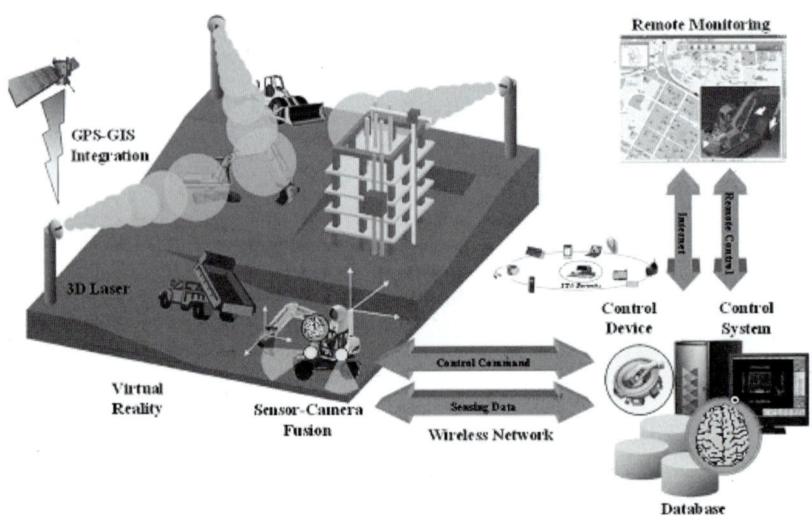

그림 7-8 첨단 융합기술을 활용한 지능형 토공자동화의 개념도

1) GPS(Global Positioning System):위성항법장치-비행기·선박·자동차 뿐만 아니라 세계 어느 곳에서든지 인공위성을 이용하여 자신의 위치를 정확히 알 수 있는 시스템.

2) nD-다차원 CAD.

3.) CAD-Computer Aided Design.

둘째, 건설기술에 정보화 및 자동화 기술이 접목되고 그 발전 속도가 빨라지면서 표준화, 설계와 시공의 통합, Pre-assembly, Pre-fabrication, Modularization, SCM[3], JIT[4] 등 다양한 분야의 복합 기술이 유기적으로 연계되고 통합되는 건설 생산 프로세스 전반에 걸친 자동화 시스템의 개발이 가능할 것이다. 전자동 고층 건축물 구축 시스템은 이에 대한 좋은 예일 수 있으며, 국내의 정보화 및 자동화 기술개발 수준과 그 발전 속도를 고려해볼 때, 추후 일본의 그것에 비해 보다 진보되고 경제성 확보가 가능한 자동화 기술의 구현이 가능할 것으로 기대된다.

셋째, 고공, 해저, 사막, 오염 지역 등 일상적인 작업이 어려운 작업환경 하에서 인력을 대체할 수 있는 원격조종 혹은 자동화 장비의 개발이 진행될 것이다. 이는 자동화 장비를 구성하고 있는 핵심 요소기술인 센싱 및 제어기술의 급속한 발전에 따라 그 개발속도가 빨라질 것으로 기대된다.

넷째, 신 공간 창출을 위한 혁신적 자동화 장비의 개발이 이루어질 것이다. 즉, 미국에서 추진하고 있는 우주개발 프로그램(Space Development Program), 일본에서 관심 있는 인공섬 개발 및 해저도시 개발 등 거대 건설 프로젝트를 수행하기 위한 지능형 건설로봇의 개발도 미래 건설자동화 기술개발에 큰 축을 담당할 것으로 기대된다.

7.6 첨단시공기술과 건설사업관리자

건설사업에 있어 건설사업관리자는 발주자의 대리인으로서 사업 수행 중 발주자의 주요 의사결정을 지원하고, 해당 프로젝트를 둘러싸고 있는 다양한 계약 주체가 상호 신뢰와 협업 하에 팀 빌딩(Team Building)을 수행하여 성공적으로 사업을 완수할 수 있도록 하는 코디네이터(Coordinator)로서의 역할을 수행한다. 건설사업관리 업무를 수행함에 있어 건설사업관리자의 사업 단계별 업무범위 및 내용은 해당 건설사업, 발주자 조직의

4) SCM-Supply Chain Management, 공급망 관리.

5) JIT-Just In Time:경제 용어로 필요할 때 필요한 부품만 확보하는 경영방식.

특성 및 건설사업관리자의 역량 등에 따라 상이할 수 있으나, 건설사업관리자의 궁극적 목표는 사업 수행 과정과 결과에 있어 공기, 원가, 품질, 안전성 등의 측면에서 가시적인 성과를 제시함으로써 발주자, 각 계약주체 및 고객의 만족도가 극대화될 수 있도록 프로젝트 관리 업무를 총괄하는 것이라 정의될 수 있다. 공기, 원가, 품질, 안전 등의 사업관리 요소는 발주자, 건설사업관리자, 건설공사의 실질적 수행 주체인 시공자 등을 포함한 계약주체가 공통적으로 지대한 관심을 지니고 있는 사업 수행 결과의 지표이며, 특히 건설사업관리자의 경우 자신의 건설사업관리 업무역량 및 대내외적 인지도(reputation)가 현실적으로는 결과 중심적인 지표로 평가 받을 수 있기에 실무적으로는 그러한 사업관리 요소를 중점 관리 대상으로 하고 있는 것이 현실이다.

본 절에서는 건설사업관리자가 공기, 원가, 품질, 안전성 측면에서 가시적 성과를 제시하기 위해 활용하는 다양한 도구 중 설계 및 시공단계(design and construction phase)에서 적용하는 가치공학(value engineering)을 하나의 대표적 예로써 제시하고, V.E 활동과 첨단시공기술(이하, 건설자동화)의 적용을 통해 얻고자 하는 성과 측면에서의 공통점을 중심으로 건설자동화의 개념 및 해당 기술을 도입하고 접목함에 있어 건설사업관리자의 역할을 제시하고자 한다. 먼저, V.E는 '최저의 생애주기비용으로 최상의 가치를 얻기 위한 목적으로 수행되는 건설사업의 기능 분석을 통한 대안창출의 노력으로, 여러 전문분야의 협력을 통하여 수행되는 체계적 프로세스로 정의될 수 있으며, 이를 위해서는 고정관념의 제거, 발주자 중심의 사고, 기능 중심의 접근, 팀 디자인(Team Design) 등이 V.E 사고를 함에 있어 필수적으로 수반되어야 한다. 즉, V.E는 최소의 생애주기비용(LCC; Life Cycle Cost)으로 필요한 기능을 확보하기 위해 수요자가 요구하는 품질, 소정의 성능, 신뢰성, 안전을 유지하면서 적용공법, 설비나 자재, 서비스 절차 등으로부터 불필요한 Cost를 찾아내고 제거함으로써 비용의 절감, 생산성 향상 및 품질 개선을 도모하기 위한 체계적이고도 과학적인 공사관리 기법이다. V.E를 통한 개선활동은 발주자 혹은 시공사의 직원 등에 의해 제안될 수 있으며, 그 결과는 특히 공기, 원가, 품질, 안전성 향상 등의 관점에서 정량화되어 가시적인 성과로 제시될 수 있기에 V.E 활동은 발주자의 대리인, 사업 수행 중 팀 빌딩의 코디네이터로서의 역할을 수행하는 건설사업관리자로서도 발주자 중심의 사업성과 측면에서뿐만이 아니라 자신의 건설사업관리 업무역량을 제고하기 위한 수단으로써 적극 활용되고 있다. 건설자동화 기술 또한 도입의 필요성 및 해당 기술의 적용을 통한 공기, 원가, 품질, 안전 등 주요 사업성과 측면에서의 benefits 관점에서 V.E 활동의 그것과 동일한 맥락에서 이해될 수 있으며, 전체 사업비 및 첨단산업으로서의 이미지 제고 측면에서 그 파급효과가 V.E에 활동에 비해 상대적으로 더욱 클 수 있다는 점에서 건설자동화는 앞으로 분명 건설사업관리자나 시공자가 더욱 관심을 가지고 접목을 시도해 나가야 키워드이자 활용 도구가 아닐까 사료된다. 미래 건설산업에 있어 건설사업관리자가 건설자동화에 관심을 가져야 하는 이유를 미래 지향적 관점에서 살펴보면 다음과 같다.

앞서 언급된 바와 같이, 최근 국내 건설산업이 직면하고 있는 문제점은 숙련공의 고령화 및 젊은 기술인력의 현장 유입비율 저하에 따른 건설생산성, 품질 저하 및 채산성 악화이며, 상대적으로 미숙련공과 여성 근로자의 현장 유입 비율이 증가하면서 발생되는 안전사고율의 증가로 축약될 수 있다. 이는 건설공사의 실질적 수행 주체인 국내 전문건설업체(trade contractors)나 건설 중장비 대여업체의 경우 그 심각성이 날로 심화되고 있는 실정이다(그림 7-9).

그림 7-9 위험 작업지역에서의 미숙련 건설기계 운전원에 의한 안전사고

향후 숙련공 부족과 그로 인한 부정적 영향, 현재 OECD 국가 중 최저 수준의 국내 세대별 출산율 및 선진 외국에 비해 열악한 건설기술 경쟁력 등을 고려해 볼 때, 추후 지금

까지 사용하여 왔던 건설사업관리 도구만으로는 현재와 같은 사업성과를 유지하는데 한계가 있을 것으로 예상된다. 따라서 미래 건설생산 기술의 발전 또한 필연적으로 이러한 문제점을 해결하고자 부족한 숙련공을 대체하고 현장 작업량을 줄이면서도 품질의 균일성 및 안전성을 확보할 수 있는 방향으로 진화되어 나갈 것이며, 이러한 관점에서 '건설자동화' 기술은 미래 건설산업에 있어 건설사업관리자가 필연적으로 접하고 다루어야 할 주요 관리기술 중 하나가 될 것으로 사료된다. 현재 대부분의 건설자동화 성과물은 창의적 발상을 통해 개선이 요구되는 단일 공정(activity) 혹은 작업(task)을 대상으로 한 하드웨어 중심의 연구개발이 이루어지고 있으나, 건설자동화 기술개발의 궁극적 목표는 modularization/pre-assembly/pre-fabrication 기반의 양중, 용접, 커튼월 설치, 콘크리트 타설 및 마감 등 하드웨어적인 요소와 린 건설 기반의 적시생산(JIT) 등의 정보기술을 활용한 물류관리(SCM), nD CAD를 활용한 설계와 시공정보의 통합 등 소프트웨어적인 요소기술간의 통합을 이룸으로써 급변하는 건설산업 패러다임에 부합되는 건설생산 방식의 혁신적 변화를 추구하는 것이다. 추후, 국내 건설산업이 해결해야 할 당면과제와 기술적 접근방법으로써 건설자동화 기술개발의 필요성, 산업 전반에 걸쳐 급속히 발전하고 있는 정보화 및 자동화 기술을 기반으로 한 미래 건설생산기술의 변화된 모습은 지금까지 우리가 의존하여 왔던 전통적 사업관리 방식의 혁신적 변화를 몰고 올 수도 있다는 점에서 미래를 향해 도약하고자 하는 국내 건설사업관리자에게 시사하는 바가 크다고 하겠다. 따라서 건설사업관리자는 발주자의 대리인으로서 또한 팀 빌딩을 위한 코디네이터로서 신기술·신공법 등 건설자동화 기술의 도입과 접목에 더욱 적극적인 자세로 임할 필요가 있으며, 이를 통해 얻은 lessons-learned, 지식과 노하우를 바탕으로 미래 건설생산기술의 변화에 따른 전통적 사업관리 방식의 변화에 능동적으로 대처하고 경쟁력을 확보할 수 있는 방향으로 자신의 건설사업관리 역량을 배양해 나가야 할 것이다. 최근 '건설자동화 및 장비 개발' 이 건설교통부 R&D 전략 프로그램에 포함되어 향후 10년간 막대한 R&D 예산이 집중 투입되기로 계획된 것은 선진국 대비 약 70% 수준에 머물러 있는 국내 건설기술 및 사업관리기술에 많은 발전을 가져올 것으로 기대된다. 국내 CM 전문업체의 경우 이와 같은 산·학·연 건설자동화 R&D 사업의 참여를 통해 미래 건설생산기술 및 사업관리 방식의 변화를 예측하고 사전 전략을 준비해 나갈 수 있도록 이에 대한 능동적이

고도 적극적인 참여가 요구된다.

7.7 결 언

전 세계 건설산업에서 현재 우리나라 건설산업의 위상은 선진국과 개발도상국 사이에 위치해 있으나 세계 건설산업의 환경 변화에 따른 국내 건설산업의 경쟁력 제고 및 선진화를 위하여 다양한 분야에 걸쳐 많은 노력을 기울이고 있다. 특히, IT기술을 활용한 정보화, 지식화, 첨단화를 위한 많은 노력이 경주되고 있는 현실에서 건설현장에서 적용 가능한 건설자동화 기술의 개발을 통하여 기술경쟁력을 확보하고 나아가서 잠재되어 있는 시공의 무한한 가능성을 실현시킬 수 있기를 기대한다. 끝으로, 건설자동화 분야의 체계적인 연구·개발 방향 제시 및 미래발전을 위한 몇 가지 제언을 하면 다음과 같다.

첫째, 건설자동화 기술개발 관점에서 건설행위가 이루어지고 있는 현장중심의 안전, 품질, 생산성, 경제성에 영향을 미치는 요인이 무엇인지, 이와 같은 문제를 해소할 수 있는 기술적 해결책(국내 건설자동화 기술개발 대상)은 무엇인지를 파악하기 위해서는 우선 건축 및 토목 공종, 공정, 작업을 중심으로 상향식(bottom-up) 수요의 면밀한 조사·분석이 이루어져야 한다. 이는 현장 방문 및 설문조사 등을 통해 파악된 공종, 공정, 작업 중심의 현실적 문제를 해결하기 위한 접근법이나, 보다 효율적이고도 생산적인 건설생산 시스템의 구축을 위한 기술선도형 접근방법이 있을 수 있다.

둘째, 수요조사를 통해 건설자동화 기술개발 대상(alternatives)이 선정되면 산·학·연·관 컨소시엄 구성을 통해 국내·외 선설자동화 기술 진보현황 및 국내 건설산업의 특성을 고려하여 자동화 기술개발에 관한 우선순위(priority)를 도출하는 것이다. 그리고 그 결과에 따른 마스터플랜을 작성한 후, 이를 기반으로 중장기적 안목에서는 각계 전문가들과 함께 시간(Time), 기술개발 대상(Objects), 기술구현 절차(Procedures) 및 요소기술(Technologies), 시간흐름에 따른 R&D 예산(Budget)이 반영된 기술적 로드맵(Technology Roadmap)과 세부 실천계획(Implementation Plan)을 작성해야 한다. 이를 통해 건설자동화 기술개발을 위한 중장기적 목표가 명확히 설정될 수 있을 것이며, 체계적이고도 효율적인 투자 및 연구개발 계획이 수립될 것이다. 이는 단발성 과제의 도출을 통한 간헐적인 자동화 기술개발 방식에 비해 막대한 예산이 투입되는 자동화 기술개발에 있어 발생 가능한 리스크를 최소화하고 업무의 효율성을 극대화시킬 수 있는 framework을 제공할 수 있을 것이다. 특히, 산·학·연·관의 컨소시엄 구성을 통한 협력체계(inter-disciplinary cooperation)의 구축은 막대한 투자비와 연구·개발 기간의 경감, 높은 위험부담의 분산을 위한 필수적인 요소이다.

셋째, 건설자동화 연구 개발의 활성화를 위한 성공적 단기 개발 성과의 기술적 노하우 축적이 필요하다. 이를 위해 현재까지의 성공적 자동화 기술개발 사례, 수요조사 및 마스터플랜 작성을 통해 개발될 자동화 기술의 성공적 연구개발 성과를 기술적 노하우로 집적하여야 한다. 이를 토대로 추후 다목적(multi-purpose) 복합 자동화 기술의 연구개발이 성공적으로 진행될 수 있다.

넷째, 기술 혁신의 주체는 궁극적으로 그 기술의 최종 사용자가 될 건설기업이다. 따라서 건설자동화의 필요성은 인식하면서도 상대적으로 높은 위험부담과 가시적 성과에 대한 확신 부족으로 인하여 투자 및 참여를 기피하고 있는 민간부문을 적극적으로 유도할 수 있는 범국가적 차원에서의 다각적인 동기부여 방안이 강구되어야 한다.

다섯째, 건설사업의 성공적 완수를 위해 팀 빌딩을 총괄하는 CM 전문회사의 향후 전개될 건설자동화 연구개발 단계 및 첨단 시공기술을 건설현장에 접목하고 적용함에 있어 보다 적극적인 참여가 요구되며, 정부는 국내 건설기술의 발전 및 국제 건설시장에서의 경쟁력 확보 관점에서 시공자나 건설사업관리자가 신기술·신공법을 적극 활용해 나갈 수 있는 방향으로 유도해 나가는 것이 바람직할 것으로 사료된다.

8

건설사업관리 기업의 미래 발전전략

경희대학교 교수 김선국

8.1 서 언

건설사업관리를 수행하는 기업의 미래 발전전략 수립을 위해서는 무엇보다도 경영전략에 대한 이해가 필요하다. 즉, 경영전략의 이론적 체계를 근간으로 CM 기업의 발전전략과 관련된 다양한 내용의 분석, 전략수립, 전략추진, 성과측정이 이루어져야 한다.

CM 기업의 미래 발전전략은 기본적으로 각 기업의 입장에서 수립되어야 하지만, 본 장에서는 특정 기업보다는 국내에서 CM 업무를 수행하는 전체 기업을 대상으로 발전전략을 제시하는 것으로 한다. 이에 따라 본 장에서는 그림 8-1과 같이 경영전략에 대한 이론적 이해를 바탕으로 국내 CM 기업의 내부 및 외부 환경을 분석하고 이를 바탕으로 CM 기업의 미래 발전전략을 제시한다.

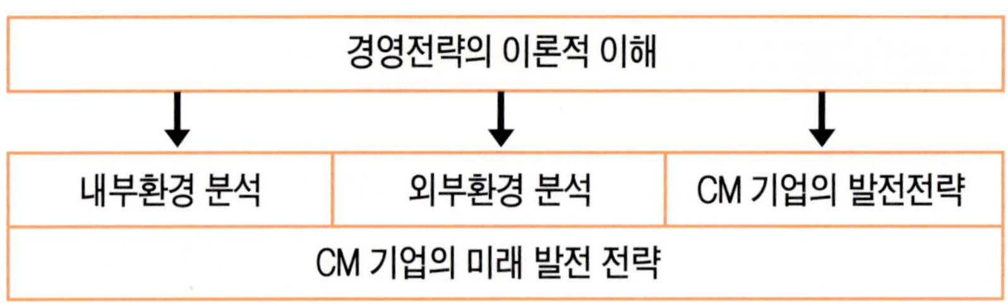

그림 8-1 경영전략 이론과 CM 기업의 발전전략

8.2 경영전략의 이해

일반적으로 기업의 미래를 위한 경영전략의 수립 및 추진 절차는 그림 8-2와 같이 ① 경영이념 설정, ② 내외부 환경분석, ③ 기본 전략목표 설정, ④ 추진전략 대안수립, 대안평가, 최종안 선정, ⑤ 경영정책 수립 및 연차목표 설정, ⑥ 경영자원 배분, ⑦ 주기적 성과측정 및 평가, ⑧ 문제점 및 개선안 피드백(feedback)의 순서로 정리할 수 있다.

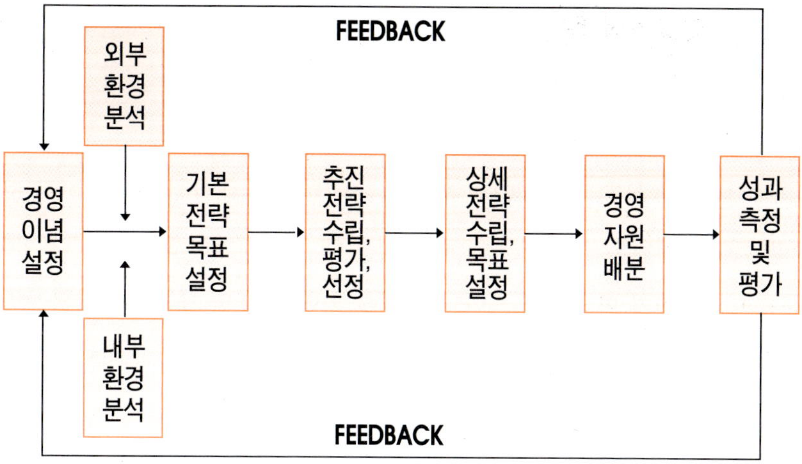

그림 8-2 기업의 경영전략 수립 및 추진 절차

여기서 경영이념은 각 기업의 설립목적, 최고 경영자의 경영정책 및 이념을 의미하는 것이므로 본 장에서는 논하지 않는다. 즉, 각 기업의 최고 경영자가 나름대로의 경영이념을 설정하는 것이며, 경영전략은 이를 완수하기 위한 구체적인 계획을 수립하는 것이다.

내부 환경분석에는 기업의 경영, 조직, 기술, 기업문화 등의 측면에서 기업 내부적인 수준을 분석하는 것을 의미한다. 만일, 세계시장(global market)에서의 한국 기업을 조명하는 거시적 측면에서 분석을 논한다면 내부 환경분석은 기업내부 환경뿐 아니라 기업의 국내 환경(제도, 시장, 과학, 기술, 경쟁력 등)까지 포함할 수 있다.

외부 환경분석에는 기업의 외적 환경 즉, 각종 제도 및 정책의 추세, 경제, 사회, 문화, 과학 등의 지표뿐 아니라 해당 기업과 관련된 시장(market)의 추세 및 환경도 분석하여야 한다. 만일 세계시장을 대상으로 거시적인 분석을 하는 경우에는 세계시장의 추세, 경쟁국 및 경쟁대상 기업의 경영, 조직, 기술, 정책 및 제도 등의 측면에서 분석하여야 한다.

기본 전략목표 설정 단계에서는 이전에 분석된 내외부 환경분석과 경영이념을 바탕으로 경영전략적 측면에서 향후 기업이 나아갈 방향을 설정하는 것이다. 이 과정에서 최고

경영자는 경영 및 조직적 측면에서 철저한 자기위상[1]을 정립한 후 기업의 장기적인 목표를 설정하여야 한다.

설정된 기본 전략 목표를 달성하기 위하여 추진전략의 대안이 수립되어야 하며, 최고경영자 및 주요 임직원은 긴밀한 협의 하에 이들 대안을 평가한 후 최종 추진전략을 선정하여야 한다. 대안평가 단계에서는 반드시 해당 기업의 가용 경영자원(자금, 인력, 기술, 정보 등)을 충분히 검토하여 대안을 선정하여야 한다. 즉, 전략의 추진은 경영자원의 투입을 필요로 하는데, 가용 자원의 투입을 넘어서는 전략의 선택은 실패할 가능성이 높기 때문이다.

선정된 대안에 의거하여 단계별(단기, 중기, 장기 또는 연차별) 상세전략 수립과 목표설정이 이루어져야 한다. 이후 해당 기업의 가용 경영자원을 단계별로 배분하여 전략을 추진한다. 단계별로 수립된 전략은 주기적(분기, 반기, 연도, 단계별 등)으로 그 성과를 평가하여 문제점[2]이 발생되면 그 내용을 개선[3]하여 차기 전략에 반영하여야 한다.

CM 기업의 입장에서는 위와 같은 순서로 전략을 수립하고 추진하면 되지만, 본 장에서는 국내의 모든 CM 기업에 공통적으로 적용되는 내용을 다루어야 하므로 앞서 개요에서 언급한 것과 같이 CM 관련 내·외부 환경분석과 발전전략을 중심으로 다루고자 한다. 즉, 본 장에서는 우리나라 CM 시장을 중심으로 거시적인 측면(즉, 산업적 측면)에서 CM 기업의 발전전략을 기술할 것이며, 각 기업에서는 본 장에서 기술한 내용을 참고하여 해당 기업의 입장에서 발전전략을 수립할 수 있다.

---

1) 자기위상이란 기업의 경영 및 조직적 측면에서의 능력을 의미하는 것으로 CM 기업의 경우 국내외 CM 시장에서의 위상 즉, 규모, 질적 수준, 관리능력, 주요 프로젝트, 관리범위, 경영현황 등 다양한 척도로 자기진단하는 것을 의미함.

2) 전략목표의 달성 미흡뿐 아니라 각종 목표 지표상의 상이점 발생 등의 문제점을 의미함.

3) 전략목표 및 내용 수정, 경영자원의 추가 투입 등을 의미함.

8.3 CM 산업의 내부환경 분석

CM의 내부환경은 두 가지 측면에서 분석할 수 있다. 즉, 첫 번째는 기업특성 또는 경영조직의 역량 측면에서, 두 번째는 국내 시장 측면에서 분석할 수 있으며, 특히 국내 건설산업 내에서 CM의 역사를 면밀히 살펴볼 필요가 있다. 참고로 국내 CM의 역사와 현황, 그리고 그 특징은 1장 및 2장에서 살펴본 바 있으나 본 장에서는 발전전략 측면에서 다시 한번 살펴보고자 한다.

8.3.1 국내 CM 발주의 역사

1980년대 초 해외건설 공사에 참여하고 있는 건설기업을 중심으로 언급되기 시작하던 CM이 제도적으로 국내에 도입된 1996년(건설산업기본법) 이래로 10년이 흘렀다. 도입 초기에 발주자[4] 입장에서 보면 CM의 의미는 물론 CM 기업이 어떤 서비스를 제공하는지, CM 방식으로 발주하는 경우에는 어떻게 대가를 지불해야 하는지 그리고 어떤 효과가 있는지 등 여러 가지 측면에서 혼선이 있어 왔다.

그러나 CM 세부 시행근거(건설기술관리법 개정, 2000년), CM 대가기준(건설교통부 고시 제2001-220호), CM 업무지침(건관 제58824-656호) 등에 비해 미비한 제도가 보완되었으며 CM 용역계약내용 유지관리업무 위탁기관으로 한국CM 협회 지정(건설교통부고시 제 2001-230호), CM 능력평가 공시제도 도입(건설산업기본법) 등의 제도적 기반이 구축되고 2002년 7월부터 CM 용역의 시범발주가 시작되어 오늘에 이르고 있다.

참고로 제도적 장치가 마련되시 않았던 2002년 이전에는 일부 민간 발주자들이 사업수행 대리인의 차원에서 CM 발주를 한 일부 사례를 찾아볼 수 있으나 공공사업의 경우 발주건수와 금액은 매우 미미하였다. 특히, 공공사업의 CM 발주는 고도의 사업관리기능을 필요로 하는 원자력 발전소를 필두로 고속철도와 인천국제공항, 그리고 월드컵 관련 시설을 중심으로 이루어졌다(표 8-1 참조).

---

4) 여기서 발주자라 함은 주로 공공발주자인 조달청, 정부투자기관(대한주택공사, 한국도로공사 등) 등을 의미하며, 일부 민간기관의 발주자를 포함한다.

2002년 이후에는 공공공사를 중심으로 CM 발주가 증가하게 되어 건설산업 내에서 하나의 시장으로 형성되었으며, 이에 편승하여 CM 용역을 수행하는 업체 수도 꾸준히 증가 추세에 있다. 그러나 선진국 특히, 미국과 비교할 때 업체 수, 시장규모, 프로젝트의 종류, 대가 수준, 용역 형태[5] 등의 측면에서 아직 많은 차이를 보이고 있다.

8.3.2 국내 CM 업체의 현황

(1) CM 용역업체 등록 현황

CM 협회 공시자료에 의하면 2005년도 현재 CM 용역업체로 등록한 업체 수는 84개사이며, 표 8-1과 같이 건설업체 14개사, 건설관련 용역업체(설계사무소, 감리업체, 엔지니어링업체 등) 69개사 그리고 외국 CM 전문업체 1개사로 구성되어 있다.

참고로 등록된 업체 수는 84개사이지만 CM 용역 실적이 있는 업체는 51개사, 그리고 CM 용역 유사실적을 포함하더라도 57개사 정도가 CM 관련 실적이 있는 것으로 분석되었다. 남은 26개사는 CM 용역업체로 등록은 하였지만 CM 관련 실적은 전무하고 각 기업의 주요 사업실적(건설, 설계, 엔지니어링, 감리 등)만 있다. 즉, 이들 업체는 향후 CM 용역 가능성에 대비하여 용역업체로 CM 협회에 등록하였으나 아직 CM 용역을 수행한 사례가 없으며, 각 기업의 주요 사업인 건설공사, 건축설계, 엔지니어링, 감리 등에 집중하고 있는 상황이다. 이러한 것들을 감안할 때 84개사의 등록업체 중 실질적인 CM 용역업무를 수행하는 업체는 51개사로 볼 수 있다.

표 8-1 CM 용역업체 등록 현황(자료:한국CM협회)

업체 구분	2006. 12	2005. 12	2004. 12	2003. 12
건 설 업 체	33	34	33	32
건설용역업체	113	104	96	88
외 국 업 체	2	2	2	1
총 계	148	140	131	121

※외국업체 중 보비스는 2003년에 등록, 파슨스는 2004년에 등록.

5) 용역형태는 크게 CM at Risk, CM for Fee로 구분됨.

이 중에서 표 8-2 및 그림 8-3과 같이 CM 용역실적이 10억원 미만인 기업은 8개사, 10~50억 미만 27개사, 50~100억 미만 9개사, 그리고 100억 이상인 기업은 7개사로 파악되었다. 이 중에서 CM 전문회사로 볼 수 있는 기업은 11개사이며, 그 중에서도 50억 이상의 CM 실적을 갖고 있는 업체는 6개사 정도로 볼 수 있다. 즉, 국내에서 CM 용역을 수행하는 대부분의 회사는 CM 용역 중심이기 보다 건설, 설계, 엔지니어링 또는 감리를 중심으로 사업을 수행하고 있으면서 CM 용역을 겸하고 있다. 그 결과 해당 업체의 핵심 사업보다 CM 용역 실적이 상대적으로 낮은 것으로 파악되었다. 실제 100억 이상의 CM 실적을 갖고 있는 업체 중 건설사(2개사)와 감리사(1개사)가 포함되어 있으나, 이들 기업도 각기 건설 및 감리분야의 실적이 압도적으로 높은 것으로 분석되었다.

표 8-2 업체별 CM 용역실적 분석

구 분	CM전문회사	건설사	설계사무소	엔지니어링사	감리사	합 계
10억 미만	1	0	3	2	2	8
10~50억	4	5	12	2	4	27
50~100억	2	3	1	2	1	9
100억 이상	4	2	0	0	1	7
합 계	11	10	16	6	8	51

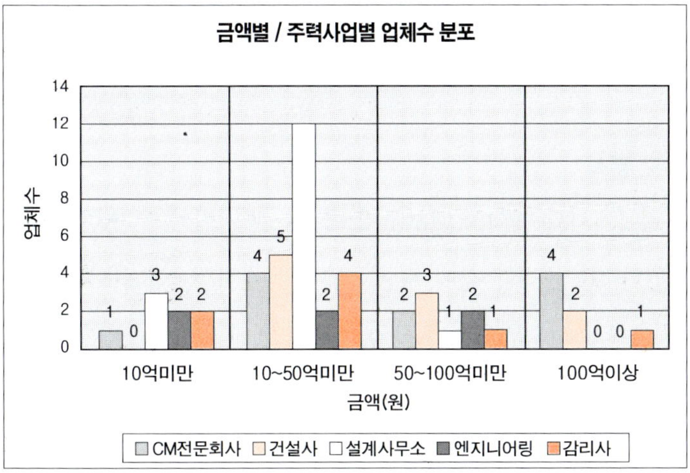

그림 8-3 업체별 CM 용역 실적 그래프 분석

(2) CM 업체의 조직 및 경영 현황 조사

앞에서 분석한 것과 같이 2005년 현재 CM 용역업체 수가 84개로 확인되고 있지만 대부분 업체들의 CM 용역 수주 실적은 그리 많지 않으며 상위 10여개 업체가 대부분의 공공 CM 용역뿐 아니라 민간 용역도 독점하고 있는 실정이다. 또한 극히 일부 업체를 제외하고 대부분의 실적이 감리관련 실적이며 CM 실적의 비율은 그다지 높지 않다. 특히, 일부 업체들은 민간이 발주한 공사의 책임 또는 일반감리 성격의 용역에 CM의 의미[6]를 나타내는 문구를 계약명(契約名)에 넣음으로써 CM 실적으로 인정 받는 경우가 있기 때문에 실질적인 CM 용역 실적으로 보기 어렵다.

이러한 상황에서 CM 업체 전체를 대상으로 조직 및 경영현황을 조사하는 것은 오히려 국내 CM 업체의 조직 및 경영 현황을 하향 평준화하는 경향이 있다. 즉, 편차가 매우 심한 기업간의 조사자료는 전체 평균을 떨어뜨리므로 이 경우 상위, 중위, 하위 그룹(Group) 등으로 구분하여 조사하는 것이 바람직하다. 그러나 본 원고에서는 설문조사 회수의 문제를 예측하여 상위 30개 업체를 대상으로 설문조사를 실시하였으며, 이 중 회수된 상위 9개사의 내용을 바탕으로 CM업체의 조직 및 경영현황을 분석해 보았으며 그 결과는 다음과 같다.

그러나 경영현황의 기초자료인 성장성, 안정성, 수익성 관련 자료는 각 기업에서 공개하지 않아 분석에 포함하지 못했다.

CM 업체 규모 분석

응답한 기업 중 1개사를 제외한 대부분이 서울소재 기업이며, 15년 이내의 社歷을 가진 것으로 확인되었다. 표 8-3과 같이 평균 자본금은 131억, 연매출액은 388억원 그리고 392명의 종업원으로 조사되었으며, E사의 경우에만 매출액과 종업원 수의 대부분이 CM 용역에 관련되어 있다. 그리고 F, H사의 경우에는 설계용역이 주된 사업이므로 매출액과

6) 건설사업관리 또는 사업관리, 영어로 Construction Management 또는 Project Management 등의 용어를 계약명에 넣음으로써 사업관리 실적으로 인정받고 있는 실정임.

종업원 수의 상당 부분이 설계에 관련되어 있으며, 그 밖의 업체들은 매출액과 종업원의 상당 부분이 감리업에 해당하는 것을 확인하였다.

이러한 경향은 E사를 제외하고 대부분의 업체들이 CM 용역에 의존해서 기업을 경영하기에는 어려움이 있는 것으로 보고 주력 업종으로 설계 또는 감리업을 수행하면서 CM 용역을 병행하는 것으로 판단된다.

표 8-3 CM 업체 규모(자본금, 종업원수, 연매출, 2006)

구 분	자본금 (억원)	종업원수 (명)	연매출 (억원)
A사	25	360	222
B사	20	690	932
C사	10	420	450
D사	28	489	419
E사	10	352	321
F사	7	393	450
G사	7	252	150
H사	5	230	250
I사	6.2	345	300
평균	**13.1**	**392**	**388**

인적 구성

• 직종별 구성

표 8 4와 그림 8-4에서 보는 것과 같이 설문조사에서 응답한 업체의 인적 구성을 보면 관리직이 평균 13.7%(53명)를 차지하고 있으며, 나머지 86.3%(336명)는 기술직에 해당한다. 기술직 중에서도 건축직의 비율이 전체의 50.6%로 압도적으로 높은 비율을 차지하고 있다. 각 기업별로 보아도 엔지니어링 회사인 B사를 제외하고 대부분의 기업에서 건축직의 비율이 높은 것으로 확인되고 있다. 이것은 대부분의 CM 용역을 수행하는 업체들이 건축 중심의 프로젝트를 수행하고 있다는 것으로 확인된다.

F사와 H사의 경우 다른 업체와 비교하여 건축직의 비율이 더 높은 것은 설계전문회사이면서 CM 용역을 수행하기 때문이다. 즉, 건축직의 대부분이 CM 용역보다 건축설계에 참여하고 있는 것으로 판단된다. 한편, F사의 경우 관리직의 비율이 다른 기업과 비교하여 높은 것으로 나타나는데 그 이유는 건설관련 용역 이외의 업무(출판업)에 참여하는 직원이 다수 있기 때문인 것으로 판단된다.

표 8-4 CM 사별 인적 구성 현황

(단위:명)

구 분	관리직	기술직						합 계
		건축	토목	기계	전기	조경	기타(통신,소방)	
A사	34	190	45	50	27	4	10	360
B사	70	224	227	10	42	54	12	639
C사	60	190	70	30	40	10	20	420
D사	44	260	58	72	35	7	34	510
E사	53	196	32	37	34	0	0	352
F사	104	234	12	19	22	2	0	393
G사	21	114	26	37	26	4	24	252
H사	15	200	3	5	8	3	0	234
I사	78	167	31	43	23	2	1	345
평 균	**53**	**197**	**56**	**34**	**29**	**10**	**11**	**389**

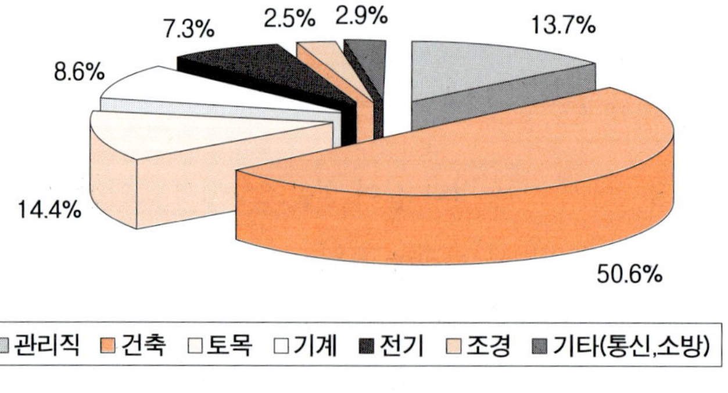

그림 8-4 CM 업체 평균 인적 구성 비율

• 기술자격별 구성

표 8-5와 그림 8-5에서 보는 것과 같이 평균적으로 기술자 중에서 기술사 27.7%(82명), PMP(Project Management Professional) 3.7%(11명), 기사 68.6%(203명)으로 조사되었다. 설계업을 주력 업종으로 하는 F, H사를 제외하고 CM 용역, 감리용역, 엔지니어링을 주력 업종으로 하는 나머지 업체들은 기술사의 비중이 비교적 높은 것으로 확인되었다. 특히, 국내 CM 용역의 상당 부분을 수행하고 있는 C사, E사, I사의 경우 기술사의 비율이 상대적으로 높은 것으로 확인되었으며, I사의 경우에는 PMP의 비율이 높은 것이 특징적이다.

표 8-5 기술자격자 구성 현황 (단위:명)

구 분	기술사	PMP	기사
A사	61	2	151
B사	117	0	481
C사	140	4	170
D사	67	0	220
E사	140	10	300
F사	31	8	76
G사	55	2	125
H사	30	1	180
I사	96	72	121
평 균	82	11	203

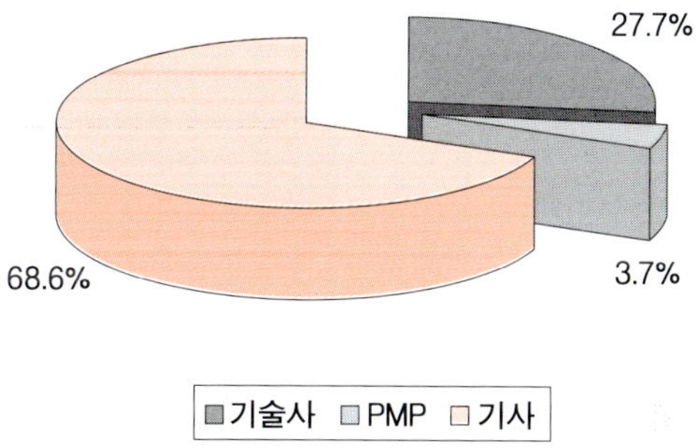

그림 8-5 CM 업체 평균 기술자격자 구성 비율

수주 현황

• 계약방식별 현황

이미 앞에서 분석된 것과 같이 국내 CM 용역업을 수행하는 업체들의 대부분이 주력 사업이 CM 용역 보다는 감리 또는 설계 등의 용역이며, CM 용역은 사업의 한 부분이라는 것을 2005년 실적을 기준[7]으로 조사된 표 8-6과 그림 8-6에서 확인할 수 있다. CM 용역 건수(14건, 41%)와 계약금액(약 98억, 34%)에서 볼 때 모두 감리용역과 대비하여 작은 것으로 나타났다.

7) 2006년 실적은 일부 업체들의 상반기 실적에 대하여 회신하였으나, 과반 수 이상의 업체들이 미집계를 이유로 회신하지 않아서 본 분석에서 제외함.

표 8-6 계약방식별 현황(2005년)

구 분	용역별 현장 수		계약 금액(백만원)	
	CM	감리	CM	감리
A사	0	15	0	21,866
B사	2	16	3,651	8,832
C사	4	17	8,300	30,500
D사	2	44	1,004	40,133
E사	109	8	65,000	8,000
F사	0	5	0	3,500
G사	1	42	800	27,200
H사	1	20	500	8,000
I사	6	11	9,327	20,691
평 균	14	20	9,842	18,747

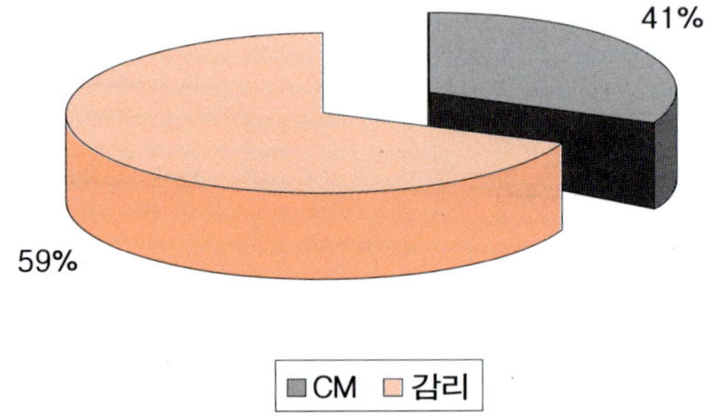

그림 8-6 평균 계약방식별 현황

다만, CM 전문업체인 E사의 경우 현장 수와 계약금액에서 CM 분야가 압도적으로 높은 것으로 나타났으며, 설계전문업체인 F, H사를 포함해서 대부분 업체들의 경우 CM보다는 감리용역의 비율이 상대적으로 높다. 2005년 기준으로 볼 때 E사를 제외한 CM 실적이 매우 저조한 것으로 파악되었다.

• **사업종류별 현황**

사업종류별 현황에 대한 설문조사 결과 표 8-7 및 그림 8-7 같이 국내 CM 업체들의 대부분이 건축시설의 실적이 압도적으로 많고 극히 일부 토목시설, 플랜트 등의 실적이 있는 것으로 확인되었다. B사의 경우 엔지니어링 전문회사임에도 불구하고 건축분야의 용역이 많고 일부 토목분야의 감리용역이 있는 것으로 확인되었다. 그리고 D사의 경우에도 토목분야의 실적이 일부 있지만 CM 용역이 아닌 감리용역으로 확인되었다.

표 8-7 사업종류별 현황(2005년)

구 분	현장 수				계약 금액(백만원)			
	건축	토목시설	플랜트	기타	건축	토목시설	플랜트	기타
A사	15				21,866			
B사	15	3			8,531	3,952		
C사	21		1		38,900			
D사	43	3		4	40,352	785		339
E사	110	2	5		65,000	6,000	2,000	
F사	5				3,500			
G사	43				28,000			
H사	21				85			
I사	17				30,018			
평 균	32	1	1	0	26,250	1,193	222	38

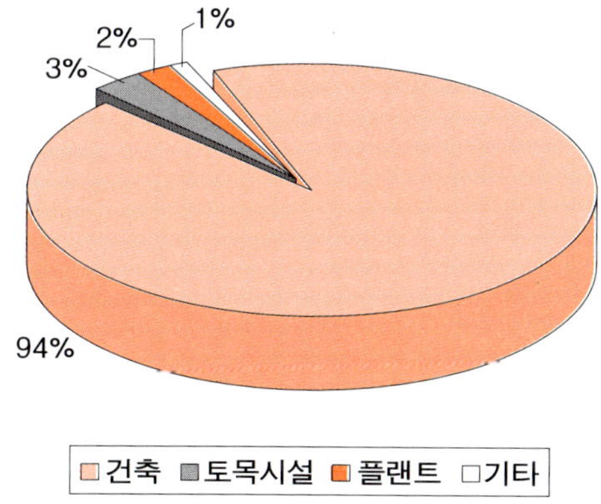

그림 8-7 CM 업체 평균 사업종류별 현황(2005년)

이러한 분석으로 볼 때 상위권에 속하는 국내 CM 용역업체들은 건축 중심의 용역이 많으며, 산업설비 및 플랜트, 토목시설 등을 대상으로 한 CM 용역은 거의 없는 것으로 분석되었다. 이러한 내용은 선진 외국의 CM 용역업체들의 상당수가 엔지니어링 능력을 가지고 산업설비 및 플랜트 뿐 아니라 토목시설의 실적을 많이 가지고 있는 것과 대조된다.

• **발주방식에 따른 업체별 용역 현황**

발주방식에 따른 용역계약 현황 파악을 위한 설문에는 6개사만 응답하여 이들 업체들을 대상으로 표 8-8 및 그림 8-8, 8-9와 같이 정리하였다. 2005년 실적으로 볼 때 주로 설계· 시공분리발주(Design-Bid- Build, DBB) 사업의 CM 용역이 가장 많은 비율을 차지하였고, 다음으로 턴키공사 CM 용역 실적이 높은 것으로 파악되었다. 발주건수로는 민간 및 관공사가 동등하게 평균 12건으로 발주되었지만, 금액으로는 민간공사 발주금액이 관공사보다 2배 이상 많다. 참고로 자료집계의 어려움 때문인지 이 부분에 대한 업체들의 응답내용이 부족하여 보다 정확한 통계를 파악할 수 없었다. 특히, 설계사와 엔지니어링사는 이 분야의 설문에 1개사도 응답하지 않았다.

표 8-8 발주방식에 따른 용역 현황(2005년)

구분	현장 수						계약 금액					
	발주방식에 따른 구분				발주자 구분		발주방식에 따른 구분				발주자 구분	
	Turn-key	DBB	BTL	기타(감리/CM)	민간공사	관공사	Turn-key	DBB	BTL	기타(감리/CM)	민간공사	관공사
A사	2	13	-	-	7	8	1,005	20,861	-	-	16,513	5,353
C사	1	20	-	-	16	5	2,000	36,900	-	-	22,700	16,200
D사	-	-	-	46	19	27	-	-	-	41,137	18,140	22,998
E사	6	111	-	-	-	-	25,000	48,000	-	-	-	-
G사	3	39	1	-	23	20	5,000	21,200	1,800	-	12,700	15,300
I사	2	2	-	1	8	9	1,491	7,660	-	176	23,085	6,933
평균	2	31	0.1	8	12	12	5,749	22,437	300	6,886	26,356	12,464

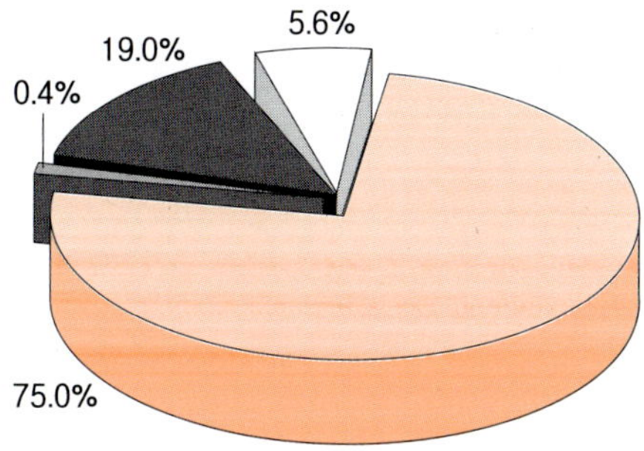

그림 8-8 발주건수에 의한 용역 비율

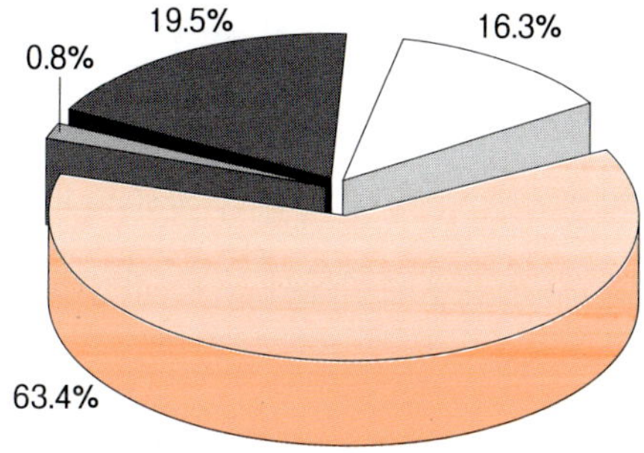

그림 8-9 발주금액에 의한 용역 비율

특히, 표 8-6과 그림 8-6에서 확인된 것과 같이 2005년도 기준 감리용역 현장 수와 계약금액에 대한 설문에는 응답했음에도 불구하고, 발주방식에 따른 설문에는 자료 집계의 어려움 때문인지 응답하지 않거나 다른 데이터를 제시한 것을 확인할 수 있다.

지금까지 국내 상위권에 있는 CM 용역업체들을 대상으로 한 설문 내용을 분석한 결과, 국내 CM 업체들의 실적은 극소수의 상위 업체를 제외하고 매우 저조한 것으로 확인되었다. 비록, 본 설문에 응답하지 않은 공기업 투자기업인 H사, K사, 그리고 민간 대형엔지니어링인 T사 이외에도 다수의 기업에 대한 실적이 누락되기는 하였지만 지금까지 확인된 내용으로 볼 때 대부분 감리실적이 많고 민간 또는 공공 CM 용역이 상대적으로 저조할 것으로 추정된다. 그 만큼 우리나라에서 민간 또는 공공발주자들의 CM의 효용성에 대한 인식이 높지 않은 것으로 판단된다.

이 밖에도 CM 용역을 수행하는 선진 외국의 CM 업체들과 비교하여 CM 업무 수행능력, 시장여건 등 여러 가지 측면에서 국내 CM 환경이 성숙하지 못한 것으로 보이며, 그 내용은 다음 절에서 소개한다.

8.3.3 국내 CM 분야의 현황 및 특징 분석

국내 CM 분야는 제도적 장치가 마련되어 있고, 과거와 비교하여 CM 시장이 확대되어 가는 상황이지만 아직까지 ① 발주자 관점에서 그 효용성을 제대로 인식되고 있지 못하고 있으며, ② CM 용역을 수행하는 관점에서는 한정된 서비스를 제공하고 있으며, ③ CM 전문가 양성 측면에서 볼 때 편향된 시각이 있는 것으로 분석되었다.

프로젝트를 대상으로 다양한 계약형태의 CM 발주가 이루어지는 외국의 경우와 달리 국내 CM 발주는 건축 중심의 시장이 형성되고 있다. 또한 여러 형태의 업체들이 CM 용역을 수행업체로 등록하였지만 아직 그 실적이 미미하며, CM 전문가를 육성하는 교육적 측면에서도 우리나라는 대학원에서 건축 중심으로 CM 전문가들이 육성되고 있는 실정이다. 이러한 내용을 중심으로 국내 CM 분야의 현황 및 특징을 살펴보면 다음과 같다.

(1) 국내 CM 시장 규모

국내 CM 발주는 제도적 장치가 본격적으로 작동하기 이전인 2002년까지는 민간을 중심으로 이루어져 왔으나 2003년 이후 공공공사의 CM 발주가 급격히 증가하였다. 즉, 제도적 장치가 마련되고 CM 발주의 장점이 인식되기 시작하면서 공공공사의 CM 발주가 지속적으로 늘어나고 있다. 2004년에는 180건 발주에 금액적으로는 1,585억원으로 증가[8] 하였으며, 아직 정확한 통계는 얻을 수 없지만 2005년도에는 좀 더 개선된 것으로 예측되고 있다.

8) 한국CM협회 발표자료에 의하면 659억원으로 집계되나, 이것은 회원사 신고금액이므로 정확하다 볼 수 없다. 따라서, 한국건설산업연구원 발표 보고서 "국내 용역형 CM/PM 시장 활성화를 위한 개선 방안"의 p.50에서 인용한 김선규교수의 발표자료를 참조하였다.

표 8-9 연도별 CM 발주 현황(이교선 2004) (단위:년, 억원)

구 분		1996~1999	2000	2001	2002	2003	합 계
공공	금액	208.6	0.3	12.7	61.7	594.7	878.0
	건수	8	1	3	8	26	46
민간	금액	56.5	56.5	94.4	513.1	427.8	1,148.3
	건수	8	10	19	60	83	180
합계	금액	265.1	56.8	107.4	574.8	1,022.5	2,026.6
	건수	16	11	22	68	109	226

한편, 건설시장 대비 국내 CM 시장의 규모는 표 8-10과 같이 연도별로 차이는 있지만 전체 건설계약 대비 0.01%~0.17%이며 평균 0.1%를 차지하고 있어서 시장 규모를 논하기가 무색할 정도로 상대적으로 작다. 참고로 2003년도를 기준으로 건설 서비스 시장은 7.4조원 규모가 되며, 이 가운데 설계가 2조원, 엔지니어링이 4.4조원, 그리고 감리시장이 1조원 되는 것으로 볼 때(이복남 외2 2005:48) CM 시장 1,023억은 상대적으로 작은 규모이다.

표 8-10 연도별 건설시장 대비 CM 시장 규모 (단위: 10억원)

구 분	2000	2001	2002	2003	2004	합 계
건설시장규모	47,167.7	49,936.3	60,329.0	85,199.1	93,470.5	419,969.4
CM시장규모	5.7	10.7	57.5	102.3	158.5	334.7
비율(%)	0.01	0.02	0.10	0.12	0.17	0.10

(2) 국내 CM 시장 특징(이교선 2004)

국내 CM 발주 사업은 공공부문의 경우, 공공건물(관공서, 구민회관 등), 택지개발사업, 체육 및 레저시설(테마공원 등)이 주를 이루며, 지방자치단체의 수해복구와 같은 긴급공사가 일부 있다. 민간부문에서는 중상복합 및 아파트, 다중 이용시설(백화점, 극장, 터미널 등), 민간레저시설, 공장 및 병원 등 다양한 시설을 대상으로 CM 발주가 이루어지고 있다.

2003년까지 발주된 국내 CM 용역은 그림 8-10과 같이 대부분 건축시설을 중심으로 이루어져 왔다. 일부 산업설비 및 환경설비 플랜트와 토목시설의 극히 일부에서 CM을 도입한 것 이 외에는 CM 방식에 의한 사업관리가 이루어지지 않고 있다. 그러므로 토목시설 및 국가 발주 플랜트 공사를 수행하는 국내 엔지니어링 및 건설업체들은 CM에 관심을 갖고 있으면서도 CM 용역을 수행하는 조직을 별도로 갖고 있지 않다. 또한, 앞서 확인한 바와 같이 국내의 CM 용역 상위업체들은 건축중심의 용역을 수행하고 있다.

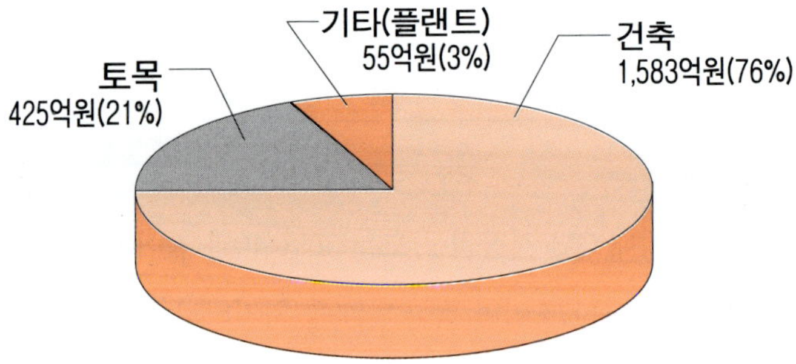

그림 8-10 공사종류별 CM 용역 발주 실적(1996~2003년)

1996년 부터 2003년까지 발주된 CM 실적을 살펴보면 국내 CM 용역은 공사 건당 5억원 미만인 경우가 대다수(65%)를 차지하며, 5~10억원 32건(15%), 10~30억원 28건(13%), 30억원 이상 5건(7%)으로 나타나고 있다. CM 용역의 대가에 대한 부담 때문인지 확실치는 않지만, 아직 국내에서는 비교적 중소형 규모로 CM 용역이 발주되고 있다. 그러나 2004년 이후에는 건당 최고 200억원이 넘는 CM 용역이 발주되는 등 비교적 그 규모가 대형화 되어가는 추세이다.

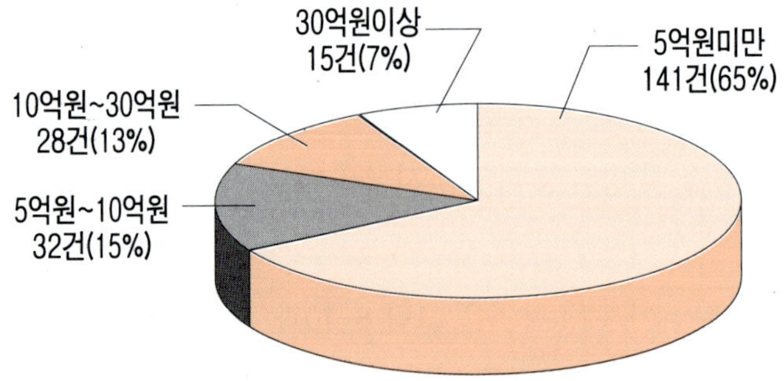

그림 8-11 규모별 CM 용역 발주 실적(1996~2003년)

표 8-9에서 보는 것과 같이 국내 CM 용역 발주는 공공보다 민간 프로젝트에서 더 활성화 되고 있다. 그 이유는 건축의 경우 공공보다 민간 프로젝트가 월등히 큰 시장 규모를 차지하고 있는 현 시점에서 CM 용역은 건축 중심으로 발주되고 있으므로 민간 프로젝트에서의 CM 용역이 더 많은 것은 것으로 판단된다. 이것은 공공 프로젝트의 대다수를 차지하는 SOC 관련 시설에서 CM 용역이 외면당하고 있다는 반증으로 볼 수 있다.

국가적 차원에서 추진하는 대형 프로젝트[9]를 제외하고 각종 사회간접자본 시설 및 플랜트 분야에서는 CM 발주를 외면하는 경향이 있다. 그 이유를 면밀히 살펴보면, 대형 프로젝트의 경우 해당 프로젝트를 관리하는 조직을 자체적으로 가지고 있고 그 조직이 프로젝트 관리능력을 보유하고 있다고 판단하기 때문이다.

예를 들어, 원자력 발전공사의 경우 한국전력기술주식회사, 고속도로공사의 경우 한국도로공사, 인천국제공항 건설공사의 경우 인천국제공항공사 등이 자체적으로 사업관리능력이 있다고 판단하여 CM 발주를 회피하는 경향이 있다. 이 밖에도 고도의 지식을 필요로 하는 플랜트(화공, 환경, 산업설비 등)의 경우에도 별도의 사업관리용역(Project Management and Consulting 이하 PMC)으로 발주하기 보다 EPC(Engineering Procurement Construction) 발주 범위에 포함하는 경우가 많다. 외국의 경우에는 EPC 발주와는 별도로 PMC 발주를 하는 외국의 경우와 비교가 되는 부분이다.

국내의 CM 발주는 대부분 CM for Fee 방식으로 이루어지고 있다. 그 이유를 살펴보면 첫째, CM 방식 채택의 효용성을 따지기보다 제도적 문제점[10]때문이고 둘째, 아직 CM의 효용가치에 상응하는 대가보다는 감리의 연장선상에서 예산을 책정하다 보니(즉, 저예산 책정) CM at Risk로 발주가 어려운 것으로 분석된다. 또한, CM at Risk로 발주하였을 때 사업관리 성과를 측정할 수 있는 분명한 척도와 능력을 발주자가 보유하고 있어야 하는데 아직 국내 발주자들은 그렇치 못한 것으로 판단된다. 반대로, 그러한 능력이 없으면 CM

9) 고속철도, 신공항, 월드컵 경기장, 원자력 발전소 등의 프로젝트. 이와 관련한 내용은 김예상교수 내용 인용할 것.
10) 국가계약체계 및 책임감리제도와 위배되기 때문임. 즉, 국내 CM발주는 책임감리제도의 연장선에서 이루어지기 때문임.

사를 신뢰하여야 하는데 아직 우리나라는 발주자와 수급자 모두 신뢰를 형성하기에는 사회문화와 시스템이 갖추어지고 있지 않은 것으로 판단된다.

그림 8-12와 같이 민간부문의 경우 설계 이전 단계에서 CM 발주가 많으나, 공공부문의 경우 설계단계에서의 CM 발주가 많다. CM 방식에 의한 사업관리의 성과는 설계 이전의 기획단계에서부터 CM사가 참여하였을 때 가장 높으며, 민간 발주자는 CM의 장점을 잘 활용하는 반면 공공 발주자는 그렇지 못한 경향이 있다. 그 이유는 공공의 경우 상당수의 사업이 수요처의 사전 기획에 의거하여 용역이 발주되는 경우가 많기 때문으로 분석된다. 다만, 최근 공공 BTL(Build-Transfer-Lease) 사업의 경우 기획단계부터 CM을 선정하여 사업을 추진하는 경우가 일부 있다.

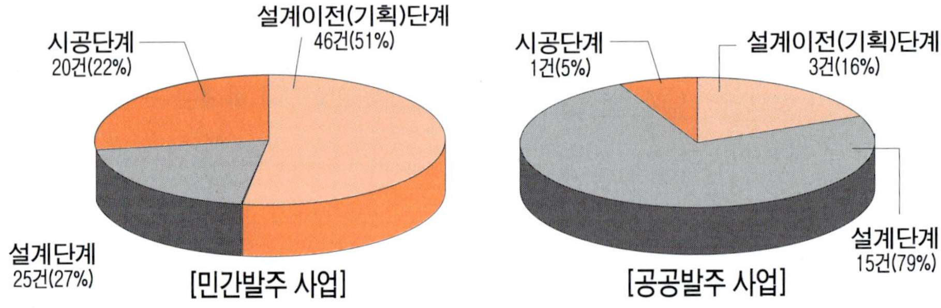

그림 8-12 참여단계별 CM 용역 발주 실적(1996~2003년)

국내의 경우 CM 용역의 과반수 이상을 CM 전문용역업체에서 수행하고 있으며, 감리업체, 설계업체, 엔지니어링업체 등이 각기 고유 사업을 주로 수행하되 부분적으로 CM용역을 수행하고 있다. 이와 같은 사실은 5.2.2절과 위에 열거한 여러 가지 현황을 감안할 때 당연한 귀결로 볼 수 있다. 즉, CM 용역을 수행하는 업체의 규모와 숫자에 비하여 CM 시장이 상대적으로 작으며, 아직 CM의 효용성이 사회적으로 충분히 인식되지 못했기 때문이다. 또한, 제도적으로도 아직 우리나라는 CM이 활성화되기 어려운 상황이다.

2004년 기준으로 볼 때 국내 CM 용역은 10여개의 업체가 공공과 민간 발주의 대부분(90% 이상)을 수주하고 있다(이복남 외 2인 2005:51). 비록 2004년 기준 80개 업체가 CM 용역업체로 등록하였지만 이들 10여개 업체를 제외하고 대부분 업체의 CM 용역 실적이 미미하다는 것을 의미한다.

2003년도까지의 CM 용역 대가를 분석하면 전체 사업비의 3.6% 정도인데 이것은 기존의 감리대가 수준으로 볼 수 있다. 플랜트 프로젝트의 예를 보면 사업관리의 성패는 전체 사업비의 10~20%를 좌지우지하는데 감리대가 수준의 비용을 지불하고 그 성과를 얻는다는 것은 기대하기 어렵다. 외국의 경우 CM 용역 대가의 비율이 전체 사업비의 7~10%를 차지하는 것과 대조적이다. 그 만큼 국내에서는 CM의 효용성을 인정하고 있지 못하고 있으며, 이것은 또한 제도적으로 아직 개선할 것이 많다는 것을 시사하고 있다.

(3) 국내 CM 전문가 양성의 특징

외국의 경우 건축보다는 오히려 토목 및 플랜트를 중심으로 CM의 효용성이 인정되어 이들 관련 학과에서 CM 교육이 이루이지고 있으나, 국내의 경우에는 건축공학 전공을 중심으로 CM 교육이 이루어지고 있다. 더욱이 일부 대학을 제외하면 대부분의 국내 대학[11]의 토목 및 플랜트 관련 학과의 교육과정에서 CM의 필요성을 외면하고 있다. 그 결과 대부분의 CM 전문가는 건축과 출신이며, 여러 엔지니어링 회사에서도 플랜트 현장의 사업관리는 건축과 출신이 맡는 아이러니가 발생하고 있다.

외국의 경우 CM은 EPC(Engineering Procurement Construction)를 중심으로 CM 용역이 수행되고 있으며, 이들이 수행하는 CM의 효용성도 높이 평가받고 있다. 매우 복잡한 구조를 가지고 있는 플랜트 사업은 물론 점점 거대화, 복잡화, 고도화되어 가고 있는 각종 프로젝트에서 CM은 필수적인 기법으로 받아들여지고 있는 반면에 국내에서는 교육과정에서부터 외면당하고 있는 실정이다. 그 결과 국내의 경우 고도의 공학지식(Engineering Knowledge)을 갖추면서도 CM 지식을 쌓은 전문가들이 배출되고 있지 못하다.

11) 여기서 대학이란 대학원을 포함한다.

따라서 국내 CM 용역을 수행하고 있는 많은 업체들이 CM 용역을 선진수준으로 수행할 수 있는 전문가를 필요로 하나 그러한 수준의 전문가를 충분히 확보하지 못하고 있다. 지금까지 대학에서의 교육도 부실하고, 기업에서 수행하는 업무도 기술보다는 기능위주[12)]의 업무를 높이 평가하는 현실에서 선진수준의 사업관리 전문가가 양성되기는 어려웠다. 그러나 최근 선진형 공학교육인증제도의 도입, 기술자격관련 제도의 개선, 선진형 EPC 기업경영 체제 구축 등과 같이 선진 수준의 공학인 양성은 물론, 공학적 사고에 의한 업무수행 환경이 구축되고 있는 것은 고무적이다.

CM은 어디까지나 응용분야의 지식이다. 건설분야의 공학적 지식이 부족한 상태에서 CM 능력을 극대화하기는 어렵다. 만일 건설 공학적 지식이 부족한 상태에서 CM을 수행한다면, 그 또한 CM을 수행하기 위한 기법운영의 기능만을 보유한 것이지 고도의 사업관리 지식을 보유한 것으로 보기 어렵다. 즉, 사업관리 전문가는 건설 공학적 지식을 바탕으로 체계적인 사업관리 지식을 확보하여야 하는데, 국내의 경우에는 공학적 지식도 부족하고 사업관리 지식도 부족한 경우가 태반이다.

8.4 CM의 외부환경 분석 및 국내 CM 시장의 전망

CM의 외부환경은 국내 건설산업 내에서 기업 외적인 환경에서 분석할 수 있다. 그러나 이 부분은 이미 CM의 내부환경 분석에서 어느 정도 다루었으므로 본 절에서는 국제적인 상황을 중심으로 기술하고자 한다. 특히, CM의 선진국인 미국의 CM을 조망한 후 국내 CM과 비교함으로써 우리 CM 업체들의 미래 발전전략을 수립하는 기초자료(Bench Mark)로 활용할 수 있도록 한다.

국내 CM 기업의 미래 발전전략의 수립을 위해서는 국내 업체가 참여할 수 있는 CM 시장이 얼마나 확대될 것인가를 전망해 볼 필요가 있다. 즉, 기업의 경영전략은 기본적으로

12) 국내 건설건설 산업은 기술보다 기능이 중시되는 후진국적 성향을 가지고 있다는 것을 각종 교육, 제도, 사회문화에서 확인할 수 있다. 그러나 최근에 교육, 제도, 기업경영 등에서 기능이 아니라 공학이 중시되는 선진국적 성향을 보이고 있다.

시장과 연동되므로 미래의 시장규모를 전망하고, 이를 근간으로 전략과 조직을 논하여야 한다.

8.4.1 미국의 CM 시장 규모 및 발주 추세

ENR(2005) 발표자료에 의하면 미국 CM 시장의 규모와 발주 추세는 표 8-11 및 그림 8-13과 같다. 1995년 이후 2004년까지 약간의 변동은 있었으나 CM for Fee의 경우 거의 정체 수준에 머무르고 있는 반면에 CM at Risk는 지속적인 증가 추세를 보이고 있다. CM at Risk 발주가 전무한 국내 실정과 비교할 때 매우 대조적인 실적을 보이고 있다.

그림 2-6에 의하면 CM at Risk는 거의 GC(General Contractor, 일반건설업체)와 EC(Engineering Constructor)에 의해 수행되어지고 있는데, 그 이유는 CM 용역의 중요성에 대비하여 리스크(risk) 발생 시 대응능력뿐 아니라 리스크에 의한 손실이 발생하였을 때 이를 감당할 수 있는 능력을 고려한 것이라 사료된다. 이것은 주로 CM 전문업체, 감리전문업체, 설계업체 등에 의해 CM 용역이 수행되는 국내 상황과 큰 차이를 보이는 것이다. 즉, 국내의 경우는 CM에 의한 사업관리가 활성화되지 못하고, CM 대가도 낮은 수준이어서 아직 GC나 EC가 적극적으로 개입하지 못하는 것으로 판단된다.

표 8-11 미국 CM 시장의 규모 및 발주 추세 (단위: 10억달러)

구 분	1995	1996	1997	1998	1999	2000	2001	2002	2003	2004
CM for Fee (%)	5.9	6.3	5.1	7.1	7.2	5.7	5.6	7.8	5.5	6.8
CM at Risk (%)	22.6	25.6	29.7	35.4	38.5	45.8	50.7	47.8	50.9	54.3
합 계	28.5	31.9	34.8	42.5	45.7	51.5	56.3	55.6	56.4	61.1

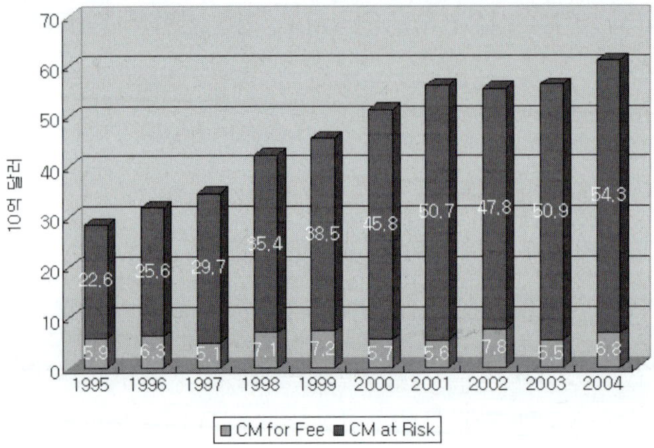

그림 8-13 미국 CM 시장의 발주 추세

미국의 경우 CM 계약 전체실적 중 약 70% 이상을 자국 내에서 수행하고 있으며, 해외 프로젝트에서 약 30% 이내의 실적을 기록하고 있다. 다른 선진국의 기업들과 마찬가지로 미국 기업들은 막강한 엔지니어링 능력과 함께 체계화된 사업관리 시스템을 갖추고, 자국 및 해외시장에서 PMC 용역을 다수 수주하고 있다. 특히, 국제건설 시장에서 플랜트 분야의 경우, 시설의 복잡함은 물론 공기, 성능, 예산 등의 측면에서 사업을 성공적으로 완료하여야 하는 이유 때문에 대부분의 프로젝트에서 PMC 용역을 별도로 체결하는 반면 대부분 프로젝트에서 GC 또는 EC 기업에 모든 책임을 전가하는 실정이다.

건축분야에서 CM 용역은 주로 국내 프로젝트를 대상으로 이루어지고 있으며, 지난 10여 년간 DB(Design-Build, 설계·시공일괄방식) 프로젝트에 대한 CM 용역이 증가되고 있다. 국내의 경우 턴키(Turn-Key) 프로젝트가 이에 해당하는데, 턴키 프로젝트를 CM 방식으로 추진하는 경우는 강원도 알펜시아 프로젝트, 일부 BTL(Build-Transfer-Lease) 프로젝트 등 극히 제한적으로 확인되고 있다.

한편, 미국 CM 시장의 규모는 표 8-12와 같이 연도별로 약간의 차이는 있지만 비교적 일정하게 전체 건설시장 대비 약 6%를 상회하는 것으로 분석되었다. 표 8-10에서와 같이 전체 건설시장의 0.2%도 못 미치는 국내 CM 시장과 비교하면 엄청난 규모로 볼 수 있다.

표 8-12 건설시장 대비 CM 시장의 규모(미국)

(단위: 10억달러)

구 분	1998	1999	2000	2001	2002	2003	합계
건설시장 규모	705	766	828	858	871	915	4,943
CM 시장 규모	42.5	45.7	51.5	56.3	55.6	56.4	308
비 율	6.0%	6.0%	6.2%	6.6%	6.4%	6.2%	6.2%

(자료: 한국건설산업연구원)

이 자료가 의미하는 것을 분석하면 국내 CM 시장은 건설산업에서 그 존재가치도 따지기 어려울 정도로 작다는 것이다. 즉, CM이라는 용어가 수많은 건설관련자들의 입에 회자되지만 정작 시장은 형성되어 있지 못하고 있다는 것을 증명하는 것이다. 그 이유는 제도적인 문제(대가의 불합리, CM 발주 채택의 어려움 등), CM의 효용성에 대한 발주자의 인식저하, 선진수준의 다양한 CM 서비스 제공 부족 등 여러 가지로 찾을 수 있다.

다른 한편으로 미국과 비교하여 전체 건설시장 대비 CM 시장 규모가 상대적으로 작다는 것은 향후 시장의 확대 가능성을 시사한다. 즉, CM이 건설산업에 적극 도입되는 환경이 조성되면 현재보다 적어도 수십 배 이상으로 시장이 확대될 가능성이 있다고 해석할 수 있다.

8.4.2 국내 CM 산업의 외부환경 변화

지금까지 기술한 것처럼 국내 CM 산업은 선진 외국과 비교해볼 때 시장규모, 사업영역, 용역방식, 용역대가, 전문인력 배출 등의 측면에서 아직까지 활성화되지 못하였다고 판단되며 더불어 정부정책 및 제도적인 측면에서도 많은 개선이 필요하다. 역설적이지만 이렇게 많은 문제점들은 향후 발전의 여지가 그 만큼 크다는 것을 의미한다.

특히, 국내 경제 및 사회의 발전으로 인한 다양한 건설서비스의 요구가 대두되고 있고, 선진수준으로 발돋움하고 있는 플랜트 분야의 엔지니어링 및 사업관리 능력 등의 변화는 CM 산업 발전의 계기가 될 것으로 확신한다. 아울러 BTL, BOT, BTO, BST(Build-Sale-

Transfer)[13], BTD(Build-Transfer-Develop)[14], DB(또는 Turn-key) 등 다양한 건설상품이 활성화되어 가고 있는 시점에서 CM의 필요성은 더욱 부각되고 있다.

이러한 관점에서 국내 CM 산업의 환경변화를 살펴보면 다음과 같다.[15]

(1) 건설산업구조의 변화에 따른 영향[16]

「건설산업기본법」의 근간을 이루는 건설업자의 겸업 및 영업범위 제한의 폐지 즉, 일반건설업과 전문건설업간의 겸업제한이 폐지될 경우 하도급자의 지위에 있던 전문건설업체들도 일반건설업체와 공동으로 도급에 참여할 수 있도록 제도를 개선하는 것이다.[17] 일반건설업체의 입장에서는 1) 자금력과 기술력을 바탕으로 사업의 위험부담을 관리하는 것과 2) 전반적인 공사수행을 위한 계획, 조정 및 관리업무를 맡는 것이 주된 역할이다. 이는 사실상 계약을 통한 위험부담을 제외한다면 시공단계의 CM 업무와 매우 유사하다고 볼 수 있다.[18]

이렇게 제도가 개선되어 건설업역이 재편될 경우 건설사업은 공종별로 분리 발주되는 경우가 늘어날 것이며, 발주자의 입장에서는 이를 통합적으로 관리할 수 있는 CM 방식의 발주가 늘어날 것으로 기대된다. 결국, 이러한 경향은 자연스럽게 CM at Risk 시장을 비롯한 보다 확장된 영역(개발사업, 민자유치사업 등)으로 업체의 주력분야가 전환될 것이

13) 지주(地主)가 토지를 제공하며 민간사업자는 SPC(Special Purpose Company)를 설립하여 해당 토지를 개발(시공-분양-인도)하는 과정에서 얻는 수익 중 지주에게 제시한 토지비를 제공하는 형태의 사업으로 지주는 SPC의 일원이 될 수 있다. 참고로 개발은 분양-시공-인도(SBT: Sale-Build-Transfer)의 형태가 될 수도 있으며, 주택공사와 SK건설 컨소시엄이 수행하는 아산배방지구 개발 프로젝트가 이에 해당한다.

14) 기존 시설의 개선을 위하여 새로운 위치에 각종 시설을 건설(Build)한 후 발주자에게 넘겨(Transfer)주고 기존 시설이 있는 토지를 개발(Develop)하여 사업비(공사비, 금융비, 경상비, 이익 등)를 회수하는 방식으로 인천대학교 이전 사업이 이에 해당한다.

15) 여기에 열거된 내용의 많은 부분은 "국내 용역형 CM/PM 시장 활성화를 위한 개선 방안"(이복남 외2 2005), pp.52~57의 내용을 편집 인용한 것임.

16) "건설업 업역구조 개편방안에 관한 연구"(권오현 2005), pp.87~89의 내용과 "건설제도/정책변화가 건설산업구조에 미치는 영향"(이상호 외2 2004), pp.87-96의 내용을 요약한 것을 재인용한 것임.

17) 건교부는 일반·전문건설업간 겸업제한제도를 폐지하고, 하수급인과 건설 근로자에 대한 보호를 강화하는 등 건설산업의 경쟁력 강화와 건전한 발전에 필요한 제도적 기반을 구축하기 위한 「건설산업기본법」 개정안을 입법 예고(7.25 관보 게재)하였음. 입법 예고를 통한 추가적인 의견수렴과 규제심사 등 정부의 입법과정을 거쳐 2006년 10월 중 국회 제출할 예정이며, 개정될 경우 내년에 시행령, 시행규칙 등의 하위 규정을 정비해 빠르면 2008년경부터 시행할 수 있음.

18) "국내 용역형 CM/PM 시장 활성화를 위한 개선 방안"(이복남 외2 2005), p.54에서 "건설사업관리제도의 파급효과"(이복남 외3 2002), pp.31~34의 내용을 인용한 것을 재인용한 것임.

며, 관련 시장의 활성화도 기대된다. 또한, 지금까지 일반건설업체가 관심을 갖지 않았던 용역형 CM 시장에 상당수가 참여할 것으로 기대된다.

(2) 국가계약 제도의 변화

2006년 1월부터 시행된 「지방계약법」 즉, "지방자치단체를 당사자로 하는 계약에 관한 법률"에 민간건설업자에게 건설사업관리 업무 즉, CM 업무를 위탁할 수 있는 근거규정이 마련되어 있다. 이 경우 지자체는 발주물량의 증가에 반하여 이를 관리할 전문인력이 절대 부족하므로 CM 용역으로 이를 대체하려는 경향이 높아지고 있다. 더욱이 공공시설의 시공단계에서 감리를 활용해야 하는데 기존의 시공감리(책임감리) 대가에 일부 추가요율[19]만을 더하면 「건기법」에 의한 CM 방식을 적용하는 것이 유리하다는 판단이 많은 것으로 조사되었다.

이러한 상황으로 비추어 볼 때 지자체는 CM 서비스를 활용한 사업추진을 더욱 선호할 것이며, 최근에는 BTL, BOT, BTO, BST, BTD 등의 민자유치사업뿐 아니라 DB, DBB(Design-Bid-Build) 사업에서도 CM 용역에 의한 사업수행이 빈번한 것으로 확인되고 있다. 특히, 사업범위의 모호성, 제안된 예산 대비 설계/시공 품질의 모호성, 유지관리의 불확실성 등의 이유로 인하여 BTL 사업 초기단계부터 CM 업체를 선정하여 이러한 불확실성에 사전 대처하려는 경향이 높아지고 있다. 이러한 경향은 BOT, BTO, BST, BTD 등 다양한 형태의 민자유치사업에서도 나타나고 있다.

(3) 중앙정부 및 지방자치단체의 계획된 사업

현재 중앙정부와 지방자치단체가 계획하는 각종 사업은 장기적으로 다양하게 수립되어 있는 실정이다. 대표적으로 행정중심 복합도시, 지역별 혁신도시, 미군기지 이전사업 등이 있으며, 이 외에도 이들 공공계획과 맞물려 지자체의 대규모 도시개발사업들이 다수 있다. 특히, 행정중심 복합도시와 미군기지 이전사업은 종합사업관리(Program Management)가 도입되어야 할 만큼 대형 사업이므로 CM 시장에 상당한 영향을 줄 것으로 판단된다.

19) 설계감리(기본 및 실시) 대가와 CM 전문업무 요율을 의미하는 것으로 기존의 책임감리대가 대비 15~20% 정도의 수준에 지나지 않는다.

이러한 대형 사업은 그 동안 CM 시장에 무관심하던 대기업이 관심을 가질 만큼 상징적인 의미가 있다.

(4) 해외 건설사업의 활성화

과거에 기술 및 관리능력이 부족하여 고전을 면치 못했던 해외 건설사업이 국내 건설기업의 EPC[20] 능력향상, 고유가에 따른 화공(석유제품 포함) 관련 플랜트 시장의 활황, 전세계적인 초고층 건설경쟁 등의 요인에 의해 시장참여 기회가 확대되고 있다. 특히, 과거 국내 기능인력 중심의 건설생산체계에서 인력조달 비용(인건비 및 체제비 등)의 상승으로 인하여 제3국 인력뿐 아니라 현지 전문건설업체를 활용한 생산방식으로의 변화는 고도한 사업관리능력을 필요로 한다.

국내 산업의 고도화와 IT기술의 발전과 더불어 국내 엔지니어들의 근면성 및 창의성은 우리 건설기업의 사업관리능력을 빠르게 향상시켜 왔으며, 이제는 선진 수준으로 발돋움하고 있는 것을 다수의 해외 건설사업에서 확인할 수 있다.

따라서 우리나라가 경쟁력을 갖고 있는 초고층 빌딩, 석유화학 관련 플랜트, LNG 플랜트, 담수화 플랜트 등 여러 분야에서 사업관리 용역의 참여가 기대된다. 물론 해외 플랜트 프로젝트에서 사업관리의 대부분은 원천설계기술을 확보한 업체(licensor) 또는 외국의 대형 EPC 업체가 수행하고 있지만, 그들의 인건비가 높은 관계로 발주자의 입장에서는 비용부담이 큰 것으로 확인되었다. 만일, 국내 EPC 기업이 해당 플랜트 프로젝트의 성능에 대한 보증[21]을 할 수 있다면 상대적으로 낮은 인건비와 반면 근면성 및 창의성이 높은 장점을 지낸 우리기업의 CM 시장에 대한 적극적인 참여가 기대된다. 또한, 국내의 대규모 주거 및 산업단지 개발 경험뿐 아니라 다양한 민자유치사업 경험을 바탕으로 우리나라보다 저개발된 국가에서의 CM 시장 참여가 기대된다.

---

20) 플랜트 분야에서는 원천적인 설계기술(license)을 확보하지 못하고 있으나, 일부 대기업의 경우 전반적인 EPC능력은 선진수준에 다다른 것으로 분석되고 있음.

21) 즉, 그 동안의 실적을 가지고 발주자를 설득할 수 있어야 하며, 해당 플랜트의 성공적 준공을 보증(공기, 성능, 품질 등에 대한 보증 포함)할 수 있어야 함.

8.4.3 국내 CM 시장의 전망

현재와 같이 선진국 대비 제도가 미비하고 CM의 효용성[22]이 정상적으로 인정받지 못하는 환경에서 CM 시장을 전망하기는 매우 어렵다. 그러한 이유로 지금까지 국내 CM 시장을 정량적으로 전망한 연구문헌들이 거의 없고, 건설산업의 발전과 더불어 CM 시장이 확대될 것이라는 추세적인 전망만이 있을 뿐이다. 특히, 앞에서 긍정적으로 다룬 "CM 산업에서 환경변화의 속도가 얼마나 가속적으로 나타나는가?"에 따라 CM 시장이 크게 달라질 것이다. 따라서 이러한 상황을 모두 가정하여 CM 시장을 전망하는 것은 많은 시간과 노력이 필요로 한다. 다만, 한국건설산업연구원에서 발표한 문헌(이복남 외 2인 2005)에서 국내 용역형 CM 시장을 전망한 내용을 인용하면 다음과 같다.

미국의 용역형 CM 시장(CM for Fee)은 공공부문에 제도가 도입된 후 20년 동안 성장하여 현재는 당해 연도의 경기에 따라 변동은 있지만, 약 50억 달러에서 80억 달러 사이의 성숙기를 지나 안정된 절대 물량의 시장을 가지고 있는 것으로 분석되었다.

결국, 국내의 용역형 CM 시장이 만약 활성화된다면 미국의 용역형 CM 시장과 같이 성숙기를 거쳐 안정기를 가지면서 현행의 감리시장과 같이 절대 물량을 가질 가능성이 충분하다는 결론을 얻었다(그림 8-14 참조).

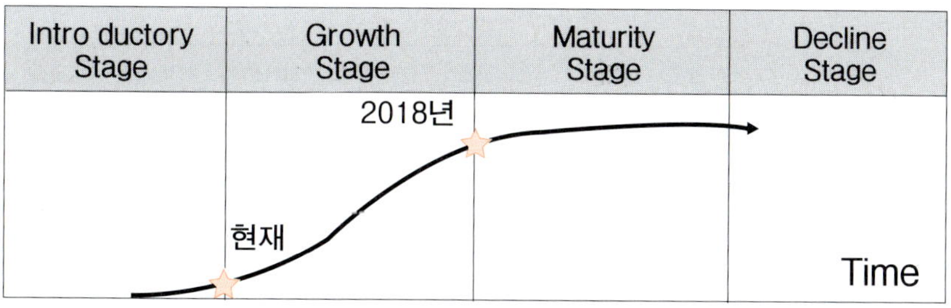

그림 8-14 국내 용역형 CM 시장의 성장곡선의 개념[23]

22) CM의 효용성은 CM at Risk에서 가장 극대화된다는 것을 선진 외국의 경우에서 확인할 수 있으나 국내의 경우 제도적 문제로 인하여 용역형 CM(CM for Fee)으로만 발주되고 있다.

23) "이복남 외 2, 국내 용역형 CM/PM 시장 활성화를 위한 개선 방안, 한국건설산업연구원, 2005".

구체적으로 2008년에는 약 3,000억원대의 시장이 그리고 2012년에는 약 6,700억원대의 시장이 형성될 것으로 판단된다. 그리고 향후 전망되는 국내 건설산업의 각종 변화 즉, 건설산업 구조 개편, 「지방계약법」, 민간투자사업 활성화, 각종 정부사업 계획 등을 보았을 때 용역형 CM 시장은 현재보다 크게 성장될 것이라는 근거를 제공해주고 있다.

이러한 각종 분석을 통해 최종적으로 국내 건설시장이 활성화된다고 가정하였을 경우 그림 8-15와 같이 2018년 정도에 약 2조원 규모의 시장이 형성될 수 있다고 판단하였으며, 그 이후부터 감리시장과의 관계에 따라 물량의 변동은 있을 수 있으나 2조에서 3조원 시장을 상당 기간 동안 확보할 수 있다고 예상하였다. 물론, 이러한 전망에는 현재 관련된 제도개선 및 기타 환경이 변화된다는 전제조건과 달성 기간 역시 국내 상황에 따라 다소 변동이 있을 수 있다는 가정이 포함되어 있다.[24]

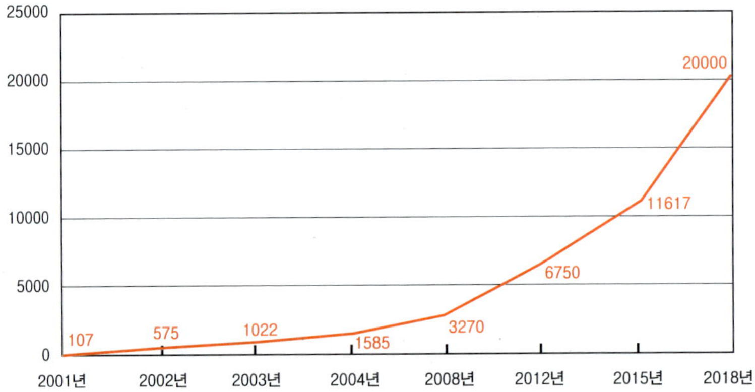

그림 8-15 국내 용역형 CM 시장의 장기전망(2005~2018년)[25]

지금까지 한국건설산업연구원의 보고서를 인용하여 국내 CM 시장을 전망하였으나 현재 수준에서는 실현가능한 전망으로 판단하기에는 어렵다. 즉, 보고서에서도 언급한 것처럼 CM 관련 제도와 환경이 우호적으로 개선된 경우를 전제로 한 것이다. 제도적으로는 일정금액 이상의 예산이 투입되는 SOC 시설을 비롯하여 다양한 공공시설에서 용역형 CM이

24) 지금까지 CM 시장의 전망과 관련하여 인용된 내용(그림 14, 15 포함)은 원문(이복남 외 2인 2005)을 본 원고의 문맥에 맞추어 일부 편집한 것으로 원문에는 보다 상세한 내용이 기술되어 있음.

25) "이복남 외 2인, 국내 용역형 CM/PM 시장 활성화를 위한 개선 방안, 한국건설산업연구원, 2005".

미국 수준에서 발주되어야 하며[26], 용역 대가의 수준도 현실화되어야 한다. 환경적으로는 CM의 효용성이 인정되어 민간부문에서도 용역형 CM이 다수 발주되어야 하며, CM 업체들의 업무수행능력도 강화되어야 한다. 마지막으로 CM at Risk가 적용되는 수준으로 제도가 획기적으로 개선된다면, CM 시장은 더욱 확대될 것이다.

8.5 CM 기업의 발전전략

지금까지 CM의 내·외부 환경분석과 국내 CM 시장의 전망에 대하여 고찰하였다. 내부 환경분석에서는 국내 CM 업체 현황, CM 시장의 특징, 제도적 문제점, CM 전문가 양성의 특징 등을 고찰하였다. 외부환경 분석에서는 국내 CM 산업의 벤치마크(bench mark) 대상이 되는 미국의 CM 시장 규모 및 발주 추세와 함께 국내 CM 산업을 전망하였다.

앞서 다룬 것처럼 CM 기업의 미래 발전전략은 각 기업의 경영이념 설정, 내·외부 환경 분석, 기본 전략목표 설정 그리고 단계별 목표 및 전략 수립[27]하는 절차로 수행된다. 또한 전략의 수립은 해당 산업에 미치는 긍정적인 요인과 부정적인 요인을 도출하여 이를 점진적으로 개선하고, 기업의 수익을 극대화할 수 있는 방향으로 수립되어야 한다. 따라서 본 절에서는 이들 요인들에 대한 분석과 함께 전략의 범위를 제시한 후 이를 바탕으로 국내 CM 기업의 발전전략을 제안하도록 한다.

8.5.1 국내 CM의 영향요인 분석[28]

전략 수립에 앞서 CM에 영향을 미치는 요인들을 분석하고, 이들을 대상으로 SWOT 분석 및 이에 대응하는 전략을 수립할 수 있다.

26) 이를 위해서는 책임감리제도와 CM 제도에 대한 제도적 보완이 필요하다.
27) 전략은 기본적으로 해당 기업이 보유 또는 조달 가능한 경영자원(인력, 자금, 설비, 기술, 정보 등)의 범위 내에서 수립되어야 함.
28) "국내 용역형 CM/PM 시장 활성화를 위한 개선 방안"(이복남 외 2인), pp.75~76의 내용을 일부 편집하여 정리한 것임.

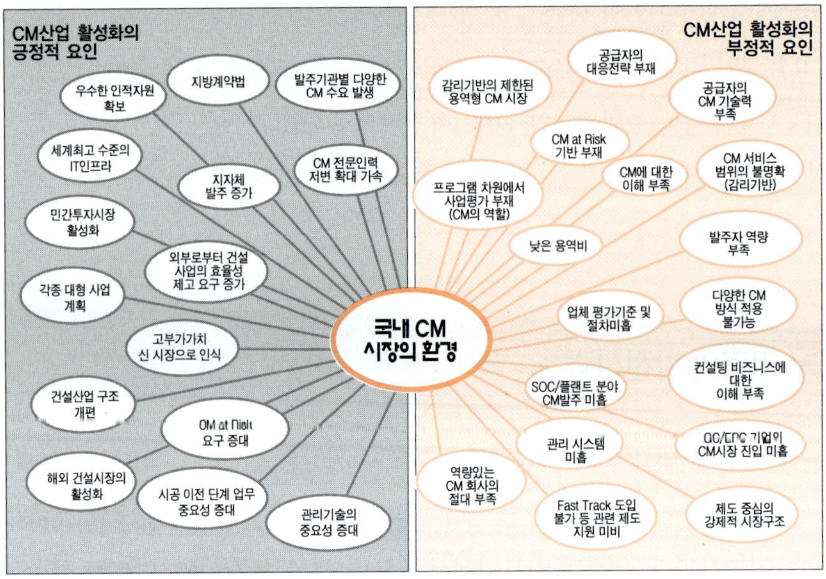

그림 8-16 국내 CM 산업의 긍정적 요인 및 부정적 요인

그림 8-16은 국내 CM 산업에 영향을 미치는 요인을 분석한 것으로 크게 긍정적인 요인과 부정적인 요인으로 구분하였다. 그림 8-16의 내용을 수요자, 공급자, 건설환경, 제도적 측면에서 재정리하면 다음 표 8-13과 같다.

표 8-13 수요자, 공급자, 건설환경, 제도적 측면에서 영향요인 분석

구 분	긍정적 요인	부정적 요인
수요자 측면	• 발주기관별 다양한 수요 발생 • 건설사업의 효율성 제고요구 증가 • CM at Risk 요구 증대 • 시공 이전단계 업무의 중요성 증대	• 프로그램 차원에서 사업평가 부재 • CM에 대한 이해 부족 • CM 서비스 범위의 불명확 • 발주자 역량 부족
공급자 측면	• 우수한 인적자원 확보 • 관리기술의 중요성 증대	• 공급자의 대응전략 부재 • 공급자의 CM 기술력 부족 • 관리시스템 미흡 • 역량있는 CM 회사의 절대 부족
건설환경 측면	• 세계최고 수준의 IT 인프라 • CM 전문인력 저변확대 가속 • 민간투자시장 활성화 • 각종 대형 사업계획 • 고 부가가치 신 시장으로 인식 • 해외건설시장의 활성화	• 감리기반의 제한된 용역형 CM 시장 • 컨설팅 비즈니스에 대한 이해 부족 • SOC/플랜트 분야 CM 발주 미흡 • GC/EPC 기업의 CM 시장 진입 미흡 • 업체 평가기준 및 절차 미흡 • 다양한 CM 방식 적용 불가능

제도적 측면	• 지방계약법 • 지자체 발주량 증가 • 건설산업 구조 개편	• CM at Risk 기반 부재 • 낮은 용역비 • Fast Track 도입불가 등 관련제도 미비 • 제도중심의 강제적 시장구조

수요자(발주자) 측면에서 긍정적인 것은 첫째, 발주기관별로 다양한 시설물을 대상으로 그리고 다양한 내용의 CM 용역 수요가 발생할 여지가 있고 둘째, 건설사업의 효율성의 제고를 위하여 CM at Risk의 필요성뿐 아니라 시공 이전단계(Pre-Construction) 업무의 중요성이 증대되고 있다는 것이다. 그러나 CM 서비스에 대한 발주자의 이해 및 역량부족과 CM 방식의 효용성에 대한 객관적인 평가를 내릴 수 없는 것은 부정적인 요인으로 부각된다.

공급자(CM 업체) 측면에서 관리기술의 중요성이 중대되고, 선진국 대비 우수한 인적 자원을 확보한 것은 긍정적이지만, CM 업체의 대응전략 부재, CM 관련 기술력 및 시스템의 부재, CM at Risk를 수행할 수준의 조직과 규모를 갖춘 기업이 절대 부족한 것은 부정적인 요인으로 볼 수 있다.

건설환경적 측면에서 긍정적인 것은 세계적 수준의 IT 인프라를 가지고 있어 관리기술의 고도화를 이룩할 수 있고, 장기적인 관점에서 볼 때 CM 시장이 확대되어 가는 추세로 보고 있다. 그러나 아직 감리제도의 문제, 무형의 서비스에 대한 가치가 인정되고 있지 못하는 사회 분위기, 건축을 제외한 타 분야에서 CM의 효용성이 평가 절하되고 있는 문제, 대규모 GC 및 EPC 기업이 CM 시장에 진입하기에는 아직 환경 조성이 되어 있지 못한 문제 등은 CM 산업 발전의 부정적인 요인으로 작용한다.

제도적으로는 지방계약법의 시행 및 건설산업구조 개편 등에 따라 CM 수요는 확대될 것이나 불합리한 대가, CM at Risk 관련 제도기반 부재, 규제중심의 제도는 CM 시장의 활성화에 저해되는 요인으로 분석된다.

SWOT 분석 및 대응전략 수립을 위해서 그림 8-17과 같이 약점·위협이 되는 요인에 대해서는 보완·극복 전략, 약점·기회 요인에 대해서는 보완·강화 전략, 강점·위협 요인에 대해서는 이입·극복 전략, 강점·기회 요인에 대해서는 강화·전개 전략을 수립하여야 한다.

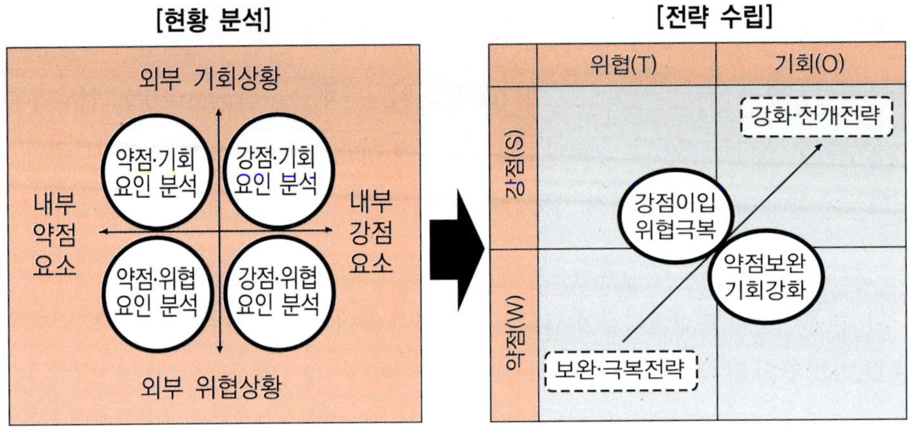

그림 8-17 SWOT 분석 및 전략수립 패턴

그러나 그림 8-16 및 표 8-13에 분석된 내용에 대하여 약점·위협, 약점·기회, 강점·위협 및 강점·기회 등의 요인으로 세분화하여 전략의 방향을 설정하기에는 많은 전문가들과의 협의와 분석이 필요하다. 따라서 본 원고에서는 표 8-13의 내용에서 긍정적인 요인에 대해서는 강화·전개 전략을 수립하고, 부정적 요인에 대해서는 보완·극복 전략을 수립하는 것으로 정리한다.

8.5.2 발전전략의 범위

CM 기업의 발전전략의 틀은 그림 8-18과 같이 기본적으로 기업의 내부(역량) 및 외부 환경을 분석한 후 전략의 주체 및 전략의 종류에 따라 전략의 대상 또는 내용이 결정되고, 이를 기업이 가용한 경영자원 범위 내에서 수립하는 것이다. 그러나 본 원고는 특정 CM 기업의 발전을 위한 전략을 수립하는 것이 아니므로 전략의 방향 또는 범위를 일반적인 CM 기업으로 보아 전략형태(대내, 대외, 업계공동 전략)와 단계적(단기, 중기, 장기 전략)으로 추진하는 것으로 설정하도록 한다. 즉, 시간적 범위와 전략의 주체 및 대상으로 구분하여 전략을 수립하는 것으로 설정한다.

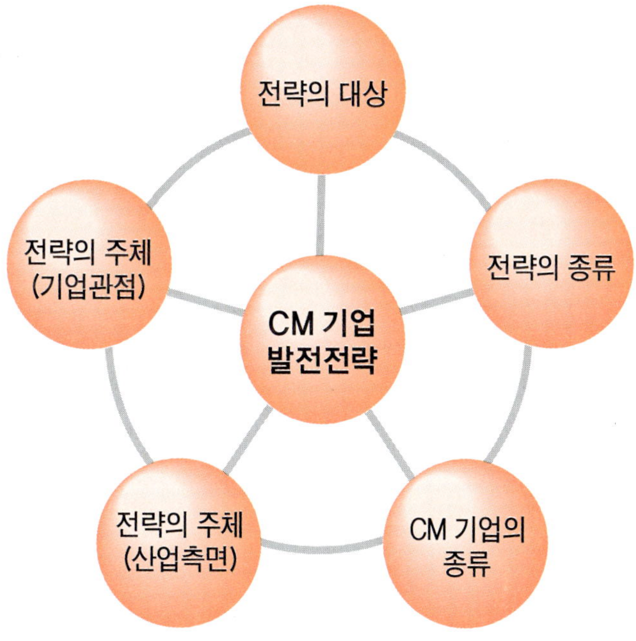

그림 8-18 CM 기업의 발전전략 수립의 틀

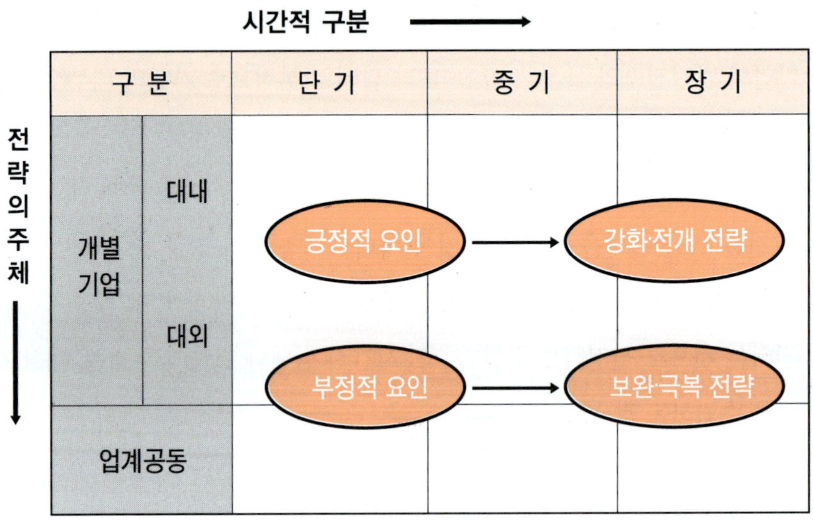

그림 8-19 전략의 범위, 주체 및 대상 설정 개념

이 밖에도 시장진입(신규업체 등장), 시장확대(플랜트, 토목, 건축 등), 지역확대(해외시장), 기업경쟁력 강화전략 등 시장측면에서 전략의 종류에 따라 다양한 전략을 수립할 수 있으나 본 원고에서는 기업경쟁력 강화전략을 중심으로 기술하되 나머지 부분에 대해서는 내용에 따라 추가적으로 기술하고자 한다.

전략의 주체는 표 8-13에 열거한 수요자, 공급자, 제도관련기관, CM 환경관련기관 등을 중심으로 수립할 수도 있으나 본 원고는 CM 기업을 중심으로 기술되므로 CM 기업 이외의 주체들은 부수적인 수준에서 기술한다.

한편, CM 기업의 정의도 어떻게 내리느냐에 따라 전략의 방향은 달라질 수 있다. 표 8-1과 같이 2005년 현재 CM 협회에 등록된 83개 업체의 구성이 건설사, 설계사무소, 감리업체, 엔지니어링사, CM 전문회사 등이 있으며, 이들 각 기업들은 입장에 따라 CM 시장의 확대에 따른 대응전략을 달리 수립할 수 있기 때문이다. 다만, 내용의 보편성을 위해 본 원고에서는 특정 기업군(群)의 입장보다 CM 산업적 측면에서 대응전략을 수립하도록 한다.

8.5.3 CM 기업의 발전전략

그림 8-16과 표 8-13의 내용에 대한 대응차원에서 CM 기업의 발전전략의 핵심사항을 각 CM 기업의 입장(대내 전략, 대외 전략)과 CM 기업 공동으로 수립하여야 할 전략(업계 공동 전략)으로 구분하여 열거하면 다음과 같다.

(1) 대내 전략

• CM 수행능력 고도화 전략: QDCS(Quality-Duration-Cost-Safety) 통합관리능력, 계약관리, 리스크 예측 및 관리, 클레임 및 분쟁관리(Claim & Conflict Management) 등 다양한 관리기법을 전 직원이 전문가 수준에서 수행할 수 있는 전략 수립이 필요하다.

• CM 대상 프로젝트 확대 전략: 지역(국내 및 해외), 시설종류(건축뿐 아니라 플랜트, 토목 등 다양한 SOC 시설), 발주방식(DB, DBB, BTL, BOT, BTO, BST, BTD 등)에 따른 CM 수행능력 확보 및 시장 진출전략이 요구된다.

• 관리시스템의 지속적 개선 전략: CM 대상 프로젝트 확대 전략에 열거한 각종 프로젝트별로 다양한 관리기법을 체계적, 효율적으로 수행할 수 있는 매뉴얼 개발 및 기존 업무의 지속적 개선 전략이 필요하다.

• 생산기술의 지속적 개발 전략: CM 기업이 단순히 CM 서비스만으로 수익을 얻기에는 많은 한계가 있다. 프로젝트 관리의 효율성을 높이는 것은 새로운 공법과 개선된 관리기법의 결합에 의해 이루어진다. 만일 CM 기업이 창의적으로 개발된 공법, 장비, 자재 등을 보유하고 있다면 관리뿐 아니라 기술경쟁력을 가지게 되며, 그 결과 수익성도 제고될 것이다.

• Engineering 능력 확보 전략: 건축 중심의 CM 용역을 플랜트 및 SOC 시설로 확대하기 위해서는 반드시 Engineering 능력을 확보하여야 한다. 특히, 해외 사업의 경우에는 Engineering 능력을 수반하지 않고 CM 용역을 수주하기는 불가능하다.

• 사업주체로서의 능력 확보 전략: 단순히 CM 용역을 수행하는 것이 아니라 사업의 주체로 참여하여 수익을 극대화하는 전략이며, 이를 위해서는 자금조달(Project Financing) 능력, 사업관리능력을 확보하여야 한다. 다양한 민자유치사업의 경우 SPC의 일원으로도 참여할 수 있으며, 해외 사업의 경우 Owner CM(SPC의 일원이면서 CM 서비스 제공)으로도 참여가 가능하다.

• 미국식 CM for Fee 도입: 미국의 일반적인 CM for Fee와 같이 종합건설업체(GC; General Contractor) 없이 CM 업체가 사업주를 대리하여 공사를 추진하는 방식의 도입이 필요하다. 이를 위해서는 칸막이식 업역을 규정하고 있는 국가계약법의 개정이 필수적이다.

• CM at Risk 수행능력 확보 전략: 사업평가 척도(원가, 공기, 품질, 성능 등)에 대한 리스크관리(risk management) 능력, 리스크 발생대비 보증능력 강화 전략이 수립되어야 한다.

• 체계적인 관리 시스템 구축 전략: 전문가 수준의 업무능력을 발휘할 수 있도록 지원하는 지식관리시스템[29] 개발, 각종 매뉴얼의 전산 시스템화 전략이 요구된다.[30]

• CM 우수인력 양성 프로그램 구축: 기업 내부적으로 우수 직원을 대상으로 조직을 리드할 수준의 Mentor 또는 Master를 양성하여 궁극적으로 기업경영의 핵심요원으로 양성할 수 있는 프로그램을 구축[31]하여야 한다.

• 주기적 조직개편(restructuring)[32] 전략: 기업의 단기, 중기, 장기 전략에 따른 기업의

29) 기존의 단순지식을 검색하는 지식관리시스템이 아니라 "업무 프로세스+프로세스 단계별 상세지식"을 제공하는 지식관리시스템을 의미함.

30) 기존에 운영되고 있는 PMIS 이외에도 품질관리시스템, 계약관리시스템, 리스크관리시스템 등과 같이 단위 또는 PMIS와 연동되는 시스템을 의미함.

31) 예를 들어, 매킨지의 7S 지도 프로그램과 같은 전문가 양성 프로그램.

32) 조직의 주기적인 개편은 기업의 성장에 따른 효율적 경영을 위하여 필수불가결한 조치이며, 이를 소홀히 할 경우 조직운용의 비효율이 발생한다.

성장내용을 면밀히 검토하여 이를 효율적으로 달성할 조직구조(조직편제[33] 및 위계, 임직원 수 등)를 주기적으로 개편하는 전략이 수반되어야 한다.

(2) 대외 전략

• 자사의 CM 수행능력 홍보 전략: 사업발굴 및 사업성 분석, 기획, 설계, 시공, 유지관리 등 건설생산 과정의 일부 또는 전 과정에 대한 서비스뿐 아니라 사업금융조달(project financing)사업, 특화된 시설물 등 다양한 CM 서비스 모델을 구축하여 홍보하는 전략, 또한, 기존 설계 또는 계획안을 검토하여 일정금액 이상의 사업비 절감을 보증하는 전략, 자사가 보유한 신공법, 신기술 또는 전문 기술력에 의해 사업기간 또는 사업비의 절감을 보증하는 등의 전략을 수립하고 홍보할 수 있는 능력을 확보할 필요가 있다.

• CM at Risk 발주대비 보증능력 강화 전략: 공공공사의 경우 향후 5년 이내에 민간공사의 경우에는 언제라도 가능한 CM at Risk 발주를 대비하여 보증능력을 확보하여야 한다. 보증회사, 보험회사 기타 PF 관련회사와 긴밀한 협력관계를 유지하여 CM at Risk 계약 시 보증사로 참여할 수 있도록 협력체계를 수립하는 전략이 필요하다. 향후에는 보증문제의 해결이 불가능해 계약체결이 안되는 경우가 발생할 수 있다.

• 발주자(민간, 공공) 발굴 전략: 2006년 1월부터 시행 중인 「지방계약법」 뿐 아니라 CM에 대한 이해도가 부족한 지방자치단체의 공무원을 대상으로 CM 발주의 효용성에 대한 적극적인 홍보와 지도로 CM 용역 수주기회 확대 전략의 수립이 필요하다. 민간의 경우에도 CM의 효용성에 대한 의구심을 제거하고 다른 방식 대비 공기, 원가 등의 관점에서 월등한 면을 비교·제안하여 CM 발주로 유도하는 전략의 수립이 필요하다. 즉, 발주자의 요청을 기다리지 말고 예상 발주자를 찾아가서 CM 발주를 유도하여 수주로 이어지게 하는 전략의 수립이 필요하다.

33) 조직의 편제란 경영조직적으로 사업가조직, 기능별조직, 부문별조직, 전략사업부조직, 매트릭스조직 등으로의 발전하는 것을 의미하며 사업규모, 종류, 경영형태, 경영효율성 등을 고려하여 결정한다.

• 타사와 차별화된 CM 서비스 역량 제시 전략: 타 CM사와 차별화된 서비스(예, 선진수준의 PMIS, Client Briefing[34], 원가절감 및 사업기간 단축 능력, 본사지원 전문가 그룹, PF 조달능력 등)에 관한 역량을 확보한 뒤 이를 마케팅 전략(Marketing Strategy)으로 활용하여 수주기회를 확대하여야 한다.

• 기업간의 특화분야 협업(partnering) 전략: 각 기업들은 나름대로 특화된 분야에 장점을 가지고 있으나 종합적인 서비스를 필요로 하는 용역발주의 경우 경쟁력이 있는 기업과 협업할 수 있는 전략을 사전에 수립하여 대처할 필요가 있다. 이러한 전략은 단순히 전문 CM 업체뿐 아니라 PF사, 설계사, 시공사 등 다양한 주체들을 대상으로 한다.

(3) 업계공동

• 국내외 CM 모범 사례 발굴: CM의 효용성을 객관적으로 홍보하기 위하여 유사한 형태의 프로젝트를 책임감리용역으로 추진한 경우와 CM 용역으로 추진한 경우를 비교, 분석한 사례를 발굴하여야 한다. 아울러 비교사례가 없는 경우 CM 용역에 의해 사업비, 사업기간 등의 측면에서 성공적으로 완수한 다수의 사례를 발굴하여 홍보자료화하여야 한다.

• CM 서비스 표준 모델 제시: 모든 시설물을 대상으로 하는 CM 서비스뿐 아니라 특정 시설물별로 CM 서비스에 대한 표준모델을 제시하여 발주자의 의구심을 제거하여야 한다.

• CM 서비스 평가 모델 제시: 발주자는 CM 서비스의 효용성에 대한 의구심을 항상 가지고 있다. 따라서 업계공동으로 추진 중인 CM 서비스에 대한 정량적, 정성적 평가가 가능한 모델을 개발하여 CM 용역에 대한 객관적인 효용성을 검증하여야 한다.

• CM 효용성 홍보 전략: 책임감리와 차별화된 내용을 추출하고 국내외 CM 모범 사례와 함께 CM의 효용성을 홍보하되 대중홍보(광고), 집단홍보(세미나, 워크샵, Forum, 설명

34) Client Briefing이란 추진 중인 사업에 대한 발주자의 이해를 도모하고 발주자의 역할, 책임, 권한 등을 명료하게 인식시키기 위하여 주요 사업추진 사항을 주기적으로 발주자에게 보고하는 행위를 의미한다.

회 등), 개별홍보(민간 또는 각 지자체 등) 등으로 분류하여 전략을 수립하여야 한다.

• 공공 및 민간 CM 활성화 전략: 개별 CM 기업은 각 기업의 수주기회 확대를 위하여 발주자 발굴전략을 수립하지만 업계공동으로는 공공 및 민간을 대상으로 CM 용역의 효용성을 객관적, 체계적으로 제시하여 현재보다 많은 건설사업이 CM 용역에 의해 발주되도록 유도하는 전략을 수립하여야 한다.

• 각종 제도 선진화 전략: CM at Risk 활성화, CM 대가 현실화 전략, CM 기반 사업의 Fast Track 다양화 등 외국대비 국내의 CM 관련 제도의 문제점을 발굴하여 단계적으로 개선을 요구하는 전략을 수립하여야 한다. 특히, CM at Risk 관련 제도는 다른 문제점의 개선에 선도적인 역할을 하므로 이에 대한 심도있는 연구와 전략의 수립이 필요하다.

• CM 보증제도 관련 전략: 기존의 용역형 CM(CM for Fee)뿐 아니라 CM at Risk의 경우 발주자는 사업의 실패에 대한 광범위한 보증을 요구한다. 특히, 외국의 경우 대형 GC 또는 EPC 업체가 CM at Risk 용역의 대부분을 차지하고 있는 것은 그 회사의 규모 자체가 보증을 대신할 수 있으나 상대적으로 규모가 작은 전문 CM 기업의 경우 발주자가 안심하게 용역을 맡길 수 있는 수준의 보증장치를 갖추고 있어야 한다. CM 협회를 중심으로 공제조합을 설립하거나 아니면 보증보험 관련 회사들과의 협력체계를 구축하는 전략이 필요하다. 그렇지 않은 경우 CM at Risk 시장이 도래하여도 전문 CM 기업은 수주의 기회가 많지 않다는 것을 미국의 사례에서 볼 수 있다.

• 합리적 CM 손해배상 제도 구축 전략: 하나의 시장이 배타적인 영역을 확보하고 신뢰를 갖고 성장하기 위해서는 수행업무에 대한 보증뿐 아니라 발생된 문제에 대한 손해배상 제도가 구축되어야 한다. 이것은 단순히 CM 서비스의 결함에 대한 대가지불의 형태로 보는 것보다 오히려 CM 서비스에 대한 확신을 발주자에게 심어주는 것으로써 장기적인 관점에서는 시장의 활성화에 도움이 되는 전략이다. 그러나 이 문제는 손해배상의 범위, 수

준 등의 복잡한 내용이 수반되므로 중, 장기적 관점에서 다루어져야 할 것이다.

• CM 헌장 마련: CM은 발주자를 위한 것이므로 발주자의 이익을 보호하는 입장에서 CM 헌장을 마련하는 것은 궁극적으로 손해배상제도와 함께 CM의 활성화에 기여할 것으로 예측된다. 참고로 CM 헌장의 기본 내용은 첫째, 발주자의 이익과 관련한 사항 둘째, 정직과 성실에 의한 업무 수행과 관련한 사항 셋째, 전문가로서의 권위와 책무 관련 사항 넷째, 건설산업 발전에 일익을 담당하는 사항 등으로 구성될 수 있다.

• 발주자의 인식 개선 전략: CM의 역할과 기능 인식, 발주자와 CM의 역할, 책임 그리고 권한의 인식, 설계 및 시공을 포함하여 제반 건설관련자 사이에서 발주자와 CM의 위상 등에 대하여 정리하여 홍보 또는 Client Briefing 등의 과정에서 활용할 수 있도록 준비하여야 한다. 예를 들어, 공공사업의 라이프사이클 전 단계를 통한 발주자의 역할 제시, 발주자의 인식전환을 위한 평가지표(key performance index) 및 성공사례집 제시 등도 발주자의 인식 개선에 활용할 수 있다. 또한 발주자의 사업관리 역량 강화는 궁극적으로 원활한 사업수행에 긍정적인 요인으로 작용하므로 이와 관련한 프로그램을 구축할 필요가 있다.

지금까지 기술한 CM 기업의 발전을 위한 개별기업의 대내, 대외 전략과 CM 기업 공동으로 추진하여야 할 각 전략에 대하여 그림 8-19와 같이 단기, 중기, 장기 전략으로 구분하여 추진할 수 있다. 또한 제시된 전략 중 단기, 중기, 장기에 걸쳐 추진될 내용은 단계별로 구체적인 내용을 구분하여 작성하고 이에 따라 추진하면 된다.

8.6 결언

국가의 발전은 여러 분야의 산업발전과 연계되어 있다. 즉, 국가의 발전은 과학기술, 사회제도, 경제수준 등과 연계되어 발전하게 되며 그 결과 국민소득, 문화수준, 사회적 요구수준 등 다양한 척도로 향상되는 것을 확인할 수 있다. 이러한 과정에서 다른 선진국 대비 아직 CM의 효용성이 인정받고 있지 못하고 있는 것은 아직 선진 수준의 제도가 갖추어 있지 못하고, 공공은 물론 민간에 이르기까지 무형의 서비스에 대한 가치를 인정하지 않는 것에 기인한다고 볼 수 있다.

이러한 경향은 CM 서비스를 제공하는 기업 또는 전문가들이 아직 객관적이고 과학적으로 CM의 효용성을 검증하지 못하는 것 때문으로 해석할 수 있으며, 아니면 이들 기업 또는 전문가들이 아직 CM의 효용성을 입증할 능력이 부족하거나 이를 위한 전략의 부재로 기인되는 문제로 볼 수도 있다.

그러나 제도적 미흡, 사회(또는 발주자)인식의 부족, CM 역량의 부족 그리고 이로 인하여 시장이 활성화되고 있지 못하다면 그 사실은 또 다른 기회로 볼 수 있다. 즉, 이러한 문제점들을 개선할 수 있다면 국가발전에 따라 건설산업은 확대될 것이고 그 결과 CM 서비스의 효용성도 인정받으면서 시장도 지속적으로 확대될 수 있을 것으로 기대된다. 실제로 앞에서 분석된 많은 내용들은 국가정책의 변화와 향후 제도개선을 전제로 CM 시장의 확대를 매우 긍정적으로 보고 있다. 물론 CM 기업들의 대응전략이 성공적으로 수행되었을 때 그 결과는 더욱 크게 나타날 것이다.

이러한 현황을 반영하여 본 장에서는 CM 기업의 대내, 대외 그리고 업계의 공동전략을 제시하였으며, 이들을 성공적으로 추진하기 위해서 각 기업은 가용한 경영자원 범위 내에서 단기, 중기, 장기 상세 추진전략을 별도로 수립하여야 한다. 또한 기업의 전략은 기본적으로 내부 역량강화에 따른 경쟁력 확보, 시장점유(market share) 확대, 신규시장 진입 등 다양한 측면에서 수립될 수 있으나 그림 8-20과 같이 전략적 특성을 이해하고 그 방향을 설정하는 것이 바람직하다고 판단된다.

구분	내용
1.적용범위에 따른 구분	• 기본전략: 환경변화에 대응한 기업의 생존 및 성장전략 • 순수전략: 특정목표를 달성하기 위한 전략 • 혼합전략: 특정목표 달성을 위해 다수의 순수전략을 추진하는 전략
2.책정수준에 따른 구분	• 총체적 전략: 전사적 전략 • 종속적 전략: 부문 또는 사업부 전략
3.적용대상에 따른 구분	• 대외전략: 기업외부의 환경변화에 대응하는 경쟁력 강화 전략 • 대내전략: 환경변화에 대응하는 기업 내부역량 강화 전략 • 공통전략: 동종기업이 환경변화에 공통으로 대응하는 전략
4.효과측면에 따른 구분	• 적극전략: 역량적극 강화, 매출증대, 시장 적극개척 및 공략 전략 • 중용전략: 역량유지, 현상유지, 수성전략 • 소극전략: 역량유지, 매출감소 폭의 최소유지
5.영역강화에 따른 구분	• 마케팅전략: 시장침투, 시장확대, 역량의 브랜드화 전략 • 생산전략: 기술 및 관리능력 강화에 따른 생산성/생산단가 최적화 • 재무전략: 기업자본의 합리적 조달 및 운용전략 등
6.전략주체에 따른 구분	• 최고경영자의 전략(경영정책, 비전, 기업문화 등) • 단위기업 또는 기업공동의 전략 • 조직단위의 경영전략

그림 8-20 전략의 종류와 내용

참고문헌

1장

1. 건설교통부, '공공 건설사업 효율화 종합대책 – 26. 건설사업관리제도의 활성화', 1999.
2. 김예상, CM이란 무엇인가, 보성각, 1997.
3. 김한수, 국내 CM 자격과 교육현황, '건설관리', 한국건설관리학회.
4. 이복남, '건설 공사 발주 방향과 CM 사례',부산 · 경남 지역 CM 세미나, 1999. 5. 14.
5. 이복남, 정영수, 건설 사업관리의 업무기능과 역할, 한국건설산업연구원, 1999.
6. 이태열 외, '조선시대 화성성역의궤에 나타난 건설관리 적용에 관한 연구', 한국건설관리학회, 학술발표대회논문집, 2001.
7. 이호락, '18세기 화성의 건축구성원리에 관한 연구', 성균관대학교 석사논문, 1996.
8. 진금택, '인천국제공항건설사업 Program Management 적용사례', 2002, www.cmak.or.kr
9. 한국건설기술연구원, '건설사업관리 발주체계 및 조달시스템개발 연구보고서' 건설교통부, 2002.
10. 한국건설산업연구원, '건설관리 및 경영', 보성각, 1977.
11. 한국철도시설공사, http://www.ktx.or.kr, 2006.
12. CMAA, 'CM Certification Program Capstone Course', CMAA, 1995.
13. John Murdoch, Will Hughes, 'Construction Contract–Law and Management', E & Spon, 1996.
14. Levy, Sidney M., 'Project Management in Construction', McGraw–Hill, Inc., 1994.

2장

1. Top 400 Contractors, ENR, 1996–2005.
2. Top 225 International Contractors, ENR, 1998–2005.
3. Top 100 Design–Builders, Construction Managers for Fee, Construction Managers at Risk, ENR, 1996–2005.
4. www.cmak.or.kr, (사)한국건설사업관리협회, 2006.
5. 박찬식, 최석인, 미국 CM 시장 동향분석, 중앙대학교 건설기술혁신연구실 내부 자료, 2006.

3장

1. 기획예산처 국정감사 자료, 2004.
2. 건설교통부, 공공건설사업 CM제도 개선방향 및 운영방안, 2001.
3. 건설교통부, 건설경제 업무편람, 2006. 3.
4. CM협회 내부통계자료, 2004.
5. 우성권 외, 건설사업관리(CM)제도의 현황과 발전방안, 한국건설산업연구원, 2002. 2.
6. 김재영, 건설사업관리의 효율적 운용을 위한 제도정립 방안 모색, 국토연구원, 2001. 11.
7. 김성식, 현행 건설낙찰제도 무엇이 문제인가, LG주간경제, 2001. 10.
8. 김명수, 국토계획의 효율적 추진을 위한 공공건설사업 생산성 제고방안, 국토연구원, 1999.
9. 신동우, 건설경쟁력 향상을 위한 CM제도의 개선, 2003. 1.
10. 한국건설산업연구원, 건설동향 브리핑 제3호, 2001. 10.
11. 김성일 외, 정부공사 발주제도의 다양화 방안 연구, 국토연구원, 2002.
12. 서울시립대학교 산업기술연구소, 미국 건설산업의 CM 벤치마킹 연구, 2004. 12.
13. 김재영 외, 건설산업의 종합적 관리방안 연구, 국토연구원, 1998.

4장

1. 건설경영공학, 김문한외, 기문당, 1999.
2. 건설교통부, 공공건설사업 CM제도 개선방향 및 운영방안, 2001.
3. 건설교통부, 건설경제 업무편람, 2006. 3.
4. 건설교통부 건관 58824-656, 건설사업관리 업무지침, 2001.
5. 권오경, 건설사업관리발표자료, 한미파슨스 2004. 11.
6. 기획예산처 국정감사 자료, 2004.
7. 김명수, 국토계획의 효율적 추진을 위한 공공건설사업 생산성 제고방안, 국토연구원, 1999.
8. 김성식, 현행 건설낙찰제도 무엇이 문제인가, LG주간경제, 2001. 10.
9. 김성일 외, 정부공사 발주제도의 다양화 방안 연구, 국토연구원, 2002.
10. 김옥규 외, 건설관리학, 사이텍미디어, 2005.
11. 김옥규 외, 건설사업관리업체평가기준, 조달청, 2005.
12. 김재영, 건설사업관리의 효율적 운용을 위한 제도정립 방안 모색, 국토연구원, 2001. 11.
13. 김재영 외, 건설산업의 종합적 관리방안 연구, 국토연구원, 1998.
14. www.cmak.or.kr, 표준과업 내용서.
15. www.moleg.go.kr, 국가를 당사자로 하는 계약에 관한 법령, 건설산업기본법령, 건설기술

관리법령.
16. www.g2b.go.kr 나라장터
17. 서울시립대학교 산업기술연구소, 미국 건설산업의 CM 벤치마킹 연구, 2004. 12.
18. 신동우, 건설경쟁력 향상을 위한 CM제도의 개선, 2003. 1.
19. CM협회 내부통계자료, 2004.
20. 우성권 외, 건설사업관리(CM)제도의 현황과 발전방안, 한국건설산업연구원, 2002. 2.
21. 이태원, 미국 연방정부 계약, 조달청, 2004.
22. 이태원, 미국 지방정부의 조달제도, 조달청, 2004.
23. 이태원, 일본의 공공조달제도, 조달청, 2004.
24. 한국건설산업연구원, 건설동향 브리핑 제3호, 2001. 10.
25. "A guide To the Project Management Body of Knowledge," PMI Standard Committee, P.A., 1996.
26. Alhazmi, T.; and McCaffer, R.,"Project Procurement System Selection Model," ASCE Journal of Construction Engineering and Management,, Vol. 126, No.3, 2000.
27. Beard, J. L.; Loulakis, M. C.; and Wundram, E. C., Design Build, McGraw- Hill, INC., 2001.
28. CMAA, 2002 CM Standards of Practice Federal Acquisition Regulation, Government Printing Office (http://www.acqnet.gov/far).
29. Kramer, Scott; and White-McCurry, Natasha, "Prequalification of Bidders for Public Works Projects," ASC Proceedings of the 38th Annual Conference, April 2002, pp. 281-292.
30. Sweet, Justin, Legal Aspects of Architecture, Engineering and the Construction Process, An International Thomson Publishing Company, 2000.

5장

1. 건설산업연구원, 선진국의 건설기술사(PE)제도를 통해 본 시사점, CERIK 건설산업동향, 2005.
2. 과학기술부, 엔지니어링기술 진흥방안에 관한 연구, 2002.
3. 김예상, 미국 건설 산업 왜 강한가, 보성각, 2003.
4. 김흥국, 경력개발의 이론과 실제, 다산출판사, 2004.
5. 남명수 외, 성과관리시스템, 한언, 1999.

6. 문부과학성 및 국토 교통성 자료, 2000.
7. 이재훈, 인적자원관리, 경문사, 2000.
8. 임학춘, 국내 건설사업관리 교육 방향에 대한 연구, 성균관대학교 대학원.
9. 한국건설기술연구원, 설계기술인력관리방안 연구. 2001. 10.
10. Abudayyeh, Osama et al, Construction Engineering and Management Undergraduate Education, Journal of Construction Engineering and Management, Vol. 126, No. 3, 2000, ASCE.
11. ASCE, Career Paths in Civil Engineering, ASCE, 2006.
12. ASCE, CEBOK(Civil Engineering Body of Knowledge), 2004.2.
13. ASCE, Mentoring Guide for Emplyers, Mentors, and Proteges, ASCE, 2006.
14. Bowen-Clewley Associates, External Review Of The Ipenz Professional Practice Assessment Process For Entry Into The Class Of Member (Mipenz) And Registration, 2001.
15. Engineering Education Australia, The EEA Handbook, 2005.
16. Engineers Australia, Chartered Status, 2004.
17. Engineers Australia, Professional Development Program, 2004.
18. John A. Kuprenas, "Performance Measurement of Training in Engineering Organizations", Journal of Management in Engineering, Vol. 16, No. 5, ASCE, 2000.
19. Walesh, Stuart G., Editor's Letter: Career Development, Journal of Management in Engineering, 1998. Vol. 14, Issue 2.

6장

1. 윤재봉, 김명식, 권태경 역, SAP코리아(주) 감수, 'ERP, 경영혁신의 새로운 패러다임', 1998, 대청미디어, pp. 37.
2. 신경철, 노경하, 아이티씨지(주), '알기쉬운 정보전략계획 ISP', (주) 미래와 경영, 2003.
3. 김경원, 최희갑, '디지털 금융 대혁명', 삼성경제연구소, 2002.
4. Youngsoo Jung, Sangyoon Chin, and Kyungrai Kim, 'Informatization Index for the Construction Industry,' ASCE Journal of Computing in Civil Engineering, 18(3), pp. 267-276, July, 2004.
5. Kathleen Mckinney, and Martin Fischer, 'Generating, evaluating and visualizing construction schedules with CAD tools', Automation in Construction, 7(1998), 433-447, Elsevier.

6. Charles M. Eastman, 'Building Product Models: Computer Environments Supporting Design and Construction', CRC Press LLC, 1999.
7. Mary Buckner Powers, 'Features:Issues & Trends, Contractors Scrambling To Master 3-D Modeling Technologies,' The Association of General Contractors of America, September/October, 2005.
8. Klaus Finkenzeller 저, 이근호, 한호현, 강병권, 조영빈 공역, RFID Handbook, 영진닷컴, 2004.
9. Edward J. Jaselskis, Mary R. Anderson, Charles T. Jahren, Yvan Rdoriguez, and Steven Njos, 'Radio-Frequency Identification Applications in Construction Industry,' ASCE Journal of Construction Engineering and Management, Vol. 121, No. 2, June, 1995.
10. Edward J. Jaselskis, and Tarek El-Misalami, 'Implementing Radio Frequency Identification in the Construction Process,' ASCE Journal of Construction Engineering and Management, Vol. 129, No. 6, December, 2003.
11. Jongchul Song, Carl T. Hass, Carlos Caldas, Esin Ergen, Burcu Akinci, 'Automating the task of tracking the delivery and reciept of fabricated pipe spools in industrial projects,' Automation in Construction, 15(2006), 166-177, Elsevier.
12. 최철호, '건설분야에서의 RFID 시스템 활용사례 및 발전방향', 제 5회 한국건설관리학회 학술발표대회 논문집, 한국건설관리학회, 2004. 11.
13. Sangyoon Chin, Suwon Yoon, Yea-Sang Kim, Cheolho Choi, and Chang-Yon Cho, 'Realtime 4D CAD + RFID for Project Progress Management', ASCE Construction Research Congress 2005, San Diego.
14. Sangyoon Chin, Suwon Yoon, Yea-Sang Kim, Cheolho Choi, and Do-Bum Lee, 'Supply Chain Management System for Curtain Walls Using RFID Technology,' The 1st International Conference for Construction Engineering and Management, Korea Institute of Construction Engineering and Management, Seoul, October, 2005.
15. Jae-Goo Han, Min-Woo Lee, Soon-Wook Kwon, and Moon-Young Cho, 'Development of Material Tracking System Using Wireless Technology in High-Rise Building,' The 1st International Conference for Construction Engineering and Management, Korea Institute of Construction Engineering and Management, Seoul, October, 2005.

7장

1. 김영석, 이정호(2003), "건설로봇의 연구개발 프로세스 모델 구축에 관한 연구," 대한건축학회 논문집 Vol. 19, No. 6, pp.201-209.
2. Maeda(2005), 일본건축학회 건설자동화 전문위원회 면담 자료.
3. Skibniewski(2000), "New Directions and Developments in Robotics and Site Automation in the U.S.A.," Proc. of 17th International Symposium on Automation and Robotics in Construction, pp.K3-K14.
4. 유연택, 박상준, 이정호, 정명훈, 김영석(2004), "흄관매설 자동화 장비의 성능분석을 위한 평가모델의 개발," 한국건설관리학회 논문집, Vol. 5, No. 1, pp.157-167.
5. Lee, J.H., Yoo, H.S., Kim, Y.S,, Lee, J.B., and Cho, M.Y.(2004), "The Development of a Machine Vision Assisted, Teleoperated Pavement Crack Sealer," Proc. of 21st International Symposium on Automation and Robotics in Construction, pp.149-158.

8장

1. 건설교통부, 공공사업 CM 정책방향, 건설교통부 건설관리과, 2002. 1.
2. 권오현, 건설업 업역구조 개편방안에 관한 연구, 한국건설산업연구원, 2005.
3. 이복남 외 3, "건설사업관리제도의 파급효과", 한국건설산업연구원, 2002.
4. 이복남 외 2, 국내 용역형 CM/PM 시장 활성화를 위한 개선 방안, 한국건설산업연구원, 2005.
5. 이상호 외 2, 건설제도/정책변화가 건설산업구조에 미치는 영향, 한국건설산업연구원, 2004.

김 선 국 (金 善 國)

서울대학교 공과대학 건축학과 졸업
서울대학교 대학원 공학박사
미국 스탠포드대학 방문연구원
AIK, KICEM, ASCE 정회원
한국생태환경건축학회 부회장
현, 경희대학교 토목건축대학 교수

김 영 석 (金 榮 奭)

인하대학교 공과대학 건축공학과 졸업
미국 텍사스 오스틴 주립대학원 공학석사
미국 텍사스 오스틴 주립대학원 공학박사
미국 네브라스카 링컨 주립대학교 초빙 부교수
미국 토목학회, 한국건설관리학회, 대한건축학회 정회원
현, 인하대학교 공과대학 건축학부 부교수

김 예 상 (金 禮 瑺)

연세대학교 공과대학 건축공학과 졸업
연세대학교 대학원 공학석사
미국 텍사스대학교 대학원 공학석사
미국 텍사스대학교 대학원 공학박사
한국건설기술연구원 선임연구원
한국건설관리학회 이사, 부회장
현, 성균관대학교 공과대학 건축학과 교수

김 옥 규 (金 沃 圭)

서울대학교 공과대학 건축학과 공학사
서울대학교 대학원 건축학과 공학석사
서울대학교 대학원 건축학과 공학박사

미국 스탠포드대학교 객원교수
조달청 "설계 및 시공관리" 자문위원
(사) 한국건설관리학회 충청지회 회장
현, 충북대학교 건축공학과 교수

박 찬 식 (朴 燦 殖)
중앙대학교 공과대학 건축학과 공학사
중앙대학교 대학원 건축공학과 공학석사
미국 콜로라도대학교 대학원 토목건축환경공학과 공학석사
미국 플로리다대학교 대학원 토목공학과 공학박사
사단법인 한국건설관리학회 회장
현, 중앙대학교 공과대학 건축학부 교수

신 동 우 (申 東 宇)
서울대학교 공과대학 건축공학과 졸업
미국 미시간대학교 건축대학 건축학석사
미국 미시간대학교 건축대학 건축학박사
미국 콜로라도대학교 공과대학 토목공학과 객원교수
대한주택공사 주택연구소 선임연구원
(사) 한국건설관리학회 초대회장
현, 아주대학교 공과대학 건축학부 교수, 총무처장

이 찬 식 (李 燦 植)
서울대학교 공과대학 건축학과 졸업
서울대학교 대학원 공학석사
서울대학교 대학원 공학박사
미국 콜로라도대학교 방문교수
건축사, 건축시공기술사
대한건축학회 총무이사, 한국건설관리학회 고문
현, 인천대학교 건축공학과 교수, 기획처장

이 태 원 (李 泰 遠)
성균관대학교 공과대학 건축공학과 졸업
서울대학교 대학원 공학석사
미국 텍사스대학교 대학원 공학석사 수료
연세대학교 대학원 공학박사 수료
APEC 정부조달전문가그룹(GPEG) 의장
한국건설관리학회 이사
현, 조달청 공사관리팀장(부이사관)

이 현 수 (李 鉉 秀)
서울대학교 공과대학 건축학과 졸업
서울대학교 대학원 공학석사
미국 미시간대학교 대학원 공학석사
미국 미시간대학교 대학원 공학박사
인하대학교 공과대학 건축공학과 조교수
한국건설관리학회 이사, 대한건축학회 연구담당 이사
현, 서울대학교 공과대학 건축학과 교수

진 상 윤 (陳 相 潤)
한양대학교 공과대학 건축학과 졸업
미국 일리노이(UIUC) 대학교 대학원 공학석사
미국 일리노이(UIUC) 대학교 대학원 공학박사
미국 COE 건설기술연구소 CM team Research Assistant
미국 일리노이(UIUC) 대학교 Post-Doctoral Research Associate
동국대학교 공과대학 건축공학과 조교수
한국건설관리학회 논문편집위원장
현, 성균관대학교 공과대학교 건축공학과 부교수